__Home__ is where the heart is.

U0241472

生活·讀書·新知 三联书店

Hong Kong Wei Dao 1

酒楼茶室精华极品

修订版

香港味道 1

欧阳应霁 著

图书在版编目（CIP）数据

香港味道 1：酒楼茶室精华极品／欧阳应霁著 . —2 版（修订版）. —北京：
生活 · 读书 · 新知三联书店，2018.8
（Home 书系）
ISBN 978 – 7 – 108 – 06266 – 6

Ⅰ . ①香…　Ⅱ . ①欧…　Ⅲ . ①饮食－文化－香港②饮食业－介绍－香港
Ⅳ . ① TS971.202.658 ② F719.3

中国版本图书馆 CIP 数据核字（2018）第 069737 号

特邀编辑　曾　恺
责任编辑　郑　勇　唐明星
装帧设计　欧阳应霁　康　健
责任印制　宋　家
出版发行　生活·讀書·新知 三联书店
　　　　　（北京市东城区美术馆东街 22 号　100010）
网　　址　www.sdxjpc.com
图　　字　01-2018-3654
经　　销　新华书店
印　　刷　北京图文天地制版印刷有限公司
版　　次　2007 年 10 月北京第 1 版
　　　　　2018 年 8 月北京第 2 版
　　　　　2018 年 8 月北京第 9 次印刷
开　　本　720 毫米 × 1000 毫米　1/16　印张 15.5
字　　数　182 千字　图 1452 幅
印　　数　55,001 – 64,000 册
定　　价　64.00 元
（印装查询：01064002715；邮购查询：01084010542）

他和她和他，从老远跑过来，笑着跟我腼腆地说：
欧阳老师，我们是看你写的书长大的。

这究竟是怎么回事？一个不太愿意长大，也大概只
能长大成这样的我，忽然落得个"儿孙满堂"的下场——
年龄是个事实，我当然不介意，顺势做个鬼脸回应。

一不小心，跌跌撞撞走到现在，很少刻意回头看。
人在行走，既不喜欢打着怀旧的旗号招摇，对恃老卖
老的行为更是深感厌恶。世界这么大，未来未知这么
多，人还是这么幼稚，有趣好玩多的是，急不可待向
前看——

只不过，偶尔累了停停步，才惊觉当年的我胆大
心细脸皮厚，意气风发，连续十年八载一口气把在各
地奔走记录下来的种种日常生活实践内容，图文并茂
地整理编排出版，有幸成为好些小朋友成长期间的参
考读本，启发了大家一些想法，刺激影响了一些决定。

最没有资格也最怕成为导师的我，当年并没有计
划和野心要完成些什么，只是凭着一种要把好东西跟
好朋友分享的冲动——

先是青春浪游纪实《寻常放荡》，再来是现代家
居生活实践笔记《两个人住》，记录华人家居空间设
计创作和日常生活体验的《回家真好》和《梦·想家》，
也有观察分析论述当代设计潮流的《设计私生活》和

《放大意大利》，及至入厨动手，在烹调过程中悟出生活味道的《半饱》《快煮慢食》《天真本色》，历时两年调研搜集家乡本地真味的《香港味道1》《香港味道2》，以及远近来回不同国家城市走访新朋旧友逛菜市、下厨房的《天生是饭人》……

一路走来，坏的瞬间忘掉，好的安然留下，生活中充满惊喜体验。或独自彳亍，或同行相伴，无所谓劳累，实在乐此不疲。

小朋友问，老师当年为什么会一路构思这一个又一个的生活写作（life style writing）出版项目？我怔住想了一下，其实，作为创作人，这不就是生活本身吗？

我相信旅行，同时恋家；我嘴馋贪食，同时紧张健康体态；我好高骛远，但也能草根接地气；我淡定温存，同时也狂躁暴烈——

跨过一道门，推开一扇窗，现实中的一件事连接起、引发出梦想中的一件事，点点连线成面——我们自认对生活有热爱有追求，对细节要通晓要讲究，一厢情愿地以为明天应该会更好的同时，终于发觉理想的明天不一定会来，所以大家都只好退一步活在当下，且匆匆忙忙喝一碗流行热卖的烫嘴的鸡汤，然后又发觉这真不是你我想要的那一杯茶——生活充满矛盾，现实不尽如人意，原来都得在把这当作一回事与不把这当作一回事的边沿上把持拿捏，或者放手。

小朋友再问，那究竟什么是生活写作？我想，这再说下去有点像职业辅导了。但说真的，在计较怎样写、写什么之前，倒真的要问一下自己，一直以来究竟有没有好好过生活？过的是理想的生活还是虚假的生活？

　　人生享乐，看来理所当然，但为了这享乐要付出的代价和责任，倒没有多少人乐意承担。贪新忘旧，勉强也能理解，但其实面前新的旧的加起来哪怕再乘以十，论质论量都很一般，更叫人难过的是原来处身之地的选择越来越单调贫乏。眼见处处闹哄，人人浮躁，事事投机，大环境如此不济，哪来交流冲击、兼收并蓄？何来可持续的创意育成？理想的生活原来也就是虚假的生活。

　　作为写作人，因为要与时并进，无论自称内容供应者也好，关键意见领袖（KOL）或者网红大V也好，因为种种众所周知的原因，在记录铺排写作编辑的过程中，描龙绘凤，加盐加醋，事实已经不是事实，骗了人已经可耻，骗了自己更加可悲。

　　所以思前想后，在并没有更好的应对方法之前，生活得继续——写作这回事，还是得先歇歇。

　　一别几年，其间主动换了一些创作表达呈现的形式和方法，目的是有朝一日可以再出发的话，能够有一些新的观点、角度和工作技巧。纪录片《原味》五辑，在任长箴老师的亲力策划和执导下，拍摄团队用视频记录了北京郊区好几种食材的原生态生长环境现状，在优酷土豆视频网站播放。《成都厨房》十段，与年轻摄制团队和音乐人合作，用放飞的调性和节奏写下我对成都和厨房的观感，在二○一六年威尼斯建筑双年展现场首播。《年味有 Fun》是一连十集于春节期间在腾讯视频播放的综艺真人秀，与演艺圈朋友回到各自家乡探亲，寻年味话家常。还有与唯品生活电商平台合作的《不时不食》节令食谱视频，短小精悍，每周两次播放。而音频节目《半饱真好》亦每周两回通过荔枝 FM 频道在电波中跟大家来往，仿佛是我当年大学毕业后进入广播电台长达十年工作生活的一次隔代延伸。

音频节目和视频纪录片以外，在北京星空间画廊设立"半饱厨房"，先后筹划"春分"煎饼馃子宴、"密林"私宴、"我混酱"周年宴，还有在南京四方美术馆开幕的"南京小吃宴"，银川当代美术馆的"蓝色西北宴"，北京长城脚下公社竹屋的"古今热·自然凉"小暑纳凉宴。

同时，我在香港 PMQ 元创方筹建营运有"味道图书馆"（Taste Library），把多年私藏的数千册饮食文化书刊向大众公开，结合专业厨房中各种饮食相关内容的集体交流分享活动，多年梦想终于实现。

几年来未敢怠惰，种种跨界实践尝试，于我来说其实都是写作的延伸，只希望为大家提供更多元更直接的饮食文化"阅读"体验。

如是边做边学，无论是跟创意园区、文化机构还是商业单位合作，都有对体验内容和创作形式的各种讨论、争辩、协调，比一己放肆的写作模式来得复杂，也更加踏实。

因此，也更能看清所谓"新媒体""自媒体"，得看你对本来就存在的内容有没有新的理解和演绎，有没有自主自在的观点与角度。所谓莫忘"初心"，也得看你本初是否天真，用的是什么心。至于都被大家说滥了的"匠心"和"匠人精神"，如果发觉自己根本就不是也不想做一个匠人，又或者这个社会根本就成就不了匠人匠心，那瞎谈什么精神？！尽眼望去，生活中太多假象，大家又喜好包装，到最后连自己需要什么不需要什么，喜欢什么不喜欢什么都不太清楚，这又该是谁的责任？！

跟合作多年的老东家三联书店的并不老的副总编谈起在这里从二〇〇三年开始陆续出版的一连十多本"Home"系列丛书，觉得是时候该做修订、再版发行了。

作为著作者，我很清楚地知道自己在此刻根本没可能写出当年的这好些文章，得直面自己一路以来的进退变化，但同时也对新旧读者会在此时如何看待这一系列作品颇感兴趣。在对"阅读"的形式和方法有更多层次的理解和演绎，对"写作"有更多的技术要求和发挥可能性的今天，"古老"的纸本形式出版物是否可以因为在不同场景中完成阅读，而带来新的感官体验？这个体验又是否可以进一步成为更丰富多元的创作本身？这是既是作者又是读者的我的一个天大的好奇。

作为天生射手，自知这辈子根本没有真正可以停下来的一天。我将带着好奇再出发，怀抱悲观的积极上路——重新启动的"写作"计划应该不再是一种个人思路纠缠和自我感觉满足，现实的不堪刺激起奋然格斗的心力，拳来脚往其实是真正的交流沟通。

应霁
二〇一八年四月

　　总是一直不断地问自己，是什么驱使我要在此时此刻花好些时间和精神，不自量力地去完成这个关于食物、关于味道、关于香港的写作项目。

　　不是怀旧，这个我倒很清楚。因为一切过去了的，意义都只在提醒我们生活原来曾经可以有这样的选择、那样的决定。来龙去脉，本来有根有据，也许是我们的匆忙疏忽，好端端的活生生的都散失遗忘得七零八落。仅剩的二三分，说不定就藏在这一只虾饺一碗云吞面那一杯奶茶一口蛋挞当中。

　　味道是一种神奇而又实在的东西，香港也是。也正因为不是什么具体的东西，很难科学地、准确地说清楚，介乎一种感情与理智之间，十分主观。所以我的香港味道跟你的香港味道不尽相同，其实也肯定不一样，这才有趣。

　　甜酸苦咸鲜，就是因为压阵的一个"鲜"字，让味道不是一种结论，而是一种开放的诠释，一种活的方法，活在现在的危机里，活在对未来的想象冀盼中。

　　如此说来，味道也是一种载体、一个平台，一次个人与集体、过去与未来的沟通对话的机会。要参与投入，很容易，只要你愿意保持一个愉快的心境、一个年轻的胃口，只要你肯吃。

更好的，或者更坏的味道，在前面。

应霁
二〇〇七年四月

卷起长袖白恤衫的袖管，也把蓝斜裤的裤管卷起过膝，我迫不及待举手伸腰，然后一脚踩进那湿湿滑滑的泥浆田里，我来了——

平生第一次下田插秧，想来竟是在四分之一个世纪之前。实际上是哪年哪月哪一个课内还是课外活动，真的无法记起，只是很清楚地记得那块农田在大屿山东涌，对，那个时候的东涌有耕地农产、有渔港鱼获，完全是自给自足的小农经济典型。我们这一群城市里长大的中小学生在导师的带领下，脱了鞋走在田埂上，踏进泥里，手执青翠禾秧，插进那湿软奇妙的土地里。敏感的我总觉得泥浆里有小生物在蠕动，但也很快克服了这个恐惧，以更大的好奇去贴近这一切未知。

头顶太阳弯着腰，兴奋很快就变成疲累，望去自己沿路插来的禾秧深深浅浅东歪西倒，完全不呈一条直线。还记得那位指导我们该如何插秧的年轻农夫还得当场再示范一次，我们也心知这分明就是"实验田"，肯定明天得麻烦人家拔起所有禾秧重来一次。

也就是这样，那年那月那个至今唯一一次的下田活动，一直在记忆中占据一个重要位置——因为腰酸背痛叫我真正体会到什么叫"粒粒皆辛苦"，也在操作实践中清楚知道我们这些四体不勤五谷不分的城市小孩的无知与弱小。

离开那一块再也回不去的田，这么多年后东涌于我就只是一个地铁终点站和往昂坪大佛参观的缆车起步点，原来沧海桑田这个说法是可以"可持续发展"成为钢筋水泥与玻璃混合物的。最近阅报得知香港最后一个米农也决定在二〇〇六年七月收成之后不再种米了，原因是禽流感造成恐慌，政府决定立例禁止散养家禽，而这位米农种稻的其中一个原因，就是利用收成后打米剩下的谷糠去喂饲家里的二十几只走地鸡，同时也循环利用鸡粪去做肥田料。但一旦这个环环相扣的关系被打破，唯有放弃种稻这本就是仅余的兴趣，因为种菜或者把农田改作鱼塘，收入比卖米稍为可观。这样看来，要吃到真正土生土长的丝苗白米已经再无机会，更何况这田里种的已经是广西白米和广西贵小沾这两个从内地引入的品种，二十世纪六十年代元朗一带出产的量多质优的元朗丝苗米早就成绝响。

如今只懂得走入高档超市去买来自日本石川山里的越光米（Koshihikari）的消费一众如你如我，实在无法再感受农业耕种中水土涵养、地景维护与多物种生态保育的重要性。那日出而作、日落而息，凿井而饮、耕田而食的日子可有回归重生的机会？新世代里对有机耕作、绿色生活的倡导、开拓与坚持又面临怎样的压力和挑战？下一回在老外面前介绍自己，还可以说我们是"土生土长"的香港人吗？

应霁
二〇〇七年四月

目录

Contents

如果有人能够发挥高度自制力在吃鸡的时候
把满布黄油、引人犯罪的肥美鸡皮毅然全数抛弃，
我们一方面颁给他一个健康惜身大奖，
另一方面把他作为老饕的评分稍稍降低。

闻鸡起舞

鸡与鸡与鸡的千变万化

001

身边古灵精怪好友一堆，除了各有一套行走江湖的或文或武或叫人笑或叫人哭的创意秘技，也都有各自独特的饮食习惯；有人不吃牛肉，有人不吃猪肉，有人不吃鱼；有人上街吃饭自备金属筷子甚至白瓷碗碟，有人自备家传精心巧制辣椒豉油，逢菜必蘸；有人早午晚三餐只吃甜品；有人看见别人吃橙剥皮也要退避三舍，因为怕的竟然是橙皮纤维的气味。随心所欲各适其适见怪不怪。唯是很少碰上有人不吃鸡，反是一提起到哪里吃鸡、吃什么鸡、怎么烹怎么调，大家都七嘴八舌兴高采烈，分明不下厨的也肯定是吃鸡专家。

难怪禽流感一役引起如此广泛关注——关注重点不在H5N1病毒传染是否真的人传人，倒是担心会否从此没有活鸡可吃？是否全都要吃从内地输入的冰鲜鸡？香港自家研究配种培养的健康为上的

香港中环德己立街2号业丰大厦1楼101室
电话：2522 7968
营业时间：12:00pm － 10:00pm

早就视作饭堂的这家会所，主厨曾于陆羽茶室掌厨多年，练就一身好武功。其中盐焗鸡便是叫人回味无穷的真滋味，手工繁复，必须提前预订。（只招待会员）

香港大学校友会

一　如果不是目睹整个制作古法盐焗鸡的复杂过程，还以为这入口咸香肉嫩、外皮金黄酥脆的美味是下油锅炸过的炸仔鸡。原来就是包了这一层浸了油的玉扣纸，放在炒至二百摄氏度的盐中就会焗成金黄夺目。

二、三、四、五、六、七、八、九

港大校友会的主厨昌哥先用八角、葱头、姜粒、淮盐、葱粒、玫瑰露、豉油把原只鸡内外涂腌，放入蒸箱正反面各蒸数分钟，让鸡更能入味。接着以豉油着色，吊起风干三至四个小时。在玉扣纸上扫点生油，这样可避免鸡皮粘纸且表面较油润，用三层纸逐一把鸡包裹密封，放入已炒热的粗盐中，完全覆盖。离火让热力把鸡焗最少半个小时，拆封后便可斩件上碟，席间随即展开一番争夺——

"嘉美鸡"的鸡味会否有改进？而同样是香港培育、土生土长的适合煲汤的有机走地"康保鸡"是否可以后来居上？至于无鸡不欢的一众还是乐于在工作之余甚至上班午饭时间搭车乘船，偏离日常一般出入行走路线，绕全港十八区团团转，致力于寻找最嫩最滑最香最肥美的鲜鸡美味——

　　白切鸡、豉油鸡、炸仔鸡、醉鸡、古法盐焗鸡、烟熏太爷鸡、荷叶金针云耳蒸滑鸡、脆皮糯米鸡、面酱吊烧鸡、顺德铜盘污糟鸡、沙姜盐焗手撕鸡、江南百花鸡、金华玉树鸡、客家黄酒煮鸡、葱油嫩鸡、西柠煎软鸡……随便开口说说也叫一众心痒痒、食指动、口水流。如果有人能够发挥高度自制力在吃鸡的时候把满布黄油、引人犯罪的肥美鸡皮毅然全数抛弃，我们一方面颁给他一个健康惜身大奖，另一方面把他作为老饕的评分稍稍降低。没有连鸡皮吃下的鸡，再嫩也总是感觉欠了点什么！至于有人一不小心透露了刚刚偷欢似的吃完了一桶肯德基或者一盒蘸了蜜糖芥末酱的麦克鸡块，哼，out（出局），马上 out！

一　鸡，古称"德禽"，粤菜中又雅称"凤"，而饮食行内更有"无鸡不成席"的说法，正正呼应了香港人爱吃鸡爱到一个疯狂状态。即使曾经禽流感引起恐慌，一众倍加怀念鲜鸡之好之美、爱意不减反升。不论是早熟易肥兼肉质嫩滑的龙岗鸡，体型细小但肉味浓郁的清远走地鸡，还是香港自家配种研发的符合现代健康指标的嘉美鸡、走地康保鸡和法国引入本地繁殖的煲呔鸡，都各有拥护支持者。至于烹调新方古法，更是千变万化，人人可称专家。

一　嘉美鸡是近年香港市面公开贩卖的新鸡种，由嘉道理农业研究所拨款给香港大学研究发展、汇集各种优良基因的鸡种繁殖而成。嘉美鸡的鸡粮以天然玉米、黄豆为主，以植物油取代一般鸡粮中混进的猪油，因而鸡脂肪较少，饲料内亦完全不加激素以加快生长速度。至于鸡场卫生条件及通风状况，以至零售贩卖的鸡档环境，都合乎渔护署标准，有良好机制长期监管，以保证病菌难以滋生，减少鸡受感染的可能。

一　至于由智利森林野鸡跟中国华南杏花鸡混种而成的康保鸡，前后花了五六年时间才配种成功。吃的饲料颗粒较细，饮水次数少，鸡内水分较少，肉味更浓，口感较爽，脂肪含量更少。

凤城酒家

香港北角渣华道 62 - 68 号
电话：2578 4898
营业时间：9:00am - 3:00pm / 6:00pm - 11:00pm

早在一九五四年由顺德名厨冯满创立的凤城酒家，经典名菜众多。其中最畅销的莫如面前的脆皮炸仔鸡。即叫即炸，皮脆肉鲜的口感食味经验无可替代。

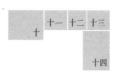

<table>
<tr><td></td><td>十一</td><td>十二</td><td>十三</td></tr>
</table>

十　来到北角凤城酒家，坐下来，马上点这里的招牌名菜炸仔鸡。要吃
　　到新鲜生炸、皮脆肉嫩的一级好鸡，等上半小时又何妨。

十一　先于早一天前用鸡盐里外涂遍鸡壳，再腌上半个小时以上，然后洗
　　　净鸡盐，避免下油锅炸时鸡盐抢火，影响鸡皮应有的均匀色泽。

十二　将鸡壳以大热滚水"收皮"，并在滚水中轻拖又不能熟至出油，
　　　鸡皮收紧后放进以麦芽糖、白醋和盐调成的鸡水里浸一浸，称为
　　　"上皮"。

十三　在通风处吊起鸡壳，自然风干一夜。

十四　客人点菜时，先用中火烧暖油，淋于鸡身提温，再改用大火滚油，
　　　炸至鸡皮香脆金黄而鸡肉依然嫩滑。

另类小王子

舞蹈家 伍宇烈

伍宇烈（Yuri）是一众友人心目中公认的王子。

所谓王子，当然不是那些无所事事行善最乐的王子，他能弹能跳能编能演，是既正统又另类的芭蕾王子。

可是众人有所不知，这位芭蕾王子最爱吃的是鸡屁股。

他在电话那端嘻嘻哈哈地向我"招供"，我倒是一点也不惊讶地接受这个事实，因为 Yuri 在舞台上实在做了太多离经叛道的事，所以如果他跟我说最爱吃水鸡胸肉我才真的会诧异。

我说我的外婆当年经常把二三十个"搜集"来的鸡屁股用酱油和糖爆得又酥又油又香，那理所当然的膻、那终极的肥美让我刻骨铭心。Yuri 同样感激他的外婆和姑婆，自小把他带到老字号餐馆凤城，用一口地道中山话点满一桌传统家乡菜。印象特别深刻的是炸仔鸡，鸡翅、鸡腿放到"小王子"的碗中不在话下，还不经意地怂恿他勇敢做出尝试，把那禁忌部分一口咬住。

不试犹自可，一试之下自此不离不弃。但说实话，平日在外能够吃到好的鸡屁股是一件十分罕有的事，不只是因为健康原因，还因为屁股长久以来都被视为不洁，不能登大雅之堂，连大人也吃得尴尴尬尬，小朋友更是碰也不能碰。既有如此开放的老人家，自然培养出另类小王子。

香港北角渣华道 99 号渣华道市政大厦 2 楼
电话：2880 5224
营业时间：5:30pm – 12:30am

东宝小馆

已成为香港饮食民间传奇的东宝，肯定是全港街市熟食中心里年三百六十五日最热闹旺盛的地方。你会自动调高十八度声线，食量和兴奋指数也一并跃升。今晚试吃蒸鸡，明晚试风沙鸡，后晚再试……

十五 外形像栗子而口感像银杏的凤眼果，又称苹婆，每年农历七夕前后成熟，用来焖鸡，是传统粤菜中的隽品。

十六、十七、十八、十九、二十、廿一 凤眼果从果荚中取出，剥壳去皮，只取中心软嫩部分。先下锅用水灼热备用，鸡件腌好下锅泡油，后再将所有材料放进以中火焖煮。

廿二 来到东宝小馆永远不用伤脑筋，老板露比这晚建议的菜式中有这里拿手的荷叶糯米蒸乌鸡。上桌时荷香、酒香、鸡香扑鼻，吃过嫩鸡再来一小碗浸满鸡汁的糯米饭，与饱满杞子一起入口，一字曰补！

廿三 叫得了太爷鸡，果然非同凡响，即使要顾客等上二十分钟，大家一见这鲜嫩薰香的鸡原只斩件上桌，就完全乖乖折服了。

廿四、廿五、廿六、廿七、廿八、廿九 专卖经典怀旧菜的得龙大饭店用上寿眉茶叶、姜、干葱、花雕及盐糖把龙岗鸡身涂遍，然后把腌料塞进腹腔，腌上至少五小时再蒸至七八成熟。准备好炒香的寿眉茶叶、竹蔗、米及片糖铺在锡纸上，放于锅中，隔着不锈钢架把腌好的鸡放上，盖上锅盖，加热至起白烟，慢火焗约二十分钟至呈黄色。薰好的鸡涂上麻油更显光亮，斩件上碟时用蒸鸡的鸡汁勾芡淋在鸡上，便成为名闻江湖的茶香太爷鸡。

香港九龙新蒲岗康强街 25 — 29 号地下
电话：2320 7020
营业时间：6:00am — 11:30pm

位于老区，以怀旧古法菜式为招牌主打的得龙大饭店，每天限售十只茶香扑鼻的太爷鸡，欲免向隅，请提早预订。

得龙大饭店

有朋自远方来，
一天到晚五六七餐吃吃吃，晚宴设于老牌茶居
还得预订一只塞满糯米、莲子、冬菇、虾米、咸蛋黄
的八宝鸭，让他们亲手持刀筷开膛取物。

浑身解数

八宝霸王鸭鸭鸭鸭

002

有朋自远方来，我这个有公民责任、权充自封港产亲善大使的，当然要负责安排人家的食宿交通游玩行程方向，指南指北，为求客人能够在三五天内对这个匆忙热闹的都市有一个粗略认识，如果眼睁睁只让他依靠一本 *Lonely Planet* 或者用随身电脑无线上网来了解香港，真叫我们这些本地人没面子。

每次准备和这些远方来客聊天，才惊觉自己真的记不住整个香港的总面积、人口总数、人均收入，以至历史大事钩沉、富豪家族八卦、水陆交通接驳，凡此种种基本资料，原来在脑海中记忆库里都是模糊依稀错漏百出的。为免误导他人，我唯有仿效政府统计处自行编辑有关数据资料备忘，虽然我知道我的这些老外朋友大多也都是对数据没什么概念，对他们来说，在香港可以吃到什么买到什么其实最重要。

香港北角渣华道 99 号渣华道市政大厦 2 楼
电话：2880 5224
营业时间：5:30pm – 12:30am

东宝小馆

每次有老外友人经港觅食，我都义不容辞带他们到东宝"参观学习"，不用多费唇舌，在这里耳闻目睹开口亲尝的，百分之二百香港经验与香港精神。

	二	三	四	五
		七		
一	六	八	九	

一　吃是一种福气一种缘分，换个年轻活泼一点的说法，也是一种发现一种认知。面前的八宝鸭，一开膛非同小可，丰盛幸福感觉满分。

二、三、四、五、六、七、八、九　能够在视觉、味觉上突围抢分，港大校友会的八宝鸭是用心用力的宴会大菜。用上约三斤的新鲜全鸭，先起骨，再把莲子、瘦肉、冬菇、咸蛋黄、咸肉粒先下锅炒香，以大地鱼粉调味做成馅料，再将馅料塞酿于鸭腹中。塞好馅料的全鸭先用老抽上色，再以油炸至金黄，放于蒸碟上，铺上姜葱、八角和盐，以慢火蒸约四小时。完成的八宝鸭骨酥肉软，上碟前以上汤埋芡，完美登场。

说真的，我对旅游机关把香港再次塑造成一个超大型购物商场实在不敢恭维。能买的如果都是那些千篇一律的所谓国际名牌，实在全无创意，如果可以让真正的本地创作生产被认识被推广被欣赏被购买，还算有点意思。至于吃，我当然会义不容辞、千方百计地带着这群起初不懂吃不敢吃陌生异国食物的"乖宝宝"，从奶茶、鸳鸯、蛋挞、西多士（吐司）这些入门级的开始，吃到云吞面、牛腩片头捞粗、干炒牛河、排骨凤爪、腊肠卷，进而开始喝老火汤、吃鹅掌翼、吃蛇，一天到晚五六七餐吃吃吃，晚宴设于老牌茶居还得预订一只塞满糯米、莲子、冬菇、虾米、咸蛋黄的八宝鸭，让他们亲手持刀筷开膛取物。这炸得骨酥、炖得肉软的足料肥鸭，有卖相够噱头，吃起来众人施展浑身解数却落得混混乱乱好像怎样也吃不完，这实在也就正像我所爱的香港——难怪八宝鸭又叫霸王鸭。

一　同是把丰富馅料塞酿进鸭腔，八宝鸭或者霸王鸭跟另一名菜宝鸭穿莲有异曲同工之妙。只是宝鸭穿莲蒸熟后再经油炸至皮脆骨酥，传说当年国家领导人吃过大赞，并建议改名京酥鸭。无论此鸭彼鸭，馅料除了基本班底如莲子、冬菇、瘦肉、咸蛋黄，再有加进白果、百合、栗子肉、薏仁甚至糯米的，果然八宝。

香港中环德己立街 2 号业丰大厦 1 楼 101 室
电话：2522 7968
营业时间：12:00pm - 10:00pm

既是日常不用伤脑筋的饭堂，亦是特别日子招呼亲朋好友的宴客地。这里叫座叫好的撒手镧包括八宝鸭、盐焗鸡、云腿鸽片、粉葛鲮鱼汤、杏汁白肺汤等等。（只招待会员）

香港大学校友会

	十一	十二
		十三
十		

十　东宝露比出招,一招狗仔鸭,据说用的是从前嗜狗肉之徒焖煮狗肉用的酱料,当中有豆酱、芝麻酱、腐乳、蒜泥、陈皮、豉油、料酒、盐糖等调味料,以鸭代狗,文明了。

十一、十二
从鸭到鹅,深宵时分走一趟新斗记,叫人回味再三的卤水鹅掌翼与鲜嫩爽脆的豉油王鹅肠,是心仪首选。

十三　苏三茶室掌门人苏三出动隐形主厨潘妈妈烹制的家乡芋头甑鸭。先将芋头及马铃薯去皮开边走油,再用生抽涂抹鸭身,甑鸭酱涂抹鸭腔,腌上一小时后煎至金黄上碟。锅中爆香姜蒜和鸭酱,放入全鸭,下酒料、调味料,慢火焖上一小时后,再下芋头及马铃薯,焖至所有材料软身,便可置凉斩件上碟。百分之百家乡风味,更是农历七月十四灵界开放日的特约菜式。

人间一宝

退休长者 谭蝶魂

谭婆婆神清气爽,衣履素净,远远走来已经叫人眼前一亮,我不禁和身边伴相视会心,我们不怕老,也得争取老得如此优雅。

饭桌旁坐下来,特意点了她喜欢吃的八宝鸭,谭婆婆平日吃得比较清淡,三餐菜式以蒸以烩为主,说来也很久没有吃这一道大菜了。回想当年她家在佛山乡间也算是显赫世家,家中的厨师除了会做八宝鸭,更会做鲍鱼、海参、熊掌、蛋白炒燕窝等宴会名菜。但抗日战争爆发,入侵的日军把其家产物业一整条街一夜烧光,说到这页家国历史,谭婆婆还是咬牙切齿的。

家道中落后辗转来港,谭婆婆的丈

夫是当年西环石塘咀广州酒家的营业主任,总算还是跟饮食沾上一点边。虽然再不可以像从前一般华筵美食,但始终有那自小训练出来的对味觉的敏感和回忆,依然坚持依然刁钻,宁可不吃,要吃就要吃得好,吃过后更要严格评分,也不怕当面问厨师向服务生提出批评建议,一个食客也得有原则有态度。

这晚这一道八宝鸭还勉强合格,鸭的花椒八角味道呛了一点,材料中该有的瑶柱好像少得不怎么看得见,配菜如用生菜比现在用小棠菜好,整体卖相色泽略为深沉,不够光鲜亮丽……谭婆婆一边吃,一边谈她的意见要求。一路受教,作为后辈的我忽然明白这道八宝鸭前坐着的,也是人间一宝。

香港九龙佐敦长乐街 18 号 18 号广场地下
电话: 2388 6020
营业时间: 11:00am - 3:00am

脱胎自已结业的老店新兜记,保留大部分当年特色名菜,大菜上桌之前,先来数不清的精彩冷热前菜做暖身准备——

满天白鸽团团飞转，
咕咕有声，
我来，是为了让你们有好吃的。

一

— 唤作烧乳鸽其实是新鲜生炸的，太平馆的招牌名菜当然要配上经典的瑞士汁甜豉油。

003

叫我如何不乳鸽

年少轻狂

学生时代到处闯，第一趟路经巴黎却连那些像样一点的餐厅也不敢进去，原因一是没钱，二是不谙法语不知道该点什么吃，结果只是在熟食店里伸手一指那在发光发热的烤箱里像摩天轮上下回转的香喷喷的烤鸡，也不懂得可以要半份，所以那天晚上竟然就一个人徒手把一只烤鸡吃光。想来在家里也没有这样豪气地一人独吞一只盐焗鸡或者豉油鸡，唯一的经验就是向乳鸽下手，由头到尾十五分钟内吃光一只。

餐桌上还是不太适宜满口道德一味说教。从来不吃那些只有十二日大的"BB鸽"，不是因为它们年纪太小，而根本只是肉嫩而无味，所以目标应该指向那些约二十一日的肉嫩骨幼的顶鸽。最熟悉的乳鸽吃法当然是"红烧"，但这"烧"其实跟烧和烤无关：原只顶鸽清理后浸进卤水然后用麦芽糖和醋"上皮"，吊起风干再入滚油中炸成金黄。吃时切勿顾仪态，切记吩咐

太平馆餐厅

香港中环士丹利街 60 号
电话：2899 2780
营业时间：11:00am – 12:00am

省港西餐厅太平馆开业超过一百四十年，烧乳鸽几乎与其金漆招牌画上等号。历来坊间仿效粗制的肥鸽瘦鸽无数，总不及太平馆原装正版的执着坚持，配上特色瑞士汁，更是无可替代！

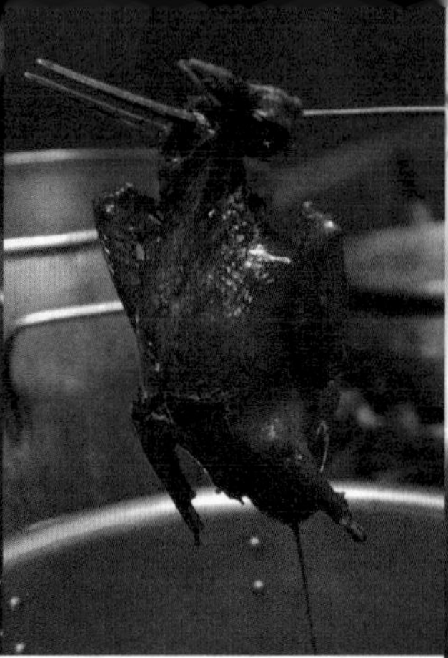

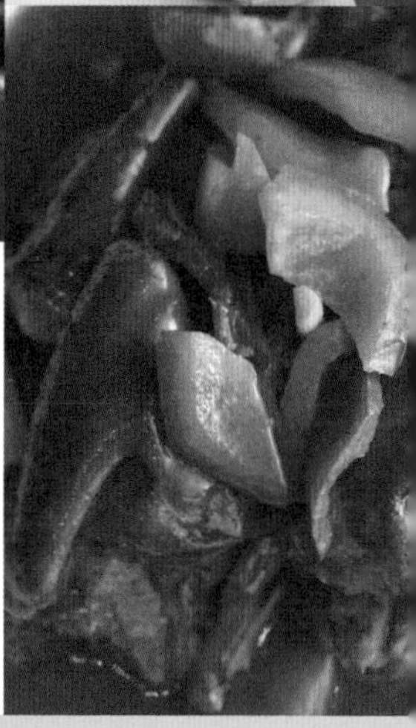

二　三　四

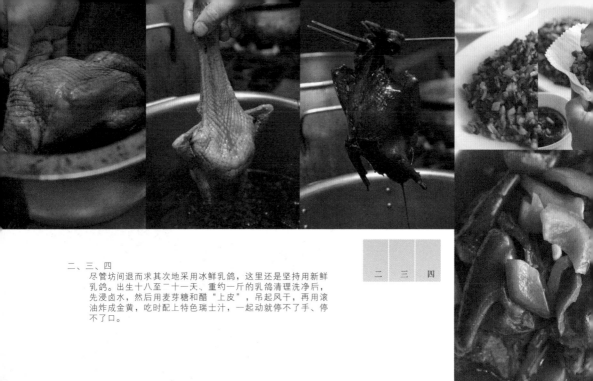

二、三、四
尽管坊间退而求其次地采用冰鲜乳鸽，这里还是坚持用新鲜乳鸽。出生十八至二十一天、重约一斤的乳鸽清理洗净后，先浸卤水，然后用麦芽糖和醋“上皮”，吊起风干，再用滚油炸成金黄，吃时配上特色瑞士汁，一起动就停不了手、停不了口。

一　“宁食天上四两，不食地下半斤”，香港人跟岭南同乡一样，从来都认为飞禽的营养胜于家禽，对于含高蛋白、肥而不腻补而不燥的乳鸽，宠爱有加——当然养鸽人少，吃鸽人多，还得是初生不到二十一天的乳鸽。肉厚骨嫩，炸来皮脆肉鲜甘香美味，难怪红烧乳鸽一直是众多酒家餐馆的主打项目。

服务生不必把乳鸽斩开，才可保住鸽内丰美的肉汁，吃时又撕又剥又拆又啜的，为求将乳鸽的鲜嫩酥脆尽吸尽收。其实要完整而认真地吃掉一只精彩的乳鸽也是挺累的，但一旦疯起来连下两三只的情形还是经常出现。

中山友人引以为傲邀我一吃再吃的石歧乳鸽固然好，但香港本地饲养，用上豌豆、绿豆等天然饲料由母鸽喂食的乳鸽，就更显得身娇肉贵，啖啖肉都吃得出有坚持有心机。从来对那些忽然变得又便宜又大量的食材都有戒心，所以那些大批进口的冰鲜鸽无论如何烹制，还是先天不足，不堪入口。

从红烧乳鸽到吊烧到烧焗到盐焗，从豉油皇卤水乳鸽到醉乳鸽到煀焗乳鸽，还有炒鸽片、炒鸽松和炖鸽汤，满天白鸽团团飞转，咕咕有声，我来，是为了让你们有好吃的。

镛记酒家

香港中环威灵顿街 32 - 40 号
电话：2522 1624
营业时间：11:00am - 11:00pm

除了坐镇的金牌烧鹅，镛记的其他特色名菜也绝不失色。放过此翼也可取那翼，仁面煀乳鸽与炒鸽松都是爱食鸽之人的首选。

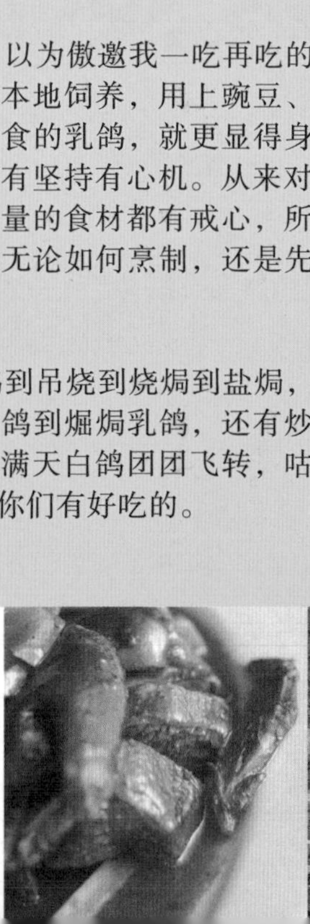
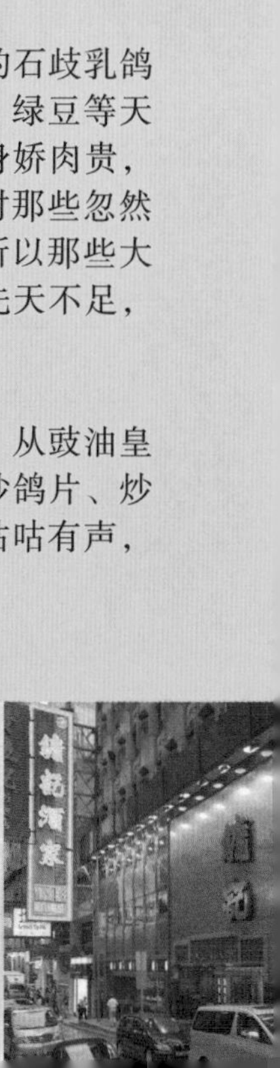

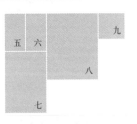

五、六
铺记酒家的招牌名菜生炒鸽松，用上新鲜鸽肉、鹅肝肠，与其他配料如鲜冬笋、马蹄、冬菇、唐芹，切碎成粒，大豆芽切碎备用。先用白锅炒干大豆芽，鸽肉和鹅肝肠走油，再以姜及蒜子起锅，先后加入所有材料快炒，以糖、盐、蚝油等调料调味，加生粉炒干，撒上烘香的松子拌匀上碟。吃时放进修成圆形的生菜包，以海鲜酱蘸食。此菜看来已不简单的功夫菜，值得细细品尝。

七
铺记的另一时令名菜，仁面焖鸽，好趁夏季仁面当造时，用上重约十四两的顶鸽，洗净走油后，以仁面、柱侯酱、姜、葱等入瓦钵爆香，放进乳鸽及上汤，焖约二十分钟，取出斩件原汁做芡即成。仁面果特有的清新香味，与乳鸽鲜嫩肉汁混合，开胃醒神。

八、九
脱胎自广东名菜凤吞翅（鸡包翅）的仙鹤神针，是西苑酒家在二十世纪八十年代各行各业一片好景的那段日子的畅销热卖。小小一只乳鸽，内藏足三两晶莹通透的肥美海虎翅，以老鸡、猪骨、火腿、陈皮及姜、葱熬煮的特制芡汁扣之，入口翅滑鸽鲜汁浓肉嫩，又是特宠自己的一道好菜。

五	六	九
		八
	七	

仙鹤神针

作家 陈慧

我们开始明白我们并不是真正有多么怀念二十世纪八十年代，只是陈慧和我都各自庆幸地发现间歇浑噩失魂，竟然也这样就"过渡"过来了，既然从 B 到 C 可以这样走来，往后从 C 到 D 也可以那样走去吧。什么都可以过来过去，只求偶然有机会让我们揭开面前的锅，喜出望外惊觉不只是一锅粥而是一只焖得正好的乳鸽，而且鸽里藏着颇有一点分量的鱼翅。"噢，这就是传统中的'仙鹤神针'吗？"我好奇地问。

是她建议一定要找个吃得到这个经典名菜的好地方，毕竟我们都过了那个只认室内装潢而不顾吃喝素质的日子。口袋里碰巧某些日子勉强有一点钱，可以把一餐饭的时间当作时空之旅——这一只填满"神针"的"仙鹤"，把她连同我一道输送回八十年代。

那个年头陈慧在电影圈刚出道当编剧兼做场记和副导演，实在也就是什么都边做边学。世道好不愁没工开，手头同时有好几部电影都在筹备当中，一时不知生活重心焦点所在，反正一大群人跟着大哥，辛苦拼搏之余就拼命地刁钻地吃——第一回到半岛酒店吃饭，第一趟到澳门西南食翅，有若饭堂的西苑几乎隔天就来一锅仙鹤神针，那真是个鱼翅捞饭的豪气日子。

取这样一个名字的菜式似乎注定和电影人紧紧相扣，是武林也好，是江湖也罢，白发师父和少年弟子一同老去又一同回归。陈慧如今站在这个山头看那个山头，难得又再闻得以及尝到如此八十年代的好滋味。

西苑酒家

香港铜锣湾希慎道 33 号利园一期 5 楼
电话：2882 2110
营业时间：11:00am－11:30pm

当年豪气干云，今日尽在这一锅仍然有气派的仙鹤神针当中，谁人还有录影的同名粤语长片，吃完理单离座前，请与本人联络。

亲手蒸鱼蒸得又鲜又嫩固然要恭喜你，
但蒸老了、蒸散了或者蒸出来"苦不堪言"，
就更加说明蒸鱼是大有学问的一回事，
应该一试再试直至成功达到鲜嫩美。

你蒸过鱼吗？

你鲠过鱼骨吗？

（004）

问你蒸过鱼吗，会得到什么答案？恐怕说从来没有的会超过一半。这一点也不出奇，因为现在从未入厨为自己好好做一顿饭的人实在太多了，至于未曾蒸过鱼更不知道自己吃的是什么鱼的人也许更多。又或者换成另一个版本，一个已经在上大学的小朋友告诉我，她从来只吃两种菜，一是菜心一是芥兰，因为家里长辈也只在家里煮这两种菜，导致这位小朋友只习惯也只敢吃这两种菜——也就是说，在外面吃饭的时候只挑这认得的两种菜来吃，其余的一概不敢碰也没打算要试。对这件匪夷所思的真人真事我真是没话说了，恐怕这也算作一种厌食症或者恐食症吧！

说回吃鱼与蒸鱼，生于香港长于香港甚至只是路过勾留香港的你我，当趁还有海鲜河鲜可以安全（？）地吃的时候好好尝一口，如果真的喜欢吃鱼就更该自己亲

一、二、三、四、五、六
晚饭时分，眼看大排档师傅在吆喝声中手起刀落地随手把鱼剖开去鳞刮净，然后放在铺好姜葱的碟面放下蒸锅，未几鱼已经蒸好。（是否用一条！）撒上姜葱，一勺滚油淋下，再浇上自家调制的豉油，看来简单容易得叫我们一会一再说好吃好吃，却真的懒得动手。

七、八、九
鱼身不大不小的拣手泥鯭正好用来以油盐水浸。清理好内脏、剪去鱼鳍，滚水加盐放鱼，再放上切细成丝的老陈皮和辣椒，连皮带肉入口极滑，鲜美简单正好。

十　东宝的老板露比永远让你有惊喜。古法蒸鲮鱼其实是"加法"蒸鲮鱼，因为除了有滑嫩鲮鱼铺在豆腐上蒸茅外，还有用鲮鱼肉加上切碎的冬菇、虾米、腊肠、葱白和发菜打成鱼蓉做的鲮鱼球，精彩如此。我吓唬老板说：来吃一碟鱼已经满足了，不用叫其他菜了。

手蒸鱼试试。蒸得又鲜又嫩固然要恭喜你，但蒸老了、蒸散了或者蒸出来"苦不堪言"，就更加说明蒸鱼是大有学问的一回事，应该一试再试直至成功达到鲜嫩美——考眼光、考心思、讲步骤、讲经验，终极蒸鱼成功的满足感百分之二百。

　　从分辨认识深水鱼、浅水鱼以及人工饲养的鱼开始，进而了解咸水鱼、淡水鱼和咸淡水鱼的分别，以后你碰上的不论是石斑、盲曹、桂鱼、白鳝、乌头还是龙利，你都知道该用什么方法去对待——举例来说，深水鱼受深海压力影响，皮厚肉韧，宜炒不宜蒸，而浅水鱼受压正常，蒸来鲜嫩，但人工饲养的鱼因为有"束缚"，活动空间欠缺、运动量少，加上由早到晚吃的都是人工饲料，肥肥大大却肉质松散，甚至影响鱼鲜味。原来把鱼剖好洗净下调料之前也有这等湿水冷知识，叫我们这些只说喜欢吃鱼却懒得去动手的实在汗颜。

—　如果硬要把爱吃鸡和爱吃鱼的香港人分成左右两组，肯定很多人都左右为难。因为同样是鸡痴、鱼痴的大有人在。跟着鱼痴老友走一趟相熟鱼档，只见他不挑太大条、看来唛唛肉的，反而钟情短小的，说是不怕积累重金属。他不喜人工饲养的，专吃海捕的海鱼他专挑那些鳞片有点脱落的海鱼，因为这才是海捕的证明，甚至有些鱼还带钩，更是货真价实。海捕的海鱼当然比养殖的贵，但因为海生海养，逃过人工饲养和运送保存剂，论味道和肉质，实在物有所值。

—　本作鱼类运输过程中药溶杀菌用的孔雀石绿，由于被内地不法商人滥用，令其致癌风险大增。一向依赖内地食用淡水鱼的香港人一时大为震惊，也只好自求多福，把目光转移至香港渔农获署推行的本地"优质养鱼场计划"，宁愿多花一两成价钱，买到每条鱼都有独立编号、可以追查来源的活鱼。自二〇〇五年十二月推出这个计划，到二〇〇六年六月为止，全港四十六个优质鱼场合计供应四万斤渔产到市场，供应的鱼种包括红鲔、细鳞、龙趸、黄立、石蚌及乌头等。

避风塘兴记
記興

香港九龙尖沙咀弥敦道180号宝华商业大厦1楼（港铁佐敦站D出口）
电话：2722 0022
营业时间：6:00pm – 5:00am

来到避风塘兴记，大家的目光焦点都会集中在古法炒蟹身上，我倒建议先从冷热前菜开始，再来是油盐水浸泥，然后再是主角炒蟹出场，先清甜后香浓，再以烧鸭汤河或艇仔粥完美压阵。

十一、十二、十三、十四、十五

　　鸿星海鲜酒家的鱼卷两味是得奖功夫菜。先把石斑鱼起肉双飞，包卷着北菇条和云腿肉片，一半蒸熟后以上汤打芡，一半炸后以酸辣芡调味，一鱼两吃，最合嘴馋如我者意。

十六、十七、十八

　　心思思总是希望情寻旧滋味，新斗记的玉米斑块用上老虎斑，替代已经越见罕有的贵价苏眉，玉米汁另上自蘸，可令斑块保持更酥更脆。

以眼补眼

摄影家 梁家泰

　　如果只因为他喜欢吃鱼而把他称作猫，又未免有点牵强，但这个晚上坐在泰叔身旁看他这么认真这么仔细地吃着一条蒸得恰到好处的黄脚，看他那种满意那份开怀，又真的觉得只有猫才会那么地爱鱼。

　　当年年纪小，远远看到如泰叔这些摄影界、艺术界的前辈创作人，都只能偷偷地跟身边的伙伴小声说，这是谁那是谁，没有胆量趋前跟大师说话，更无从向他们讨教。封人家做偶像也更拉远了距离，一切更不真实，无法把人与作品及其生活相关联结。

　　直至后来有幸跟泰叔在不同场合见面谈话，数年前更因为他筹划的一个大型公开展览，跟他有一次采访的详谈机会，特别是在不同的餐桌上碰面——他家里、我家里、朋友家里以至不同酒楼餐馆，我都格外留意泰叔吃什么如何吃，才慢慢构建

出一个现实生活中的原来也嘴刁爱吃的他。

　　笑言自幼吃榄角豆豉蒸土鲮鱼腩长大的他，怪不得对鱼那么钟情那么专精那么挑剔。土鲮鱼多骨，肉质鲜美细致，完完整整认认真真地吃，一边吃一边就是一个学习和训练机会。他也爱吃各种鱼头，除了人人爱吮的鱼面珠，特爱吃鱼眼——我多心，心想这跟他的摄影专业可能有关系；鱼眼里面的那种好像不能吃的难以形容的物质，可能就是他的能量来源，让他可以看通看透且有自己清晰坚定的观点、开放多样的角度。从来不太敢吃鱼眼的我看来也该练习练习了。

　　他还是念念不忘那些在汕头吃过的好像蒸熟了再隔了一夜但格外鲜美的乌头鱼，还有那现在已不太敢吃的仅熟至粘骨带血状态的蒸鱼。如果泰叔有朝一日要开班授徒，除了教授摄影，应该可以多开一课教吃鱼。

香港九龙佐敦长乐街 18 号 18 号广场地下
电话: 2388 6020
营业时间: 11:00am - 3:00am

新斗记

为了避免珊瑚鱼从此绝迹，馋嘴之人如我也约法三章不吃苏眉，至于石斑也不能经常吃了，所以更珍之重之，要吃就得在这里吃得精、吃得好。

一 也就是这个瓦钵的关系，焗鱼肠永远给人一种回归乡土的好——其实从形式到内容，焗鱼肠都是精彩美妙的：鱼肠柔韧、鱼肝甘腴、油条香脆、鸡蛋嫩滑、果皮幽香。还有撒上胡椒粉的辛辣，热腾腾与白饭一同拨入口，油香满嘴真滋味。

在各种演绎的方法和过程里，庆幸还有人知道价贱如这一小钵穷人乡下菜，也得花时间花人力。

005 肚满肠肥

焗鱼肠与酿鲮鱼

为了寻找那躲在记忆某个角落的钵仔焗鱼肠的滋味，以本人为首的嘴馋贪食的一行四人隔天就四出吃鱼肠，从大酒店中餐厅吃到街边冒汗大排档吃到老牌餐馆第三代，各家各派价钱不一但都说自己最坚持古法最正宗。说起来倒得三番四次问自己，究竟理想中的钵仔焗鱼肠该是怎么一回事？

其实坐下来四个人也各有自己的要求：有人招认原来只想吃那焗得表面香脆油亮金黄微焦的蛋皮连油炸鬼，鱼肠竟然不是他的目标，此语一出马上被喝倒彩；有人要求整钵美味内容从鱼肠到蛋到调味配料如陈皮如姜丝都要特别干身，所以特别推崇原钵从头到尾生焗的做法而不是先蒸熟至八成再焗的方法；有人却坚持鱼肠油润蛋质嫩滑如蒸蛋，与那焗得香脆的表皮才是绝配；当然也有人偏爱鱼肠、鱼膶与陈皮的甘苦呼应，那似有还无的腥，才是鲜之真味。

强记大排档

香港九龙深水埗耀东街 4 号铺
电话：2776 2712
营业时间：6:00pm – 4:00am

已有四十多年历史的大排档大哥大强记，坚持提供一些工序繁复的传统家乡菜。瓦钵焗鱼肠、虾子柚皮、古法炆草羊都是其中的佼佼者。傍晚入黑，耀东街头开始热闹，来者过半都为了这一钵美味鱼肠。

二	三	四	五
六	七	八	九
			十

二、三、四、五、六、七、八、九
　　强记大排档的招牌菜焗鱼肠绝对是功夫多、卖相好但利润微薄，旨在回馈街坊。鲩鱼肠需花上半天时间才清洗干净，深绿色鱼胆必须除去，且切勿弄破。鱼油也得弃去大半，鱼肠剪割刮净，用盐洗擦后过水灼热，鱼肝冲净后加姜汁、酒和糖拌匀。鱼肠鱼肝放进瓦钵，以胡椒粉拌过，再放果皮丝、油条，浇进蛋浆，撒入葱花、芫荽，放入蒸笼内蒸至八成熟备用。客人点菜时再原钵放进滚油中炸得金黄。亦有其他店会把鱼肠放进烤炉中烤至蛋面金黄焦香。

十　鸡蛋蒸焗鱼肠其实与另一家乡名菜焗禾虫异曲同工，但不敢吃禾虫的朋友就得口啖鱼肠过过瘾了。

一　鲮鱼俗名土鲮鱼，天生怕冷，所以只生长在南方温热地区。鲮鱼以塘产为佳，肉质细洁丰满，食法多样，由于肉质胶韧，用以制成鱼球特别柔滑爽口。鲮鱼亦以多刺出名，吃时得特别小心。怕麻烦者当然可以光吃鱼球，还有就是已制成罐头的豆豉鲮鱼，炸得酥香可口，已经骨肉难分了。而十分有家庭风味的酱鲮鱼，将鲮鱼洗净晒得半干再加酱纸封，放于饭面蒸食，其味无穷，唯是现代家庭已鲜有此制作。

　　这也是为什么我们要一吃再吃。唯有如此才有比较，才有喜恶判断取舍，而正因如此也可以说没有一钵鱼肠能满足所有人的需要。当然我们也很清楚我们这样走来走去并非怀旧，因为过去了的味道怎么也不可能百分之百重现——有趣的是在各种演绎的方法和过程里，庆幸还有人知道价贱如这一小钵穷人乡下菜，也得花时间花人力。肥美的草鲩鱼肠被小心仔细地用水清洗、用醋微腌又再不断过水，然后才进入调味下材料的蒸焗程序。时间，时间，还是时间，肯花才可以享受。

　　钵仔焗鱼肠的寻宝旅程看来还得继续，只是同场加映甚至争做主角的是另一道一向只在家里才能吃到的煎酿鲮鱼，这个顺德乡下人最拿手的从来都叫人好奇惊讶地把一条鲮鱼化整为零又回复饱满的戏法，吃的当然也是超越时空的心思和手艺。

香港北角渣华道 62 - 68 号
电话: 2578 4898
营业时间: 9:00am - 3:00pm / 6:00pm - 11:00pm

凤城酒家

创业六十多年的老店凤城酒家当然是顺德经典名菜的总舵主。既有玉簪田鸡腿、百花酿蟹钳、脆皮炸仔鸡等筵席菜，也有像煎酿鲮鱼这种家常精细口味。对于不知煎酿为何物的小朋友，怎可不来见识见识。

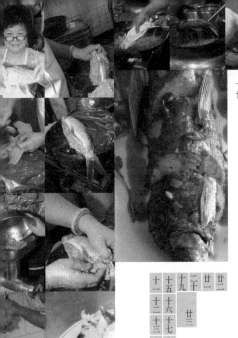

十一、十二、十三、十四、十五、十六、十七、十八、十九、二十、廿一、廿二、廿三

全程直击经验丰富的元朗同益街市罗兴记鲜鱼档内池姐亲手制作的煎酿鲮鱼。这道顺德名菜完全是颇费心思与心机的杰作。新鲜鲮鱼剥皮起肉，保留鱼皮和鱼头完整连接。鱼肉切片剁碎（或用机器搅碎），徒手搅拌至起胶，混合马蹄粒、盐和胡椒等配料，酿入鱼皮内，用生粉封好再放进滚油内约一分钟，离火继续浸约十五分钟至熟（或以慢火煎熟），上碟前切厚片，勾一个薄芡铺面才算完美。

			廿四
廿二			
十九	二十	廿一	
十五	十六	十七	十八
十一	十二	十三	十四

廿四 北角和旺角的凤城酒家的经典热卖中亦有顺德正宗煎酿鲮鱼。外皮香脆，肉质结实柔韧，唥唥鱼鲜肉香，叫人惊叹前人对饮食品味要求之精专刁钻。

人弃我取

画家 欧阳乃沾

欧阳乃沾看着我长大，因为他是我爸爸。

这位爸爸被分配扮演一个严父的角色，也就是说需要动手教训那两个把他烦得气半死的儿子。但其实他自己也是个顽童，一天到晚背着他的画纸画具往外跑，街头巷尾、深山老林，无所不去，无处不在，有些日子我在街上忽然碰到蹲在一角写生的他的机会，比约他去饮茶吃饭见面还要多还要密。

这个爸爸把他的时间都花在他钟爱

的艺术创作上，看来是嘴馋贪吃的一家人里最不讲究吃的一个。但久而久之我发现他其实吃得很专注，尤其是跟他在乡间的童年时代和年轻时候在祖父的酒庄、杂货铺和鲜鱼档有关的食物，他最专情。

就如当年剖了鱼被视为下滥而随手扔掉的鱼肠，如果用心仔细洗净，挑去脏物又保留肥美鱼油，加入蛋液、油条、陈皮、芫荽等配料，蒸好焗后是绝对媲美焗禾虫钵的精彩美味。乡下粗菜如今成为被刻意保留的经典，当中关系到的就是我们怎样看待味道传承这回事。

因为有了虾，初尝美味的我们才逐一认识了解什么叫鲜，什么叫嫩，什么叫甜，什么叫脆。

一字曰虾

虾之鲜、嫩、甜、脆

006

关于虾，实在一言难尽，不如就先从虾头、虾须和虾壳开始。

伸手捉活虾，指头肯定尝试过被虾头那自卫武器一般的虾须以及虾壳上的刺刺过，痕痕痒痒的。小时候乖乖地在厨中帮忙将鲜活或者急冻的中虾、小虾剥壳取肉挑虾肠，虾肉准备变身成为主菜也好馅料也好，余下的一堆壳原来也是宝。家里长辈最爱做的福建虾面，不可缺少的就是用虾头、虾壳熬上半天熬成鲜香浓烈的虾汤，虾头有膏的话，汤面就会浮着薄薄一层虾油，熬煮过程中鲜美盈室是绝顶美味即将降临的精彩预告。

因为有了虾，初尝美味的我们才逐一认识了解什么叫鲜，什么叫嫩，什么叫甜，什么叫脆，当然也反面地学懂什么叫霉，什么叫韧，什么叫软。从味道到质感的培

香港九龙深水埗耀东街 4 号铺
电话: 2776 2712
营业时间: 6:00pm – 4:00am

强记大排档

四十多年来除了台风天，除了农历年节，强记一到入夜时分都是热闹拥挤，色香味全。一方面要以经典口味留住老主顾，另一方面要以创新特色吸引嘴刁新客，能够维持稳定大局殊不简单。

	二	三	四	五
一	六	七		

一、二、三、四、五
　　要吃虾，当然首选到流浮山吃当地特色白灼九虾。唯是今日偏偏缘悭一面，欢乐少年厨神B哥说换个口味聊解单相思，亲自下厨捧出一盘有香脆面条做垫的柱王酱汁焗龙虾，一下子几级跳！炸得香脆的瑶柱，肉嫩汁鲜的龙虾，尽吸精华的幼面亦脆亦滑，无话可说。

六　　曾经很怕吃濑尿虾，因为无从入手且怕被"反攻"，B哥教我一捏一扭一拉，又甜又脆的虾肉就在手里。蘸上以黑白芝麻调味的酱汁，美味十足。

七　　欢乐的另一热卖——钵酒酱汁虾，用上肥美海中虾，同样是下饭以及佐酒的好选择。

养训练，从此有了定义和标准。至于活泼动词如跳如弹，名词形容词如曲如直，也与面前的竹虾、甜虾、玫瑰虾、基围虾、龙虾、濑尿虾、琵琶虾、牡丹虾、九虾有直接关系。

　　早在潮流时兴简约之前，爱虾之人早已深知白灼鲜虾最能尝出虾之真味。贪心如我徒手把一堆烫热鲜虾抢到面前碟里，又剥又咬又吮，手口不停。饱尝白灼之后心痒痒，之后层出不穷的烹虾大法就每回都叫我难以取舍，从生抽王干煎、茄汁干煎到椒盐油泡到咸蛋黄金沙到火焰醉酒到沙拉凉拌，我都怀疑自己是为了那极配的调味酱汁还是为了虾本身？以至将虾打成虾胶酿豆腐、酿油条或变虾枣，混合其他配料制成虾饺、云吞、水饺的馅，如果没有虾，日子怎么过？

　　对于念美术学设计的色迷而且敏感的一众，虾红色与虾酱色更是无法取替的叫人一见垂涎的天然美色。

—　酒楼餐厅宴会中比较传统旧派的还会以"明虾沙拉"做头盘。明虾为什么叫明虾？熟了的时候的确不明。原来，有若成人手掌大小的"大明虾"，颜色浅灰透明，从外壳可以透视它的头部和内脏组织，所以广东沿岸都称此为"大明虾"。酒家切段烹煮就是"大虾碌"。而明虾在北方出售时以一对为一单位，称为"对虾"。但每对并非雌雄成双，皆因雌虾比雄虾体积要大，雌雄根本不配。

欢乐海鲜酒家

香港新界元朗流浮山山东街12号
电话：2472 3450
营业时间：11:00am – 10:30pm

英雄出少年，无论有多少嘉许冠冕给予这位实在有天赋的B哥，最令他高兴的莫如客人进食时发出的由衷赞叹。上网去浏览一下他的传奇故事，下回吃他亲手制作的虾该有不同滋味。

八　豉油皇煎虾碌是众多酒楼餐厅的招牌菜，亦各有不俗水准。刻意要来新斗记，是因为当年在其前身新兜记一吃难忘。几乎原班人马登场，水准亦得以保持未叫人失望。

九、十、十一　剪洗干净的连壳中虾，先以滚油炸过，离锅拭油后再回锅以中火把虾煎至干香金黄，慢慢加入豉油、料酒及糖调味，待酱汁收干，加尾油炒匀上碟。虾肉鲜甜，虾壳咸香美味，叫人边吮边想把虾连壳吃掉。

十二、十三、十四、十五、十六　强记大排档的创意杰作沙丹脆虾球。鲜虾肉蘸蛋浆上粉炸香，以甜酸汁做芡，别开生面地铺在一层比米粉还要细还要香的炸得松化的鸡蛋丝上，拌起来吃口感丰富多样。

借虾杀人

花艺创作 马千山

我们身边永远该有这样的死党挚爱——马千山（Clifford）有点胖，有点胡须，没有超级理想野心，只在单纯地做着喜欢做的事。也因为爱吃能吃会吃，所以一谈到吃这一回事，他就眼睛放光发亮，加上他是个实践派，在外头吃过了回家就跃跃欲试，一试再试直到成功有好味道，作为朋友的你我就有福了。

跟 Clifford 认识的这么十几年间，已经忘了天南地北地吃过多少回早午晚餐及夜宵了。可以肯定的是，只要是在吃，大家都没有怒气冲冲或者板着死脸的，无论好吃不好吃，都会轻松活跃地讨论，即使难吃得大呼上当、大吐苦水或者好吃得惊喜感动，吃喝过程中的真情流露是最自然最愉快的。同台吃饭，本身就是值得珍惜的一个机会，吃饭吃出真心知己，我只能感恩。

Clifford 亲自下厨做的糖醋排骨和亲手包的上海云吞已经封了圣，到处打听、慕名排队等着吃的人有好几公里，加上近年他的精力和时间都转投花艺，能够吃到他的菜的机会就更少了。就像那些顶级主厨玩的游戏，有天 Clifford 特意叫我跑到老远的一家酒楼去吃一道沙拉虾，虾当然不是他跑入人家的厨房做的，但作为老主顾的他有回建议主厨把山葵加入沙拉酱里，推出后除了成为他与家人每次都必点的头盘，更成了尽受好评的热卖品。

他不杀人，百人为他嘴馋至死，想不到他四两拨千斤，有此一招。

一虾在口，食味当然不俗，但贪心的我正在想方设法央求 Clifford "高抬贵手"，再苦再累也要为下一次大食聚会亲手包几百只有鲜虾和西洋菜做馅的上海云吞。

香港九龙佐敦长乐街 18 号 18 号广场地下
电话：2388 6020
营业时间：11:00am - 3:00am

新斗记

刚点了豉油王干煎中虾，又心痒痒想吃茄汁干煎虾碌，索性等 A 一上就点 B，不要让它停。

— 38 —

不知是哪位大厨或者老饕发明花雕蛋白蒸花蟹这道菜：一只花蟹大模大样地瞪着眼看你将要醉倒在它的美色之前，蟹身的红、蛋白的白，不多不少的花雕泛着酒香。清甜的蟹肉吃完了，如果滑嫩的蛋白还未完全清场，还可以下点伊面连汁去焖一下……

当一个小朋友可以用一年的辛苦储蓄
去吃一只梦萦魂牵的黄油蟹，而不是去买半双球鞋；
当一个小朋友在同伴只肯花十元八块吃咖喱鱼蛋
或者炸鸡汉堡之际，
可以跳升几十级去吃一只鲜甜丰腴的黄油蟹，
他的未来一定如蟹膏、蟹油一样金黄璀璨。

007

感人如蟹小故事
少年与蟹

你吃蟹，我吃蟹，每当徒手掀开仍然烫热的蟹盖，目睹其中塞满橙红晶亮的蟹膏，连蟹身、蟹足也流溢出半固态半液态的海黄油，你我都忍不住哇哇连声，未吃先感动——但我听过一个更加感人至深的关于蟹和吃蟹的小故事。

一个年仅十三四岁、个子不高、衣着普通的来自港岛柴湾区的小朋友，有天晚饭时分出现在一家著名的海鲜酒家的门口。这酒家近年事事领先，成为黄油蟹专门店，为食客提供流浮山后海湾集产的真味海黄油蟹，得到媒体广泛报道，蟹痴闻风而至。

这位看来腼腆害羞的小朋友手执一个小小的购物塑料袋，细看下内里是一小叠小额纸币。他站在门口的黄油蟹广告宣传菜单前端详了好久，趋前小声跟礼貌周到的接待员说：我很想很想吃一次黄油蟹，我已经储了一整年的钱，但我算了一下带来的钱，如果吃了一只蟹，就再也

欢乐海鲜酒家

香港新界元朗流浮山山东街 12 号
电话：2472 3450
营业时间：11:00am – 10:30pm

不同季节，同样欢乐。海鲜的鲜要跟天气变化、水流冷暖协调配合，才见真味。黄油蟹季固然人山人海，但重皮蟹、花蟹、膏蟹也是不同季度、不同消费预算的好选择。

二、三

结结实实的重皮蟹，以油盐焗之，只见剖开后蟹身布满蟹膏，可以连同蟹肉软壳一同吃，甘香丰腴。

一 要说蟹，令香港人有点疯狂的大闸蟹算是外省亲戚，比较亲近的高贵亲属当然是黄油蟹。而最著名的由欢乐海鲜酒家B哥用针筒注入玫瑰露的顶级头手黄油蟹，每只售价港币八百至一千元，要先来麻醉的用意在蒸蟹时不让蟹挣扎以致断了蟹爪漏油——身为膏蟹的黄油蟹之所以有这么多黄油，是因为在产卵期间爬上浅滩遇上潮退，猛烈阳光照射下体温升高使蟹膏溶化成油，真不巧这批蟹碰上了嘴馋的人，从此就成为老饕手中的一抹油。

没钱吃炒饭和付茶钱了。难得有这样一位少年蟹痴，酒家楼面负责人欣然让小朋友入座，替他挑了一只至肥至美的极品海黄油蟹，答允送上炒饭免收茶钱。清蒸海黄油蟹上桌之后的一个多小时里，只见这位小朋友极度欣喜且细心专注、点滴不失不漏地吃尽黄油、啖尽蟹肉，然后心满意足地再吃一碗精彩炒饭——

当年第一位目击这少年与蟹的感人故事的友人娓娓道来，叫我第一时间想登报呼吁寻找这位当事少年。当一个小朋友可以用一年的辛苦储蓄去吃一只梦萦魂牵的黄油蟹，而不是去买半双球鞋；当一个小朋友在同伴只肯花十元八块吃咖喱鱼蛋或者炸鸡汉堡之际，可以跳升几十级去吃一只鲜甜丰腴的黄油蟹，他的未来一定如蟹膏、蟹油一样金黄璀璨。说来我还是相信精英主义的：要看一个地方的学校和家庭教育是否成功，就看它有没有自小培养出嘴馋懂吃的够刁钻、有要求的美食家。

香港北角渣华道 99 号渣华道市政大厦 2 楼
电话：2880 5224
营业时间：5:30pm - 12:30am

东宝小馆

如果要做音量测试，东宝的分贝数一定超超高。但当这只在花雕蛋白里的花蟹一出场，我直觉四周突然在三秒内安静下来，太美了，生怕吵醒这"醉了"的花蟹。

四　矢志吃苦又好尝鲜，生记的凉瓜蟹煲是当然首选。师傅手法熟练厉害，不到十分钟的程序连环紧扣，一气呵成，才会有如此鲜嫩甘苦和味的极品放在你我面前。

五、六、七、八、九、十、十一
先用蒜头、生粉抹蟹，然后起红锅加油至有白烟，将蟹放下拉油至八分熟，离锅备用。再将凉瓜拉油起先离锅，油锅里用味料调匀，将凉瓜放下稍煮，再加上汤入味片刻，放入蟹一起兜炒。最后把蟹盖放面，放少许生粉后用锅盖盖上使其干身，离锅放入准备好的烫热瓦煲内保温上桌。

十二、十三、十四、十五、十六
坚持为顾客精选经典菜式的紫荆阁，不嫌工序繁复，把几被遗忘的百花酿蟹钳重新放进日常制作中。虾肉与蛋白及些许肥猪肉拌匀，力度恰好地挞打成虾胶，用以包住灼熟备用的新鲜蟹钳，包好的蟹钳蘸过蛋浆再蘸幼细的面包糠，下油锅炸至表皮金黄即成，只只饱满，趁热吃。

	九十	十二	十三
五			
六	十一	十四	十五
七			
四	八	十六	

忘了蟹滋味

艺术工作者 黄炳培

小时候饮宴最希望有人在席间拍拍我头问：小朋友，你要不要多吃一只百花酿蟹钳——那种兴奋若狂的嘴馋模样，现在想起来都脸红。当年不知百花为何物，咬下去才知道是虾胶，先虾后蟹然后炸得金黄，在一个小学生的认知里也算是某一种奢华。

忘记它，不等于忘掉了一切。

因为种种原因（实际上他并没有说得很清楚），黄炳培在一九九二年农历正月初四开始，从一个爱吃大鱼大肉的人变成一个素食者。

我算是除了他太太以外，另一个在餐桌上会努力照顾他、为他争取权益的人，不然的话他会吃得更少，变得更瘦。

公私两忙的他其实对吃这回事并没有太费心神，所以开始吃素的那一年他甚至不太清楚什么该吃什么不该吃——到了秋天碰上大闸蟹季，他才忽然意识到原来连大闸蟹也不能吃了

问题是早就答允了要请一众同事回家吃蟹，一向好客的他还是不负众望地到他家附近相熟的南货店里请老板挑好顶级极品，多少公多少母的，紫苏、浙醋、黄酒一一准备好，让这终极蟹宴在肉甜膏溢中攀近高潮。当中有位胖胖的年轻老外同事第一次吃大闸蟹，预订时一口气点了五只，当然他在不吃蟹的主人微笑注视中吃得异常痛快——直至他知道五只蟹加起来价钱不菲为止。

紫荆阁
香港九龙红磡芜湖街 83 号逸酒店 1 楼
电话：3184 0166
营业时间：11:00am – 4:30pm / 5:30pm – 11:00pm

这里吃得到昔日宴会中的百花酿蟹钳，叫顾客对他们刻意承传粤菜精华的努力很是认同。

想起来那滑滑的、腥腥的、绿绿白白的，
熟了也还像生的口感和滋味，实在不是一下子可以
叫吃惯咸是咸甜是甜那种"正常"食物的小朋友欣然接受。

豪一蚝

做生不如做熟

008

如果叫一个四五岁的小朋友完整地吃完一只蚝，先不要说那是生鲜未煮熟的直接从海边蚝田里拔起来开壳取肉塞进口的；就是那放姜葱的，独个儿蘸蛋白、蘸粉炸得金黄的，或者是加入蛋浆做成蚝钵、煎成蚝饼的，想起来那滑滑的、腥腥的、绿绿白白的，熟了也还像生的口感和滋味，实在不是一下子可以叫吃惯咸是咸甜是甜那种"正常"食物的小朋友欣然接受，就像"水果之王"榴梿一样，第一次吃了一口马上吐掉的大有人在。

可是印象中实际上我就是个爱蚝的怪小孩，家里餐桌上间或会出现一整煲姜葱蚝，亦有金黄酥脆的炸生蚝，我是从开始就来者不拒地吃呀吃。即使后来得知蚝肉含蛋白质有丰富荷尔蒙，食用可以强化免疫力，以至含大量的锌和维生素 B_1 及维生素 E，其实我都不管。至于吃蚝能否壮阳，这

		二	三	四	五
				七	八
					五
一			六	九	

一　酥而不硬，鲜而不腥，油而不腻……理想中的炸生蚝应该至少是这个素质的。也因为被好几回不合格的经验给吓怕了，终于今日在老友 William 的带引下，重拾对炸生蚝的信心。以生菜包裹拌点沙拉酱更是一美妙吃法。

二、三、四、五　生蚝以面粉轻抹，用水冲走黏液及污物，换水数次洗净，沥去水分后加姜汁酒、盐及胡椒稍腌，再逐只放入混有蛋白的面粉浆，然后放进滚油里炸至香酥金黄。

六、七、八、九　新鲜生晒两日的足七厘米的白蚝，产自流浮山对海沙井。以竹签穿起晒成半干湿状态，蚝肚薄，体形肥厚，肉质饱满。先用姜、葱与绍兴酒蒸约十分钟，再放锅中以慢火煎炸至两面金黄，吃时蘸幼砂糖，咬下去外脆内软、蚝鲜满口，是一种介于生蚝的鲜嫩与蚝豉的浓重之间的微妙状态。

不在当年作为一个小学生的我的认知范围之内。

说来我只是那种有东西放在面前就会开怀大嚼的小朋友，吃多了才会慢慢说喜欢不喜欢。过年必备的一大盘冬菇发菜蚝豉，我也是花了一段时间才把鲜蚝的肥白鲜嫩与蚝豉的黑实浓重拉上今生前世的关系。至于那许多年后才第一次吃到的流浮山特产生晒金蚝，价格不菲却越吃越着迷。那介乎生与熟、轻与重、软与硬之间的微妙平衡，是一种对蚝最窝心的认识，最忠实的理解。

一　大家嘴边挂着"天然无添加"这个流行说法，但走一趟流浮山，才知道我们从小吃到大的蚝油，大都是以蚝汁加上玉米粉、糖、味精甚至人造色素加工制成，实际是一种加工蚝油。而真正用生蚝熬汤，以过百摄氏度熬煮十八小时浓缩而成的原味蚝水，才是百分之百天然无添加。其质地较稀、颜色较浅，但鲜美香浓，远胜所有大牌子的加工蚝油，绝对值得一试。

裕兴蚝油
地址：流浮山正大街50号
电话：2472 4208

香港九龙新蒲岗康强街 25 - 29 号地下
电话：2320 7020
营业时间：6:00am - 11:30pm

得龙大饭店

专程走一趟得龙，为的是早早预订太子黑豚叉烧，再看菜单上有钵酒焗桶蚝，就让这晚一路鲜美香浓——

十 十 十 十 十
一 二 三 四 五
十
六

十　或许是听得太多江湖污染的传闻，也得为自己身体着想，生蚝的鲜甜嫩滑已是记忆中的事，还是熟吃比较安心，钵酒焗桶蚝是近年一个流行选择。

十一、十二、十三、十四、十五、十六
来到潮州打冷店，不吃蚝饼好像不怎么对劲，尤其是街坊版本的打冷店铺，铺前置有大油锅现炸现吃，洗净的蚝仔放在鸡蛋面糊中，一满碗材料就放入锅里炸个金黄，吃时蘸些鱼露或者辣椒酱，香脆可口，风味一流。

蚝无余地？

时装设计师、电台节目主持人邓达智

"如果硬要把一些活生生的人和正在进行中的事放入香港历史博物馆，"我跟身边的这位老友打趣说，"邓先生你看来是第一个要被五花大绑放进去的，还有你家祖屋的原大仿制品，还有酸枝云石圆桌上的那一碟刚从油锅里捞起的鲜炸生蚝。"

毫无疑问，William 除了依旧在大江南北为他的服装事业飞来飞去，偶尔到欧美打个转，还是一个不折不扣的元朗人样板。从屏山老家到流浮山"后栏"，每逢过年过节盆菜宴或者时不时食瘾起，他都是最佳导游——如果大家不介意有两家电视台的摄录队和三份报章杂志的记者朋友同行。

人是活的，蚝也是活的（当然要吃的时候是炸过煎过的），所以有所谓生活。生活有高低起伏，一个社区的演变发展亦如是。目睹熟悉的乡居四野面目

全非，这么多年来 William 在不同的媒体公开做过不知多少呼吁评议，似乎尽如意愿的少之又少。先不要说元朗屏山一带的天然秀丽已成历史，不远处的流浮山也因为水质污染不再是产蚝重地，当年家家在捕蚝季都开一油锅炸蚝的景象已不复见。真正坚持做原味蚝水而不是加工蚝油的老店寥寥无几，过冬时分一群女眷一边做炒米饼一边尽诉全年是非的情景也不多见……但即使这样，从不轻言放弃的他依旧在做他认为该做的事——

William 依然热衷带着我们这群嘴馋贪食的传媒人将好滋味广告天下，又或者亲身带两斤蚝豉、三瓶蚝水、几盒屏山九记肠飞到天南地北送赠中外友好然后大获好评赞赏——只要还剩下一两个人、一些余力、一点钱，该是美好的，总不会也不应就此灰飞烟灭。

香港九龙太子新填地街625－627号（港铁太子站C2出口）
电话：6440 7169
营业时间：6:00pm－4:00am

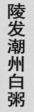

陵发潮州白粥

旧区老牌潮州打冷店，是深宵落脚祭肚的好去处。一台人热热闹闹觥筹交错，韭菜猪红、卤水大肠、花生凤爪、酸菜门鳝以外，怎少得了炸蚝饼。

生鲜现吃固然黏滑甜软，
油泡过、烤过、炸过还是脆嫩可口，
至于晒干再用碱水泡发开的鱿鱼，
又是另外一种爽利口感。

深浅海滋味

软体报复行动

009

当医生翻开我的健康检查报告，低头细看那一堆要是给我看也怎样也看不懂的文字和符号，然后她微微笑："大致还好，除了你的胆固醇指数有点偏高。看来你不该再吃鱿鱼、墨鱼或者八爪鱼这些胆固醇含量高的海产食物了。"

为此我确实情绪低落了几个小时——当然不是因为知道胆固醇偏高，而是马上怀念起而且想马上吃的咖喱鱿鱼、椒盐鲜鱿、土鱿蒸肉饼、烤鱿鱼丝、墨汁墨鱼意大利面、卤水墨鱼和八爪鱼已无法再吃，至于章鱼（八爪鱼）花生冬菇鸡脚莲藕汤是否在被禁之列，得赶快问问医生。

这些被切花切片切圈或烤或炸或炒的软体动物，上碟时人们是怎样也想象不出它们原来长成一派史前吓人模样的。生鲜现吃固然黏滑甜软，油泡过、烤过、炸过还是脆嫩可口，至于晒干再用碱水泡发开的鱿鱼，又是另外一种爽利口感。至于将鱿鱼干现火炭烤或压制成丝后调味再

香港西营盘皇后大道西 270 - 280 号得利大厦地下
电话：2548 7389
营业时间：9:00am - 9:00pm

一条皇后大道西，卧虎藏龙，用上"正斗"做招牌自然来头不小。昔日潮州巷卤水名店斗记的大师傅林远龙练就一身好武功，一家人上下齐心把小小一家卤水店做得有声有色，墨鱼只是开场白。

正斗潮州卤水鹅专卖店

二	三	四	五	六
七				
八	九			

一、二、三、四、五、六
　无论是墨鱼丸还是墨鱼饼，都以它的弹牙鲜
爽口感取胜。强记师傅把一盘新鲜剁打的墨
鱼胶熟手快手挤成丸，蘸上面包屑压成饼，
猛火油炸成香口极品，薄薄一层脆皮里汁多
肉甜，又是啤酒时间。

七、八、九
　路过潮州卤水店正斗总会留意挂出来的肥厚
大墨鱼，忍不住要老板林先生薄薄切一碟打
包带走，当然是边走边吃，鲜甜够有嚼劲，
过足瘾。

— 墨鱼为什么又叫乌贼？表面证供是它
遇到"追捕"时会喷出黑色腺液，其
浓如墨，把海水染得乌黑一片，乘机
逃去。但亦有一传说称奸狡之徒用
墨鱼汁来写契约，最初字迹清晰鲜
明，但过了半年便淡然无字，契约自
然无效，所以墨鱼就被冤枉地称作
"乌贼"。

— 墨鱼背部有石灰质的巨骨一块，除了
直称乌贼骨，医书上亦称海螵蛸，此
骨有药用，刮取粉末是很好的止血
剂。旧时家庭吃墨鱼会留下此骨晒干
备用，可是现代家庭只吃冷藏墨鱼
丸，墨鱼长什么样子也不知道。

— 经典菜式中常用上九龙吊片，所谓吊
片，就是新鲜鱿鱼用竹竿穿起吊住晒
干。以往本港海域未受污染，九龙湾
一带盛产鱿鱼，晒干自然被称作九龙
吊片，亦称土鱿——蒸熟下饭的土鱿
蒸肉饼，昔日电影院门口烤得香传千
里的鱿鱼干……如果买到三十厘米以
上的叫尺鱿的顶级正货，浸泡三数小
时后切条炒芹菜，又鲜又爽。

烤的食法，又是另一种鲜浓柔韧。海里来的当然
是鲜的，但在大太阳晒制之后更出色出味，真的
是海天之合。

　　在厨房里跟老管家一起亲手剥过鲜鱿鱼那一
层软甲，又摘过墨鱼那个墨腺，把那俗名乌贼骨
的多功能石灰质骨块掏出来晒干收藏把玩。至于
八爪鱼，第一次交锋就在鱼市场买了一只头身比
两三个足球大，腕足长达三四米的超级巨无霸，
可惜买来不是吃，是念设计系一年级时候做雕塑
的参考材料。不知怎的，到最后交出来还拿到高
分数的作品是一只用生铁板烧焊成的像蟹的多足
物体——从八爪鱼变成蟹，也算是一次物种变异
进化吧！唯那只用来做参考的八爪鱼，在工作室
里被搬来搬去几乎被遗忘，最后发出恶臭然后急
急丢掉，想起来真的要说一千个对不起，这回胆
固醇偏高不知道是否是冥冥中八爪鱼发起的一次
报复？

香港北角渣华道 99 号渣华道市政大厦 2 楼
电话：2880 5224
营业时间：5:30pm – 12:30am

够胆够黑，所以义无反顾捧场到底。

东宝小馆

```
          ┌──┬──┐
          │十│十│
        ┌─┤二│三│
        │十├──┴──┘
        │一│
      ┌─┤  │
      │十└──┘
      │  │
      └──┘
```

十、十一、十二、十三
吃过虾酱油泡鲜鱿和豉椒咸菜炒鲜鱿等古老经典，另一个历久不衰的招牌热卖当然是椒盐鲜鱿。因为怕热气"逼"出痘痘，所以自行管制配给，越是期待越是美味。

十四 永远搞怪的露比，以墨鱼汁墨鱼丸配意大利面擦"亮"招牌，墨鱼丸柔韧弹牙不在话下，连意大利面（pasta）都做到有嚼劲（al dente），叫同行的意大利朋友大呼"我的天啊"（mamamia）！

漂亮先行

时装设计师 谭国成

谭国成（Kevin）的眼睛里带着那么一点困惑，眨了一次又一次，甚至不自觉地摇起头来："不对不对，这不是我从前吃的椒盐鲜鱿。"

当然我们都回不去了，尤其是当我们有幸身处这个超速的时代、短视的社会、浮躁的人事当中，我们既顾不及自己也保不住身边的街巷地标，留下的只能是一些日渐模糊的光影杂念，回响的是某次啰唆抱怨也只不过说完就算。至于那曾经印象深刻的可以入口的色香美味，说不定都自行加盐加醋变成甜酸苦辣想象的一部分，本来实实在在的椒盐鲜鱿竟然遥远而不真实。

Kevin 印象中的椒盐鲜鱿，是儿时住处屋村楼下的一档深夜九十点才营业的大排档制作的。他没有强调那碟鲜鱿有多么好吃，却一直说很漂亮很漂亮，轻轻糊上粉炸过后还是雪白雪白的，蘸

上了椒盐，放在一堆炸透的金黄色的蒜蓉上，一见难忘。一家三代人等开计程车的父亲收工后偶然一次下楼开饭，他看中了邻座点的这一道美味，因为漂亮，他就央求父亲也点一碟，自此就认识了椒盐鲜鱿，也一直找借口要来一试再试。如是过了四五年，这家大排档有天忽然消失，再过一阵整个屋村也拆迁重建，自此那一碟漂亮的椒盐鲜鱿就再也没有出现过。

由于我自私地苦等这位叫人刮目相看的时装设计师设计他一直想做的男装给我穿，所以我并没有鼓励他亲手去先弄一碟椒盐鲜鱿。以他的聪慧和他对美的要求，自行制作至鲜至美应该无难度，回不去就只能向前看。

强记大排档

香港九龙深水埗耀东街 4 号铺
电话：2776 2712
营业时间：6:00pm - 4:00am

全方位多面体，说得出做得到，既然可煎可炒可煮，炸物怎会难倒强记的一众师傅——

请大家在三十分钟内吃尽上桌后依然皮脆肉软、酸甜度适中
而不呛喉的美味，吃罢就真的要连同桌的老外都竖起拇指
"good good"声大赞。

咕噜一番

咕噜肉的前世今生

010

究竟是古老？咕咾还是咕噜？

究竟下了红椒片、青椒片、菠萝片以至夏天当造的子姜做配料的咕噜肉，从什么时候变种出改下草莓的"士多啤梨骨"？

至于那传统的甜酸芡在糖、醋、盐、老抽以外，何时开始融合加入茄汁和喼汁？又或者哪位大厨坚持不用茄汁而沿用传统方法用山楂干、山楂饼煎调汁？凡此种种，都有待有识之士去鉴定去引证，水落石出之日该像霍金讲述"宇宙之源起"一样，筵开百席，一边讲述咕噜肉之源起一边大啖咕噜肉，请大家在三十分钟内吃尽上桌后依然皮脆肉软、酸甜度适中而不呛喉的美味，吃罢就真的要连同桌的老外都竖起拇指"good good"声大赞——据说这也是以"good"为咕噜的说法，是咕噜肉相传的起源之一。

香港铜锣湾希慎道 33 号利园一期 5 楼
营业时间：11:00am – 11:30pm

西苑酒家

从出炉点心到家常小炒到宴席大菜，西苑的台前幕后，协力同心予人亲切好感，百分之百信心。一碟香鲜脆嫩的咕噜肉就是最佳证明。

	二	三	
一	五	六	四

一　两个人吃饭，坐下来二话不说就先点咕噜肉，然后再想别的。四人六人吃饭聊天，早就想好要吃咕噜肉而且加码，至于一席十二人，怎少得了这里夏天当时得令的子姜咕噜肉——

二、三、四、五、六
　港大校友会的主厨昌师傅亲自出马，手到擒来，把切成寸大小的梅头猪肉，以生抽、糖、生粉、油及麻油略腌后，放入加了蛋液的生粉堆里薄薄蘸粉，滚油将肉下锅，锁住肉汁，转慢火令肉熟透后再推高猛火令炸浆保持松脆，炸好肉块捞起，再起锅爆香青红椒及子姜，以茄汁、白醋及糖调成酱汁，将肉块回锅兜匀便可上碟。

　　曾几何时我是无咕噜肉不欢的，午餐在学校附近茶餐厅叫的碟头饭是咕噜肉饭，晚间小菜又是生炒骨（比肉多了一小块骨而已），而且十分坚持、十分有计划有系统地到处试，也可说是尝尽了其不可告人之酸——那种用劣质化学醋精兑开水的"醋"，跟醇正的米醋或者从外地进口的苹果醋，完全不可同日而语，醋精未入口已经呛得直咳，未觉甜已变酸，连全心全意热爱中国菜的同胞也吓跑，更何况那些初尝个中滋味的老外，但也许他们就是喜欢这样的口味?!

　　自从吃过用山楂饼以及山楂干熬汁混入煮成酱的甜酸汁，就更觉得那些用劣醋充撑的咕噜肉不可接受了。也因为爱上用子姜做配料的吃法，竟然忍得口尽量在夏天子姜当造时分才开怀尽吃，啖啖子姜咕噜肉。至于那些用鲜虾代猪肉的咕噜虾，或者变身草莓做配料的版本，不好意思，我还是念旧。

一　根据前辈唯灵叔的记录，永吉街时代陆羽茶室主厨梁教师傅做咕噜肉的酸甜汁配方是白醋六百克、盐两茶匙、片糖（蔗糖）四百克、茄汁二百克、喼汁四十克、老抽两茶匙，也就是说，中西调味混合搭配（mix and match），融合早就开始。

得龙大饭店

香港九龙新蒲岗康强街 25－29 号地下
电话：2320 7020
营业时间：6:00am－11:30pm

老区老铺自然有其留住街坊的秘技，用上三种山楂加料调制的咕噜肉酱汁，叫大家明白什么叫细节。

	八	十二	十三
九		
十		
七	十一	

七、八、九、十、十一

得龙的咕噜肉在酱汁方面特别讲究，除了基本的米醋、片糖、茄汁、豉油，还特别用鲜山楂、干山楂及山楂饼来熬汁加入调酱中，令酱汁更带温醇果香。

十二、十三

小小一碟咕噜肉，心思细密的各家大厨尽显身手，从拌粉浆到炸肉程序到酱汁调配都各出奇谋。西苑的酱汁原料阵容鼎盛，除了茄汁、OK汁、喼汁、米醋、片糖，更调动出红谷米、山楂饼、梅子及红菜头。巧妙的一碟咕噜肉上桌不是红彤彤的版本，叫人刮目相看。

从咕噜到狗

退休长者 彭伟成

跟八十岁老人家彭伯伯去吃他喜爱的咕噜肉，齐齐举筷把那本该是甜酸开胃的炸物放进口，咦，怎么都不对劲，又硬又韧又咸，分明就是炸好了半日以上的货色，上碟时随便加些颜色水兜两兜就出场，枉说自己是八十年粤港老店，分明是自毁招牌。

看来老人家没有我这样生气，果然是见惯世面，吃盐比我吃米多。他把话题一转，竟然从吃咕噜肉一下跳到吃狗肉。

二十世纪六十年代，顺利村还是菜园农地，年轻力壮的彭伯伯在那一带活动，认识一群当差的朋友。当差的当然也嘴馋贪食，所以一入秋冬，公然"犯罪"的事情就不时发生。齐备好枝竹、八角、果皮、姜和面豉（彭伯伯不喜欢用南乳起锅），加上不知从何而来的一条杀了洗净的狗，主角和配料一起入锅炒至水干，然后再炆上两个小时，喷香传千里。老人家还绘声绘色地说杀狗后一定要把狗吊起才能保证一命呜呼，否则狗一落地就翻生（？！），果然是民间传奇。

我也坦然向他"招认"我这一辈子唯一吃过的一次狗肉，就是十岁左右跟老爸周日行山走到不知哪处乡村，碰巧一群父老围炉吃狗肉，扬手招我过去吃了一口。老实说，那个年纪任何新奇的食物放进口我都会觉得好玩好吃，究竟狗肉好吃吗？我不知道。应该吃吗？我也不知道。

老人家继续说起吃果子狸、穿山甲、野兔，甚至猫。那真是个有胆有色、什么都能吃的年代，相对起来，咕噜肉真的不是什么一回事。

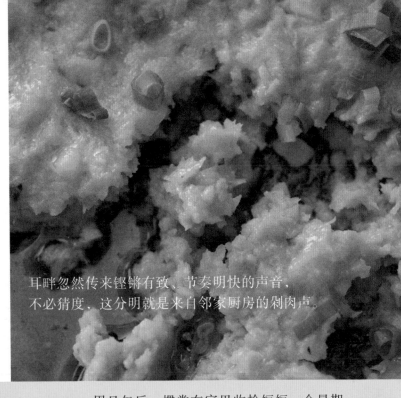

一 无论外婆或者老管家喊了多少声"开饭咯"，玩疯了的我和弟弟妹妹总是不会乖乖地坐到餐桌前——除非那个晚上有我们最喜欢的蒸肉饼。无论是咸鱼蒸肉饼、梅菜蒸肉饼还是土鱿蒸肉饼，从厨房热腾腾一端上桌，我们都自动坐下，乖乖地等着那一勺肉饼放到饭面。

耳畔忽然传来铿锵有致、节奏明快的声音，
不必猜度，这分明就是来自邻家厨房的剁肉声。

011

肉不剁？

经典下饭美味菜

周日午后，惯常在家里收拾短短一个星期已经积压如山的报章、杂志、剪报，特别剪存的是媒体每日刊登的关于饮食的资讯，从潮流餐厅新口味推介、经典传统菜式重现，到饮食健康卫生常识，以至什么糖果厂工人不慎跌入巧克力池，大胃王比赛冠军连吞七十六个汉堡包……诸如此类日日新鲜，叫我们这些既嘴馋又八卦的，在饮食文化这大题目之下，边吃边喝边看，不亦乐乎……

东翻翻西掀掀已近黄昏，耳畔忽然传来铿锵有致、节奏明快的声音，不必猜度，这分明就是来自邻家厨房的剁肉声。光凭这些或缓或急的声音，并不能分辨这该是在做土鱿马蹄蒸肉饼、咸鱼蒸肉饼还是正宗花菇芫荽莲藕饼，要等到肉饼差不多蒸好的时候才会传来各领风骚的厉害香气，香传左邻右里，叫还未准备晚饭的其他街坊如我忽然肚饿垂涎，也来不及煮一碗白饭伴着这些飘香解决一餐。自由发挥组合的各式蒸肉饼

留家厨房

香港湾仔轩尼诗道 314 – 324 号 W Square 5 楼全层
电话：2571 0913
营业时间：12:00pm – 3:00pm / 6:00pm – 11:00pm

这是身兼艺评人、餐评家和第一代私房菜经营者的前辈刘健威，正式面向"地面"街坊的一个成功尝试。众多经典特色里先挑一个熟悉的咸鱼蒸肉饼品尝，果然连下两碗饭。

二、三、四、五、六

矢志承传广东家常好菜的留家厨房，师傅用上马蹄粒、果皮、实肉霉香马友咸鱼、手剁肉做料，与姜丝搅拌，加生抽、生粉拌匀，淋少许麻油，然后放碟中蒸十分钟，上桌前撒上葱花。口感结实有嚼劲，肉味咸鲜中有马蹄的爽脆，用以下饭实在一流。

七、八、九、十

街坊小店兰苑饎馆以简单家常饭镜留住经常在外头奔波没空下厨的街坊。榄角蒸肉饼、仁面蒸排骨，都是寻常却又难得的家庭风味。

一 要蒸出好吃的肉饼，首先从拣肉开始，买来半肥瘦的梅头肉（猪鬃肉），一般要求是肥瘦比例一比三。要花点气力自己剁肉，不要依赖绞肉机，因为绞出来的肉太标准均匀，口感没变化，而肥肉在机动过程中遇热，亦会软化出油，影响整体口感。讲究的应该先将猪肉放冰箱中冰得稍硬，方便切粒，亦只把肥肉细切而不剁，瘦肉切条切丁再剁之，各自妥当后混成一体再加上各种配料，步步为营成功可望。

从来就是粤式家常便饭的灵魂支柱，一碟原料鲜美、花得起时间心力人手、切剁功夫细致、肥肉瘦肉配搭比例恰当的蒸肉饼，单是想想未闻香，已经准备连下两碗半热腾腾白饭。

当然，称得上经典的美味下饭菜还是很叫人心头一暖、好生惦挂的，无论是梅菜蒸猪下青、咸虾酱蒸猪肉，重型一点的如芋头扣肉、梅菜扣肉，即使面前亮着有如霓虹发光招牌般的"健康"两个字连三个感叹号，这些下饭菜一出场，我既不是天使没翼可折，索性舍命陪魔鬼，吃了再说！

香港九龙西洋菜北街集贤楼地铺（港铁太子站 A 出口）

电话：2397 7788

营业时间：12:00pm － 10:30pm

既以龟苓膏和甜点作为镇店宝，又提供家常小菜照顾日常饭餐，灵活主动，平实不浮夸，是街坊小店中的佼佼者。

兰苑饎馆

十一、十二、十三、十四、十五、十六、十七

马蹄、土鱿、冬菇、梅头猪肉，不知从什么时候开始结下这不解之缘，成为肉饼界有声有色的梦幻组合。先听师傅如双龙出海的双刀剁肉剁得嘞嘞有声，然后肉饼蒸出来肥瘦均匀、黑白点缀，要嫩滑有嫩滑，要咬口有咬口，还有那肉汁实在是精华所在，没话说。

肉饼同盟

自由撰稿人 莫韵思

跟莫韵思（Bessie）吃饭最好找一家蒸肉饼蒸得最好的店，堂皇高档的也好，街坊摊档也无妨，反正就是要点一碟蒸肉饼而且要加咸蛋，即使我们今天叫的是土鱿蒸肉饼，本身已经够咸香、有嚼劲，但始终还得有一颗咸蛋相伴。"没有原因，"她说，"概念中意识里咸蛋就是跟肉饼在一起，即使看来像装饰，还是得出场。"

饮食习惯分明是一种固执，能够坚持八卦不舍地找出城中最值得吃的肉饼，以或客观或主观的评价再向身边一众分享推介，是最乐意的义务劳动。其实到处吃多了，一碟肉饼弄得如何好吃也实在只是一碟肉饼，最重要的是吃得出当中的诚意和那种家庭式的像妈妈手工做的质感味道。

肉饼入口，吃出干晒土鱿吊片的柔韧有嚼劲，也叫 Bessie 一下子跳回那个在乡郊生活的童年。看不出她原来是一个贪玩满山跑的女孩，经常在吃饭时候就跑到邻近的公园玩个痛快，索性饭也不吃，回到家里当然就有加料一道菜叫"藤条炆猪肉"——对自己行为绝对负责的 Bessie 唯一的遗憾就是因此少吃了家里餐桌上的咸鱼蒸肉饼，自然也没有传承到母亲的拿手绝技。一代传一代如有遗失，我们得负责任。

从肉饼出发，Bessie 迫不及待与我分享加拿大温哥华某酒楼的绝顶鸡包仔，自家小时候发明创造的薯片面包和街角面包店的三粒咖喱鱼蛋夹在一个松软猪仔包内的香、辣、热、软——

车氏粤菜轩

車氏粵菜軒
CHE'S Cantonese Restaurant

香港湾仔骆克道 54－62 号博汇大厦 4 楼
电话：2528 1123
营业时间：11:00am－3:00pm / 4:00pm－11:00pm

三番四次说要跟师傅学蒸肉饼，但一转念还是来吃最方便最有保证。土鱿蒸肉饼中剁得极细的土鱿极有嚼劲，香鲜回味。

秋风起，如果怕蛇也还有羊，
街口买少见少大排档张贴起
"合时黑草羊腩煲上市"的大字报，
迫不及待用 MSN 呼男性"猪朋狗友"来吃羊。

羊男煲

012

风吹草低见肥羊

如果你有天真的碰上一个矮小、驼背、脚弯曲、从头到脚都套着一件羊毛皮，而且头部还附着两只羊耳朵的男子，你会不会带他去吃黑草羊腩煲？

首先你会要求他先把那件羊毛套装给脱掉，即使在海洋公园或者迪士尼上班都应该有法律保障劳工的下班时间，更何况羊肉补中益气、性甘、大热、温阳助火，吃了之后浑身发热，硬要继续穿着羊毛衣肯定会长出一身热痱。既然相识也是朋友，不是大丈夫也好歹是男子汉，秋风起，如果怕蛇也还有羊，街口买少见少大排档张贴起"合时黑草羊腩煲上市"的大字报，迫不及待用 MSN 呼男性"猪朋狗友"来吃羊。同时把面前这位来自东洋的实力派偶像级村上春树先生笔下的羊男介绍给他们认识。即使言语不怎么通，但对面前那煲刚上桌的热腾冒烟、芳香扑鼻的羊腩煲，大家都不禁竖起拇指大赞，滋味美食在前，刺激起同样兴奋的目光和准备作战的肢体动作。

香港湾仔轩尼诗道 314 – 324 号 W Square 1 楼全层
电话：2866 7299
营业时间：11:00am – 11:00pm

荣兴小厨

从一开业我就定时捧场的荣兴小厨是湾仔街坊至爱，一群老板和伙计胼手胝足，由地面小铺变楼上大铺，越做越旺。葱油鸡、无锡骨、清蒸海鱼都是招牌菜，秋冬时分少不了羊腩煲，但切记要留肚吃他们的饭后糖水！

一　虽然现在香港的冬天也不再是"真正意义"上的冬天，但一旦感觉到气温下降那么三两摄氏度，大家就有借口闹哄哄地去吃黑草羊腩煲了。即使高档餐馆也赶这个季节风潮，但老饕们总是要到那些临街的大排档、小菜馆里，仿佛这煲羊腩才够地道够入味。

二、三、四、五、六、七、八、九、十、十一、十二、十三、十四
风风火火中如果不是老板记起今晚刚好有位师傅在后厨焖羊，平日只懂得吃的我就没机会亲睹这庞大工程了。取来黑草羊斩件后经过飞水处理辟膻先放高身大锅中，放入清热的竹蔗以及多种草本药材，连同冰糖、马蹄、香菇、枝竹，加上混合有腐乳、磨豉、花生酱、柱侯酱、麻酱、花椒、八角、大茴香、小茴香、陈皮等香料的特制酱料，再有炸香的蒜头和料酒，焖上至少五小时，令羊腩完全入味。原煲上桌时时令菜垫底，放进早前焖好入味的羊件和配料，浇上浓稠酱汁和上汤，原煲放到你桌前的燃气炉甚至炭炉上，稍待片刻滚烫掀锅，浓香扑鼻。

无须翻译，大家的谈论焦点都在一个"膻"字。于我这个羊痴，不膻就不是羊，千万不要把新鲜羊腩上那一层又一层肥膏给拿掉，那是膻之源、膻之所在，更不要随意动用什么花椒、八角擅自把膻味辟去，也可以说，就是因为爱膻吃膻，这群新朋旧友才可以一起同台。

然后就是一个"鲜"字。有鱼有羊在一起谓之鲜，如果用上的是肌肉组织已经被冻坏了的急冻羊，炆出来的羊又硬又韧像柴皮，如此说来，用上冰鲜羊会好一点，但羊皮却不如新鲜羊的够嚼劲。再来就是那用来炆羊的酱汁和同场演出的配料，用上柱侯、南乳和腐乳，加上蚝油、姜、葱、陈皮等调味，再有不可或缺的枝竹、马蹄、冬菇等饱蘸酱汁吃不停口的配搭，还有画龙点睛的自调腐乳酱，把软滑羊腩往酱里一蘸——哎呀，为什么秋冬不早点来？

据说羊男的出现是为了把已经失去的东西和尚未失去的东西联系在一起，唔，明白了。

一　老祖宗造字之初，来一招鱼羊双拼谓之鲜。所以要争取机会吃到鲜鱼鲜羊才算真正了解何为鲜味。说回羊腩煲，真正讲究又可以收取食客贵价的餐馆会坚持选上新鲜黑草羊腩，连皮带膏切件，保持肥瘦适中，膻香食味和柔韧有嚼劲。至于冰冻羊肉，是在羊被屠宰后入袋抽真空然后以四摄氏度保鲜冷藏运送，羊肉组织未受急冻过程破坏，也还可接受。最不可取的是以急冻处理，零下二十摄氏度已把羊肉质质感收缩破坏，吃之粗糙无味——

一　虽然我从来拥护羊肉的膻，但如果真的怕膻又要吃，坊间的去膻方法分别有以白萝卜、山楂、红枣、橘皮、龙眼叶甚至栗子(?!)加入与羊肉共煮，据说就可辟膻。好膻的我是否该专门吃这些用后即弃的萝卜、栗子、山楂、红枣和龙眼叶？

强记大排档

香港九龙深水埗耀东街 4 号铺
电话：2776 2712
营业时间：6:00pm – 4:00am

大堆头大制作，还未入冬老板已经诱之以色香味，要我一定一定要试他们的秋冬主打足料羊腩煲——水准上乘不在话下，几乎忘了提那应记一大功的加入了柠檬叶、调了米酒的腐乳蘸酱。

十五、十六、十七、十八、十九、二十
　吃了这家再试别家，荣兴小厨的羊腩煲也是眼下每桌都必点一煲的秋冬热卖。和老外朋友来这里仔细跟他解释这是马蹄、这是冬菇、这是枝竹……要他一定放茼蒿进煲里蘸满酱汁烫热嘈嘈入口，放心的是吃到所剩无几都不会汁太稠、味太浓。

廿一　不明白身边总有朋友爱吃羊又怕膻，如果羊不膻就没性格，就不是羊，所以我专挑那些带皮带脂肪的嫩滑部位，入口膻到骨子里——

做羊做马

作家、资深传媒人马家辉

马家辉实在很有说服力。一大锅羊腩煲放在面前再加一碗白饭，一瓶青岛啤酒，吃着喝着我完全明白他所说的在某一个特定的时空环境里，一个男的吃了羊，就会长大成人。

马家辉当年十七岁，刚念完大学预科的他有幸跟着两位报界、文化界的前辈世叔伯，在一个冬日里一起到台北。前辈日间有公事忙着，少年家辉就在光华商场、重庆南路一带逛街、逛书店。黄昏入夜，前辈相约他到十分有日据时期风情的六条通的一家小店吃饭。走进那窄窄的街巷，敏感的他已经嗅得出烟花风月中的江湖味道。室内坐下来，两位长辈侃侃而谈的是时事政治，不时还会垂询一下身边这位知识型少年的看法。言谈对话中自觉正被引领进入大人世界的

家辉，在那稍后端上来的一个鲤鱼煲和一个羊腩煲面前，感受鱼羊合一的鲜美，就在这种上一代文化人自觉不自觉的言传身教氛围之下，礼成，往后日子的精彩探险同时开始，兴奋感激也来不及。

然后剪接到他在台湾读大学的日子。大二的寒假他跟随学联的专团第一次到北京，应该是当年"认祖关社"运动的又一浪。青年男女七日六夜游山玩水、参观学习，晚上当然就结伴到馆子涮羊肉，在那黄铜涮锅炭嘴蹦出炭屑星火的刹那，家辉意识到身边一个女子向他传情示好，这位正在吃羊的羊男自然也积极回应——

冬天，羊肉，一个男人自觉真的是一个男人，与补不补身无关。就是这么奇怪，牛怎样也取代不了羊的地位。

香港中环德己立街2号业丰大厦1楼101室
电话：2522 7968
营业时间：12:00pm - 2:30pm / 6:00pm - 10:00pm

吃羊腩煲也讲自己当晚的状态——如果你那天工作得特累，就该来吃这锅丰腴酥软、入口融化的"懒人"版本。
（只招待会员）

香港大学校友会

HKUA
香港大學校友
HONG KONG UNIVERSITY ALUMNI ASSE
http://www.hkuna.org.h

一 一碟虾仁炒滑蛋，是众多酒楼餐馆招聘时考大厨师傅功夫手艺的"试题"，相信也是不少真正嘴馋的男女测试热恋中的对方究竟对饮食是否有严格要求的好方法——如果把一碟炒得又老又硬的虾仁炒蛋也毫无反应地吃光，那就算了吧。一碟炒得有上乘水准的虾仁炒蛋，除了虾要新鲜蛋要健康，该符合蛋滑嫩、虾鲜甜、不干不碎、不黏不糊的口感，蛋香与虾鲜浑然一体——

电眼男从不下厨，是那种煎一个荷包蛋肯定会破煮一颗水煮蛋竟然会烧干水把蛋也弄爆的，更遑论叫他蒸好一碟三色蒸蛋。

013

原来零蛋
一个无蛋不欢的失恋故事

挚友电眼男很清楚自己在江湖中活泼行走的绝对优势：生来一双电眼。其实并不是故意的，他也经常问他的爸爸妈妈在他出生之前究竟经常吃什么喝什么，会叫他生就一双眨两眨就叫旁人有如触电的眼睛，严重起来的话不论男女，放射性杀人于无形。

我们这群老友因为被他有意无意地"电"多了，所以开始有了抵抗力，不用戴太阳眼镜也可跟他四目交投。最近我发觉这双本来明亮清澈的眼睛有了些许混浊血丝，理应不是白内障或者长针眼，果然电眼男语带忧郁地告诉我，他最近失恋。

据我了解，这位经常放电的男子又实在没有多少真正恋爱的经验，他也接着坦白承认这次其实并未真正开始恋情就已经觉得将会失去。他的对象是公司里的新同事，合眼缘之外更发觉有共同兴趣，就是贪吃、爱吃。可是闲谈间得知这

紫荆阁

香港九龙红磡芜湖街 83 号逸酒店 1 楼
电话：3184 0166
营业时间：11:00am – 4:30pm / 5:30pm – 11:00pm

以怀旧经典菜式赢得掌声的紫荆阁，当然不会辜负一众。没有机会经常吃到家常菜的顾客，一招滑蛋虾仁，就像马上回到家里。

二、三、四、五、六、七
看似简单的步骤实在也得累积锻炼，紫荆阁的主厨绝不轻视这些家常基本手艺。将鸡蛋打匀时放进切好的葱花，鲜虾剥壳理净泡油备用。烧热油锅，先将蛋液放进，并将虾仁落锅快炒，至七八成熟便可上碟——不甘只做食客的你可会亲自下厨一试身手？

二	三	四
五	六	七

— 关于蛋，关于蒸蛋，各家各派各有秘技。自诩五岁就入厨的中学同班男同学现为三子（！？）之父，炒蛋时会在蛋液中加入少许鲜奶，说会令蛋更滑。他又建议在蛋液中额外另加蛋黄打匀，炒出来的蛋会更香。

至于蒸蛋，拌和蛋液的水分的比例一般是一比二，水一定要是开水或蒸馏水，不能用自来水。讲究的会把蛋液经密孔小箕滤过才放入蒸碟，蒸蛋时也会用保鲜膜把碟密封好，以防倒流汗水。

— 为了使那些传统菜市场卖蛋的叔叔婶婶依然有生意，鼓励大家多多光顾这些专卖拣手照灯靓蛋的小铺，然后安心地让叔婶用报纸包蛋拿走也不会打破。如果在超市买盒装鸡蛋，除了留意盒上的食用期限，也不妨注意部分蛋盒上显示的母鸡可活动空间，以分别不同种类的蛋：

1. "Free Range"表示母鸡可在指定的10平方米空地上活动；
2. "Semi-intensive"表示母鸡可在2.5平方米的活动范围内走动；
3. "Perchery or Barn"表示母鸡只能在0.04平方米的活动空间内走动；
4. "Country Fresh"表示母鸡仅可在空地上走动。

这些标志并不代表鸡蛋等级，但一般人会认为，鸡有较大的活动空间，健康状况会较好，蛋的素质也会有所提高。

位女同事有一个听来也很要好的男同学在五星级酒店餐厅中任职厨师，百般厨艺当中尤其炒蛋最为到家，而这位女同事又偏偏最爱吃蛋，唔，问题来了——

电眼男是我认识的贪吃、爱吃的朋友当中少数从不下厨的，是那种煎一个荷包蛋肯定会破，煮一颗水煮蛋竟然会烧干水把蛋也弄爆的，更遑论叫他蒸好一碟三色蒸蛋，炒好一碟黄埔蛋或者虾仁炒蛋或者番茄炒蛋，什么鸡蛋煎猪脑或者煎鲮鱼肉蛋角就更不用提了。临时临急如何把这个厨术为零蛋的电眼男恶补至合格可以迎战情敌的水平，我也不敢拍拍胸口做他的坚强后盾和辅导老师，因为贪吃、爱吃、能吃也真的不等于能够入厨就会做吃的。事到如今，才知道从小不炒不煎不蒸不煮蛋，真的不成器。

香港九龙西洋菜北街集贤楼地铺（港铁太子站A出口）
电话：2397 7788
营业时间：12:00pm - 10:30pm

午后傍晚，本来只打算吃碗核桃露、吃块红豆糕，怎知被邻座叫的蒸蛋上桌那绝佳卖相吸引了过去，索性把晚饭也提早吃了。

兰苑饎馆

	九	十	十一
		十二	十三
八			

八、九、十、十一、

蒸蛋，无论是简单的鸡蛋加水以一比一至一比二的比例，还是分别加入虾米、瑶柱、肉松，都是叫人梦萦魂牵的、叫一顿家常菜名副其实的安慰食物（comfort food）。蛋蒸好上桌，蛋面记得要加生抽熟油，葱花更不可少！

十二　同样是炒蛋，高贵版有虾仁炒蛋、瑶柱炒蛋，街坊一点的苦瓜炒蛋也是下饭至爱。

十三　越是简单越见功夫，白饭鱼煎蛋吃得出鱼鲜蛋香，白饭未上已经吃完半碟。

光蛋好吃

摄影监制 麦惠仪

到她和他两口子家里吃饭，一年总有那么两三次。男的那位，在一众好吃朋友里实在是厨艺出众又肯花时间心思为人民服务的；女的也不示弱，在厨房里至少也顶起半边天。我做客，当然扮演一个极其慵懒的角色，唯一要负责的，就是吃。

通常饭局在晚上七点左右，但这趟麦惠仪（Ann）传来电邮说要不要趁个早，在早上六时十五分到她家。天啊，早餐也没有这么早吧！

其实早起的原因，是要重演 Ann 儿时清晨起来、上学之前要吃蒸蛋的真人真事——事发现场有她必须在七时三十分上早班的父亲，不在场的有她正在值夜班的母亲。也就是说，她的父亲必须在六时十五分把孩子们都叫起床，七时之前都送去上学，而上学之前就得在家里吃过早餐。早餐通常有两种，一是大头菜汤米粉，但不知怎的，从来都淡而无味，需要下豉油才吃得下；二就是蒸蛋拌饭，还分有葱花或无葱花两种，颇受孩子欢迎。

试想一个冬日早上，吃过热腾腾的蒸蛋拌饭，摸黑上学的路上是何等的温暖——然而小朋友也有小朋友的迷信：考试时期如果吃到没有葱花的蒸蛋，总是有那种要"吃光蛋"的先兆。所以 Ann 和哥哥都期待有葱花，起码可以聪明一点。

这个蒸蛋事件还有续集。后来 Ann 到台湾念大学，是那种典型的清纯加上清贫的学生，口袋既没有钱又不懂得打工赚钱，唯有节衣缩食，不敢乱花钱吃肉，蛋白质的主要来源就是豆干和蛋。不喜欢吃豆干的她只能吃蛋，不是一口就没了的卤蛋也不是炒蛋，还是那颤颤入口、软滑无比的蒸蛋，因为比较便宜——

"那么你的蒸蛋功力一定很厉害了！"我在电邮里问。"不，"Ann 回邮道，"有人在厨房里替我蒸蛋，我只管吃。"

荣兴小厨

香港湾仔轩尼诗道 314 – 324 号 W Square 1 楼全层
电话：2866 7299
营业时间：11:00am – 11:00pm

每次在店堂里遇上亲力亲为的老板兴哥和阿徐，都为他们越战越勇越旺而高兴。街坊小店就是胜在够街坊、够吵嘈、够实在，简单如白饭鱼煎蛋，能够做到嫩滑香口、不干不油，真功夫！

当年的老与少
如今天上人间已经角色对调，
谁是少谁是老也很难说。

豆腐的永恒祝福

老少平安

014

如果早午晚都要提醒自己以作为中国人的一种身份而骄傲，我们可以从第一根指头一直数下去：祖先发明了火药、造纸术、印刷术、陶瓷，设计出地动仪，建造了长城，实践研发出针灸、草本入药……当然少不了五湖四海男女老少"信口开河"而成的四字词——有的是卧冰求鲤或者望梅止渴之类的有后台、有出处的成语故事，有的是面黄肌瘦或者脑满肠肥之类的方便拼对的日常说法。应用到日常或非日常饮食中，我们的菜牌里有各种明喻、暗喻、借喻如发财就手、笑口常开、金华玉树之类，上桌之前先训练一下大家的想象力。

总算是这个时代的明白人，每当要拿起菜单点菜，总是很难开口点一道金玉满堂，如果菜单碰巧有英译，那倒有根有据的肉是肉菜是菜。点菜时唯一点得名正言顺的一种用上四字代号的叫"老少平安"，说出来磊落大方，直接就是一种温暖的祝福。

香港九龙红磡芜湖街 83 号逸酒店 1 楼
电话：3184 0166
营业时间：11:00am－4:30pm / 5:30pm－11:00pm

紫荆阁

真的没有时间在家入厨做"老少平安"的话，跑到紫荆阁也可以一解嘴馋和思家之苦，吃罢"老少平安"又跳级到百花酿蟹钳，算不算过分出轨？

	二		六	七
	三		八	九
一	四	五		十

一、二、三、四
　闭上眼闻着香，稍缓一下那一股抢食的冲动。放在面前这碗白饭面上的是一勺混合了豆腐、鲮鱼肉和蛋白，加少许陈皮拌好蒸成的"老少平安"，吃一口仿佛人也该慢下来，慢镜头好好来一趟时空归家之旅。

五、六、七、八、九
　盛在沙煲里的客家酿豆腐，煎得金黄脆软的豆腐皮下是软滑细嫩的板豆腐。馅料用上半肥瘦猪肉、鲮鱼肉和少许霉香马友鱼，材料剁烂后以手搅挞，再把板豆腐一分为六，用筷子戳开豆腐把肉酿进去，然后再放锅中煎成金黄。豆腐煎好放进砂锅，加咸鱼肉碎芡汁以慢火煮至汁液微稠便成，和畅之风的地道客家人吴师傅，坚持把这道客家名菜保留。

十
　豆腐菜式千变万化，留家厨房的生根豆腐为什么可以百吃不厌？除了豆腐鲜生根香，鲜香咸美的虾子居功不少。

　　这种用上布包豆腐、鲮鱼肉、半肥瘦猪肉、蛋白，分别拌碎、剁碎起胶调味，混在一起蒸熟，然后撒上葱花和芫荽，淋上滚油和豉油的家常得不得了的菜式，就如酿豆腐、水蒸蛋一样，从来只在家里吃到最好的。吃多了甚至不爱吃，千方百计明示暗示老管家瑞婆给我做炸猪排、西柠鸡、甜酸排骨之类的香口炸物下饭，其时当然也不警惕这些油腻食物跟"老少平安"是背道而驰的。直到老迈的瑞婆久病离世之后，某天翻出她生前的一些生活照，才忽地忆起这一道营养丰富、入口绵滑的豆腐菜式，当年的老与少如今天上人间已经角色对调，谁是少谁是老也很难说。

　　但话说回来，"老少平安"中用上的鲮鱼肉有太多细骨，其实并不百分之百平安。所以瑞婆一定先把鱼肉切薄片，切碎细骨，甚至事先挑走细骨，一心为了家中老幼的真正平安。

公和豆品厂

香港九龙深水埗北河街 118 号
电话：2386 6871
营业时间：8:00am – 7:00pm

十二岁前的我应该是每隔一两天就在这家豆品老铺内喝豆浆、吃豆腐花或吃简单做的煎酿豆腐——老店屹立至今，坚持在铺后工场现做豆花、豆腐，店堂一角现酿现煎以供堂吃，水准如一，实属难得。

十一、十二、十三、十四、十五

精彩的豆腐菜式固然需要厉害大厨烹调得宜，但每日新鲜手制的豆腐才真的是灵魂所在。早晨目睹硬豆腐制作，惊叹师傅的熟练专注。这边厢浸黄豆磨成浆的程序刚结束，那边厢豆浆煮好和石膏粉快速撞出凝结物，待未完全凝固就得拿出放入铺了纱布的木框内定形，更要以重物如石头压走水分，最终成为质地可煎可炸可酿可焗的硬豆腐。

十六、十七、十八、十九、二十

豆腐菜式中的一大家族：腐竹、腐皮、枝竹、炸枝竹以至鲜腐竹、生腐竹、甜腐竹甚至头头尾尾腐皮碎，全都是从浓豆浆面层薄膜变身出来的。新鲜煮好的豆浆表面接触空气自然就形成薄膜，只要将薄膜剖开拉起，悬挂于竹架上，风干便成腐竹。未经风干、依然湿软的是鲜腐竹；枝竹就是将薄膜自然卷结成条，再以发热管烘干；腐皮就是整张薄膜风干；厚身甜竹就是豆腐锅底的"精华"，甜味来自黄豆的天然糖分；更有制成需要冷藏的素鸡……位于老区深水埗的树记堪称腐竹专门店，进门豆香扑鼻，不少名牌餐馆也长期向他们取货，亦吸引四面八方闻风而至的街坊捧场。

以身试法

专栏作家 黎坚惠

即使曾经是多么要好的朋友，但一旦大家再没有共同可以分享的信念和价值观，也就是道不同吧，也没有办法继续做朋友了——

黎坚惠（Winifred）以她一贯的利落明快，道出她并没有后悔的一些选择与决定。如果对方还是在抽烟，或者只在夜场出现，她就真正没法奉陪，只能抽身而去、告一段落了。跟她认识的这些年来，Winifred其实都是这样地忠于自己，从她的喜好兴趣到她的文章到她不断实践的新生活，她是友侪中真正坐言起行而不甘于只是满口理论的一员。从衣着到饮食甚至感情和家庭生活，Winifred都在现场亲身直击报道，不是那种引述谁谁谁说过做过什么的旁观者。

直接问她现在还是不是吃全素，因为之前也曾听闻她因为吃全素而令身体有些小状况。Winifred说她因为在一段时间内吃太多水果蔬菜，致令身体某些组织有纤维化的现象，容易水肿。所以她现在也吃少量的肉和鱼，也会通过鸡蛋、豆类来吸收蛋白质。她的宝贝儿子当然也在出生后随她吃过两年多素食，但现在也会吃少量肉，最爱吃的是猪排。这个小男孩也实在是很有口福，因为可以吃到妈妈亲手做的众多简单而又美味的豆腐菜式。

走遍活动范围内可以买到的豆类产品她都一一尝试过，目前锁定的是在几家日系超市有专柜的日本豆腐，一些本地老铺自家制的也还可以，最不能忍受的是斋口不斋心的扮猪、扮鸡、扮鸭的"伪"荤或素（!?）。所以提起日本京都的豆腐宴，那种豆香扑鼻的纯粹真味，又细致又有层次，实在是上善极品。

对生活对自己有要求，也乐于向大家推广有别于主流的生活实践经验，在这个危机四伏的时世，我们实在很需要像Winifred这样有原则有态度"以身试法"的领航员。

一

目睹这个在烈火中永生的啫啫鸡煲，才真正明白为什么每晚几乎六七成客人都是冲着这个全年全天候供应的强记镇店之宝而来。

说时迟那时快，热腾腾一煲上台，煲盖一掀一团白烟，眼镜一蒙……

情陷煲仔菜

尽地一煲

015

想来想去还是决定用上小学时代作文的经典开场：夕阳西下，华灯初上，我拖着疲倦的身躯，走在回家的路上，走着走着，空气里飘来家家户户厨房传出的菜香饭香……

什么是华灯？平常日子挂什么花灯？其实从没引证考据，只属于人有我有、借来一用的不是成语的四字词。疲乏倒是真实的，从幼儿园开始到现在，每天都玩得很疲乏。回家的路同时也是上班的路，永远未完成的工作二十四小时全天候，只好勉强把工作也当作娱乐。唯是当今现世空气里一般居家厨房并没有飘来太多的菜香饭香，原因可能有三：一是一家人下班时间不尽一样，一餐饭分开好几个时段吃，火力、香气都不能集中；二是家里已实行无火政策，厨房已经变成储物室并只剩下电炉烧水，唯一的热食是杯面；三是年轻主妇以及外籍佣工的厨艺都很一般，烧一桌饭菜都不香。

强记大排档

香港九龙深水埗耀东街 4 号铺
电话：2776 2712
营业时间：6:00pm － 4:00am

没有鲍参翅肚又何妨，粗料细做、吃得痛快才是庶民饮食精神所在。

二、三、四、五、六

其实材料简单不过，肥瘦适中的鸡件和新鲜猪膶分别腌好，姜切片葱切段，大小不一的鸡件先后下锅，以猛火迫出鸡油，然后下姜、葱及猪膶，猪膶易熟，所以随即加入调味的南乳海鲜磨豉酱，以铁钳钳住铁煲上下抛动，全程是一种介乎"烧"与"煲"的状态。礼成后加煲盖送往客人桌上，掀盖煲中啫啫声，入口只觉鸡肉鲜嫩、猪膶脆滑，群众亦哗哗称快。

一 无论是传统煲仔菜用的瓦坯、瓦煲，还是发展至今更耐火耐用的生铁铸模的铁煲，反正粤系港式的煲仔菜不同于江南地区的砂锅菜，煲比较猛烈，可受猛火。以新派粤菜里的啫啫煲为例，烈火逼出肉鲜酱香，说来也只能在外出餐馆成事，一般人家里无法啫啫。

唯一令每天这个黄昏时空依然充满诱人香气而且刺激食欲的，就是经过路边的大排档，目睹现炒现煲现卖的活生生食相，也不知怎的总觉得煲仔菜只在大排档才吃得到真滋味——

秋凉风起，街角半明不暗处折台折椅一开，塑料碗筷一摆，档主建议今晚来个大马站煲、啫啫鸡煲或者胡椒虾煲，同来的还惦记着上一回吃的鱼香茄子煲和生扣花锦鳝煲，至于羊腩煲和荔芋腊味煲，还得等到入冬时候才最正点。说时迟那时快，热腾腾一煲上台，煲盖一掀一团白烟，眼镜一蒙，待得烟雾散去，面前的煲中美味已经进到同桌馋嘴一众的碗中。目睹九龙石硖尾耀东街强记大排档佳哥神乎其技地在四百摄氏度烈火中锻炼他的拿手名菜啫啫鸡煲，看他如何分阶段把大小不一的鲜鸡块先后放进生铁煲内油炸，再下姜片、葱头以及猪肝同煲，猛火逼出鸡油倒去后下南乳海鲜磨豉酱调味，然后是把所有精彩内容都抛翻舞动。我看得傻了眼，心里想的是一旦大排档这个形式有天终于消失之后，千煲万煲尽地一煲，我们还可以留住大排档的精神吗？

香港九龙佐敦长乐街 18 号 18 号广场地下
电话：2388 6020
营业时间：11:00am－3:00am

新斗记

既有豉油王虾碌、玉米石斑等名贵菜，也有粗犷型的姜葱鱼云煲，各适其适！

| 十一 | 十二 | 十三 |
| 十四 | 十五 | 十六 | 十七 |
| 七 |
| 八 | 九 | 十 |

七、八
　　另外一个最有煲仔精神的是大马站煲，用的是切件的烧猪腩肉，加上豆腐、韭菜段，先烧热锅把烧腩迫出油，落虾酱调味，与豆腐、韭菜同煮，片刻之间香浓美味即可送上桌。

九
　　临街大排档内熊熊炉火前一站就是那么五六个小时，秋冬时节温度稍低还可以，很难想象夏天时分的消耗。

十
　　已经长年烧熏得乌黑的生铁煲，见证一个又一个老饕来取经得道，捧着饱肚欣然埋单的盛况。

十一、十二、十三、十四、十五、十六、十七
　　和畅之风吴师傅亲自训练的徒弟徒手把鱼肉挞打成胶，混入少许猪肉末和茋菜蓉，完全是祖母的正版客家酿苦瓜。苦瓜切好去瓤，将馅料酿入后以上汤慢火炆脸，再转入煲中上桌，入口甘苦然后清甜，相对烈火啫啫版，此煲纯良好多。

声色艺全

室内设计师 汤兆荣

约好汤兆荣（Andy）在一家以煲仔菜煲仔饭闻名的街坊餐馆里吃晚饭，晚上八时黄金时间，高朋满座一室闹哄哄，典型的下班后吃得亢奋，管不了三七二十一，吃了再算。

他看来有点累，其实坐在他对面的我也是。然后我们相视苦笑，都把劳累合理化——一是搬出父母辈比我们劳累不止十倍，二是当今时世还可以劳累已经很不错。当然我们都知道晚饭过后他还得回到工作室与手足们继续拼搏，我还是要接着赶赴下一个工作约会，也许坐在这个店堂的所有顾客都在这个停不了的魔咒下快乐存活，没资格怨什么。

所以不用解释我也明白，为什么我们对这近乎粗暴的上桌那么烫手一掀白烟扑面的煲仔菜有一种亲切好感，因为那是一种声色艺俱全的赤裸裸的呈现：看我，吃我，趁热——

演艺学院舞台设计系毕业的 Andy 太熟悉这场景，就跟舞台剧演出一样，煲仔菜演员跟食客观众即时互动，马上有反应。最好的厨师其实也是最好的设计师，如何掌控烹调时间、调度食材配搭，如何在芸芸厨艺高手中表现得更出众，如何反复修正确认自己正在走的路是对的——热辣辣煲仔在前，刺激起这一切直觉观感讨论，这一餐明显就不是家常便饭了。

虽然日夜忙碌得根本没时间下厨，Andy 还是透露了偷空最爱阅读的是图文并茂的烹饪书，始终向往有一天可以自己下厨舞弄摆布，即使烧焦弄坏了也是乐趣。我告诉他，我等着你亲自动手的第一煲。

又烧又刮又吸又挤又洗又压，
然后再用上汤煨用浓芡配，
平凡简单如此的一块柚皮脱胎换骨再生。

一　忘了是因为什么开始恋上柚皮——是它的奇异纤维口感？是它的始终留驻的一丝清香柚气？多了便涩少了又寡，用以煨柚皮的无论是鲍汁还是鲮鱼汤都不能过浓。如何煨得来自广西沙田或者是泰国的柚皮软而不烂，滑而不腻，我等无耐性的不知要入厨修炼多久才合格。

富贵海绵

柚皮的可延续发展

016

究竟当今世上有没有另外一种食物放入口咬下去跟蒸熟的柚皮有同一种纤维质感和芬芳香气？答案是没有。也肯定没有一种看来只是可以随时弃置的"废物"，得到这么细心的回收再利用，又烧又刮又吸又挤又洗又压，然后再用上汤煨用浓芡配，平凡简单如此的一块柚皮脱胎换骨再生。

我自小爱吃广西沙田柚，站在水果档前看老板或者伙计用那专用的塑料仿象牙开柚刀，熟练地把柚子皮肉剖分，顾客买走的是柚肉，留下的是堆叠成小山的柚皮。如果整颗柚子买回家，放上一段"供赏"时间，在柚皮变皱之前，就得想方法用大刀小刀又划又割，然后徒手用力把柚皮半拉半扯地掰开几瓣——从破烂残缺到光鲜完整，成功保留的柚子皮开始它的第二个生命——一是变成美味柚皮菜式，二是刻花镂空，内置蜡烛，成为中秋节的手工柚子提灯。

香港九龙新蒲岗康强街 25 - 29 号地下
电话：2320 7020
营业时间：6:00am - 11:30pm

得龙大饭店

当坊间餐馆大多采用泰国金柚，得龙的老板曾先生却刻意用并非全年有供应的广西柚，取其皮厚无渣，而且最后撒上炒好的顶级泰国虾子，更见专注。

二	三	四
五	六	七
八	九	十

二、三、四、五、六、七、八、九、十
以大地鱼、鲮鱼、蒜头、虾米及冰糖熬汤备用，用上已经以火烧过且刮净青皮的泰国金柚，将整个柚皮用滚水滚过，先辟去部分涩味，浸上一晚后，再用手搓按果皮进行反复十余次的又吸水又榨走的"松筋"过程，目的是让纤维松透软化。把水挤掉后铺于笪上，先浇进油让柚皮吸收，然后再层叠放进高身锅中，注入上汤至完全盖过柚皮，并以注满水之重物压之，免得锅内柚皮散走导致入味不均。慢火焖上至少八个小时。焖好的柚皮可放冰柜藏好，待客人点菜时再把汤汁饱满的柚皮蒸热并以上汤再勾芡，上桌前再在柚皮上撒上炒过的虾子，鲜与香再度结合！

　　从一瓣外皮青涩的柚皮变成一道上得厅堂的美食，花时间花工夫甚至花体力。记忆里我这个小帮工曾经在老管家的指导下，用炉火烧焦青皮，再用小刀刮净，用沸水煮后要浸上一晚，然后又挤水又吸水，如此反复数次，以求把青涩味完全洗走，更让柚皮的纤维逐渐松软。反复动作至皮浮手软，接下来有用传统方法把柚皮用猪油炸至完全松化，也有现代健康版本直接用上汤慢火煨。家里的平民版本当然只用酱油煨，顶多加入鲮鱼或猪肉提味，但酒家就会用上有火腿和鸡或有鲮鱼和虾米熬煮的上汤，慢火细煨大半天，上桌前又用虾子勾成的芡汁再添鲜味。至于那些用上金贵鲍鱼原汁慢火煨渗，叫那柚皮变得软滑而不腻烂，入口还有嚼头，已经超乎一般口感要求和负担。

　　曾几何时开玩笑把柚皮唤作海绵，但能够像柚皮一样尽吸日月山海精华，从无用到有用，且跨越贫穷直达富贵的海绵，恐怕也是世间少有吧！

一　柚子古名"文蛋"，现在都习惯写作"文旦"。《本草纲目》上清楚写道：吃柚"能消食快膈，散郁懑之气"。柚子除了作为水果沙拉以及甜品如杨枝甘露的主角之一，柚皮入馔做菜或者做蜜渍、做果酱，都保持一种独特果香，有开胃通气的功效。

一　对于粤闽人士来说，用柚皮做菜并不稀奇，但江浙人士却鲜有此举。直至抗战年月淞沪之役期间，上海市民组织后援会供应物资予跟日军交锋的十九路军，其时有电台广播呼吁市民搜集柚皮，以供粤闽士兵做菜，大家才知道吃完柚子不应将柚皮直接放进垃圾箱。

西苑酒家

香港铜锣湾希慎道 33 号利园一期 5 楼
电话：2882 2110
营业时间：11:00am － 11:30pm

由二十世纪八十年代已经开始实行无味精烹调的西苑，令顾客更能品尝体会何谓真滋味。对比一般加进味精的上汤只需两小时就会令柚皮入味，这里用炖足六个小时的全无味精的足料上汤去煨柚皮四个小时，花得起时间，这就是诚意。

十一 小小柚皮一片也经过这些繁复工序，而且在卖相造型上巧下心思。

十二 多年来这些传统功夫没有被淘汰，可见柚皮早已深入民心，长青不老。

万物生长

有机农庄『丰之谷』掌门人朱佩坤

如果要用一个词来概括总结面前这位老友朱佩坤（阿Pad）这十年来的姿态动作——我其实想到两个，一是"身体力行"，二是"为所欲为"。眼看他晒黑了，消瘦了，又再晒黑了，又稍微饱满一点点，这并非什么旅游度假、瘦身减肥的结果，而是他给了自己一个下半辈子都不离不弃的工作，夸张一点说来是个使命。阿Pad创办经营起一个有机农场"丰之谷"，而且越来越投入，成为有机种植组织社群里的活跃分子。简单地说，他成了一个农夫，一个新品种。

身边嚷着要吃有机食物、过有机生活的朋友多着呢，但真正走到乡郊田里种植栽培又把田里的农作物带到市区、带到街头的，阿Pad绝对是讲得出做得到的一个。因此他无可避免地超级忙，努力地从一个另类而单薄的声音开始，高调突围，越来越受到三心二意的市民大众以及后知后觉的政府的重视。这当然是件好事，因为大家开始认为这是性命攸关的健康大事。惜身，始终是个共识。

大家之所以忽然推崇有机和环保，也许是已经明白体会到原来已经失去太多。阿Pad不是一个素食者，所以依然会和我们一起到处吃，但每次吃到柚皮鹅掌、老少平安或者是猪肺汤这些从前在家里由顺德老用人手到擒来就做好的家常菜，他都不禁摇头叹息：为什么味道都大大不如前？！其实嘴刁的我们已经是跑到城中最执着、最坚持的老店去觅食，还是无法重寻真味。

回忆是个魔咒，叫人常在真实与虚拟之间摆荡。从前的一碟柚皮究竟是什么味道？实在怎么说也说不清楚——"过去的就让它过去，"阿Pad定一定神冷静地说，"且看未来有什么可以好好生长。"

香港湾仔宝灵顿道21号鹅颈街市1楼鹅颈熟食中心5号铺
电话：2574 1131
营业时间：11:00am - 6:00pm

清真惠记

这一碗柚皮不求精致、不讲卖相，倒是有一种街头庶民的率真爽直味道，要数工序，其实也绝无偷工减料。

也许是有太多这样的金字塔、倒金字塔的不同说法，到最后简单化成的三个字大概就是：多吃菜。

017

还我青菜

有危然后有机

对那些朗朗上口的口号式宣传我从来都有接收障碍，政府有关部门大事宣传的肉类跟蔬菜跟水果的饮食均衡比例，看着电视广告或者宣传海报念着念着都糊涂了。也许是有太多这样的金字塔、倒金字塔的不同说法，到最后简单化成的三个字大概就是：多吃菜。

可是多吃了的如果是毒菜，那就大事不好了。与香港人食水和种植食用蔬菜有密切关系的东江，其主流和支流都受到不同程度的严重污染。据报道，支流水质的重金属和有机污染物含量严重超标七成至过百倍，不少供港蔬菜的菜田就正正是用这些江水来灌溉！

追查之下，原来香港的文锦渡关口，只为内地进口菜检验农药残留，却不会检测重金属含量。而食环署每年只会在市面抽验蔬菜重金属一至两次，根本不足以保障香港人健康。如此这般，我们就把内地皮革厂、电镀厂的污水和东江

紫荆阁

香港九龙红磡芜湖街 83 号逸酒店 1 楼
电话：3184 0166
营业时间：11:00am – 4:30pm / 5:30pm – 11:00pm

酿节瓜是小时候在家的日常餸菜，吃过超过八百次却没有自己认真单独做过一次，看到师傅纯熟手法瞬间把一条节瓜给酿好，叫我又发梦想学师。

一、二、三、四

吃菜不知菜价，吃菜不知吃的是什么菜？吃了这一种跟那一种菜究竟分别有什么好处？随便问一个生活在都市里的人，关于菜的知识实在有限。更叫人吃惊的是，看来青青绿绿、健康强壮的菜，如果没有监管检验，随时是水土饱受工业污染以及吸收过量农药助长的毒菜。所以大家开始关注起有机耕种，企图回到不用化肥的人之初、菜之初。位于元朗八乡河背村的"丰之谷"有机农庄是成立于1995年的第一代有机农场，创办人朱佩坤是香港有机农业协会主席，经历十多个年头与政府、与社区、与民众的协调沟通争取，从一个小众声音成为近年渐受重视的一股新生活力量，主事人和全体同人付出的心血、劳力、汗水，几经艰苦才闯出一条"生路"。

五、六、七、八、九、十、十一、十二

看图认物，图中的有机植物你又认得多少？

十三、十四

筹备了大半年，有机农圩终于在二〇〇六年年底于假日期间开始在湾仔市区行人专用区出现，以半年为试验期，现场除了贩卖有机农产品，亦有环保清洁用品、手工艺品的推介贩卖，亦有摊位通过图文向在场年轻人讲解有机产品和公平贸易原则。作为衷心支持者，希望有机农圩可以成为有固定场地的社群组织活动。

沿岸住宅的生活污水通过蔬菜一概接收，难怪我们日常发声都铿锵有力，一不小心都变成金属机械人。

难怪近年来真正土生土长的香港有机农场生产的蔬菜作物越来越受到"有机会"关心自家身体健康的香港市民重视了，起码大家确实清楚自己每日吃进的菜蔬究竟是怎么一回事。有了有机认证先求个安心，进而关注其他与饮食健康卫生相关的题目——想不到小小一棵菜背后有这么错综复杂的价值、原则、制度方面的大问题。还我青菜，也得看是一棵什么菜。

十五、十六、十七、十八、十九、二十
作为生记的招牌热卖，浸猪膶枸杞这个家常汤水菜以鲜嫩爽脆赢尽掌声。先将枸杞和炸香的蒜子用上汤煨煮片刻，随即离锅上碟，再将已用滚水烫至八成熟的猪膶放入上汤同时略做调味，猪膶刚熟就得离锅上碟上桌。

廿一、廿二、廿三、廿四、廿五
不时不食，节瓜是南方夏季当造之物，是冬瓜的变种。其茸毛密、肉丰瓤少，清香、隽美、微甜，是家常菜肴和汤饮中极受欢迎的瓜果，当中以酿节瓜和咸蛋节瓜汤最为普遍。

廿六、廿七、廿八
清炒一碟豆苗，生煎几个藕饼，上汤浸一碟特选芥兰再撒上虾子，都是不俗的蔬菜选择。

十六	廿一	廿三
十七	廿二	廿四
十八		廿五
十九	廿六	廿七
二十		廿八
	十五	

苦基因

作家 许迪锵

迪锵说他从小就不怕苦，喝完苦茶不用吃嘉应子陈皮梅，更从来都没有抗拒过苦瓜，也就是说，他不会有忌惮地一提到苦瓜就自动唤作凉瓜。

迪锵问我如何把一条生苦瓜弄好入口，我搬出不够十次的经验：先剖开苦瓜，去瓤切片浸盐水然后拭干，或凉拌或放汤或生炒。他比较直接，把切好去瓤的苦瓜直接放进早已烧红的锅中，不下油，让明火逼走苦瓜的涩味，冲冲水，拭干，再与其他材料发生关系，但苦瓜依然是苦瓜，照样保留原来的苦度。

因为爱吃苦，他对以前只在夏天才登场但现在已经四时见面的苦瓜稍有微言。因为现在全年可见的苦瓜并没有从前的苦，温和得不是苦味儿。

台湾种的白肉苦瓜（对，不是余光中诗里的白玉苦瓜，那是国宝不能吃），有点肥肥白白的富态相，不像"雷公凿"那种眉头紧皱的苦样子，所以只在没有选择的情况下才买来过过苦瘾。

最爱吃苦瓜炒牛肉的他大致知道苦瓜性寒，牛肉燥，两者在一起是一种互补。小时候他的大伯母很疼他，他一到她家玩就给他炒一盘苦瓜牛肉下饭。后来大伯母走了，他在灵堂上坐着坐着忽然想起再也吃不到那种苦，放声哭起来，他说，连父亲去世他也没有这样哭过。

苦瓜有苦自己受，不会"传染"给一同下锅的其他食材，所以又称"君子瓜"。迪锵以苦瓜为榜样，自小基因带苦，真君子也。

喝汤不只是一种饮食习惯，更是一种身心需要，
时间到了，愿意用时间去换取一些寄托。

时间之谜

滚滚红尘老火汤

018

都说喝汤是一种文化，文化原来都与时间有关。

最懒惰又最想喝一口自主汤水的人，来个番茄肉片蛋花汤，肉片买已切好的，番茄自己随便切，蛋一打，爱吃芫荽的可以洗净放一把。三数分钟后热腾腾喝下去，哎呀，忘了放盐。

然后进阶想弄一碗小时候经常喝到的芫荽皮蛋鲩鱼片汤，不能少的是要放一些切好的茶瓜。茶瓜是白瓜，先用盐渍叫瓜身爽脆，再洗去盐后用糖渍过，呈蜜糖色，好像只在这个汤里会出现——忽然想起俗语有说"茶瓜送饭，好人有限"，这与茶瓜加上皮蛋加上芫荽的下火食疗功效应该有关。

广东话把这些三扒两拨做好的速成汤水叫作"滚汤"，单就字面已经看得出很心急。能够超越滚汤、开始自家熬制老火汤，就已经进

一、二

叫得上爵士汤，叫人在捧碗细尝前已有莫大期待。听西苑负责人劳伦斯（Lawrence）细说此汤典故，得知当年邓肇坚爵士是西苑常客，某次请客更带来家传汤方，要家佣到菜市场买螺肉、蜜瓜、鸡脚等材料，请大厨按方煲汤。汤成众客分尝，发觉汤鲜味醇又带蜜瓜清甜，叫人回味无穷。所以在得到邓爵士首肯后，此汤便成了西苑菜谱中的招牌汤。

爵士封衔，真材实料不是虚荣，十多种材料包括先下锅的猪骨、瑶柱、老姜、角螺、沙参、玉竹，然后再下老鸡、鸡脚和赤肉，慢火煲上两个小时，然后再将已经焗水一晚的花胶放进，亦把半个蜜瓜肉和半个打成蓉的蜜瓜放进去再煲一小时，煲煮期间不得随便搅动，以免影响汤之醇美。果然汤端上来已闻得一股清甜香气，入口尽是鸡汤与螺肉的鲜美，浓中带清，平衡绝妙。

入了一定的年纪和状态。喝汤不只是一种饮食习惯，更是一种身心需要，时间到了，愿意用时间去换取一些寄托。

不知是谁第一次把晒干的章鱼和花生、冬菇、鸡脚、莲藕放在一起熬汤，这些并不名贵的材料在熬煮时候散发的香气简直令人震撼。有回午后开始把材料洗净放进高身瓦煲里，先武火后文火地让材料在水里浮沉翻腾成汤，在房间尽头书桌旁埋头工作的我竟完全被那种弥漫满溢的温暖幸福的气氛包围住，就是这一煲汤，告诉我什么叫过程比结局更重要——结局就是因为太享受过程，不慎水熬干、汤料稍微烧焦粘煲。

始终因为省时的考虑，买过一个高速压力锅、一个真空锅来煲汤，不知是否是应用不当，高压锅经常发出蒸气尖叫，叫人心绪不安，十分有压力。真空锅又太沉闷，叫人不知内里乾坤有否在进行中。时间也的确是一种迷信，没有那么三五个小时的心力精神，看来无法变出一煲真正的老火汤。

— 早年香港消费者委员会发表实验结果报告，说港式煲汤炖汤的营养价值很低。虽然科学实证这回事看来有根有据，但我相信主持这项实验的有识之士在忙乱之余要安抚一下心神，还是会回家喝一喝妈妈或者妻子煲的汤。不管汤的营养价值高不高，至少是美味的，喝下去是温暖的，是会叫你自作多情地想起家庭、亲情、友情、爱情……种种回忆片段与冀盼渴望大集合，汤的"疗效"也就在此。

— 想喝老火汤又实在没有时间自己买足料出动真空锅、压力煲去煲汤的上班一族，除了光顾餐馆饮碗汤，也习惯在外卖老火汤的专门店甚至便利店买来强调不加味精的外卖汤包，无论是即时可饮的热包装，或者回家用微波炉加热的冻包装，都大受欢迎。专业营养师提醒顾客要留意含有海产的汤水盐分较高，喝得太多会加重肾脏负担，应该酌量调节，而且应配合气候，选择适时汤水。美中不足的是，外卖汤水一般都不连汤料，少了一点口福。

香港湾仔轩尼诗道 338 号北海中心 1 楼
电话：2892 0333
营业时间：11:30am – 3:00pm / 6:00pm – 11:30pm

利苑酒家

午间免不了与客户见面边议事边吃饭，先来一碗老火汤叫双方都元神归位、心平气和，以尊重佩服老火汤的态度与对方共商大事。

四

三

三　经典老火汤莲藕章鱼煲猪䐁，用上老莲藕、生晒章鱼干和猪䐁，够足料够火候地熬一煲便是六至八个小时，是利苑酒家每日老火汤单中每周出现一次的经典热卖。

四　一煲鲮鱼粉葛猪蹄汤工序繁复，先把鲮鱼煎香，用竹笪把鱼缚住以避免鱼肉、鱼骨在汤袋中散落，与飞水后的猪蹄共放汤煲里与粉葛一起煲上八个小时，煲成汤浓味厚，以汤料蘸豉油、熟油亦十分可口。小心鱼骨！

老火纯青

杂志编辑　曾金成

作为杂志资深编辑的金成经常在他的专栏地盘里形容自己的"麻甩"兼"婆仔"性格。作为忠实读者的我着实感激有这么一个勇敢面对自己的男人，因为如此真实的男人，这个年头十分罕见。

在他决定要来喝汤而把汤也喝了之后，又托人通风报信说其实他最爱的是话梅。不要紧，来日方长，顶级话梅极品可以慢慢吃，老火汤煲好了就得趁热喝。

这个平日爱喝汤而且要求面前一碗汤要清澈见底的男人，时常撒娇抱怨妈妈用心费时煲的汤太浓太稠。自己在家一个月才煲一两次汤的他和另一半会弄的是淮山龙眼肉煲瘦肉，还要下劲多芡实，章鱼瘦肉节瓜也是另一选择。至于外出喝汤，他的首选是西苑酒家的爵士汤。

这一煲用鸡肉、赤肉、螺头、鸡脚、瑶柱和沙参、玉竹先煲上两个小时，再后下已经水焗一晚的花胶、半个蜜瓜肉、半个搅拌好的蜜瓜蓉再煲一个小时的爵士汤，大有来头也是西苑经典。金成自言认识这个汤，是好友杨天命在二〇〇四年年初见他总是眉头深锁、公私两不如意，就带他以吃喝解解愁。初喝此汤的他直觉没有什么味道，怎知一饮再饮却从此爱上，之后什么不快和不如意也烟消云散。相信药膳效果的固然自有说法，但我觉得他能吃能喝好人一个根本就该有轻松好心情。

荣兴小厨

香港湾仔轩尼诗道314 - 324号 W Square 1楼全层
电话：2866 7299
营业时间：11:00am - 11:00pm

意想不到的惊喜！来到这家街坊小铺只求热闹锅气，怎知他们的南北杏鸡脚煲木瓜竟然是水准以上的清甜老火汤。

一 自己在家还勉强弄点什么吃喝，一旦外出又想宠一下自己喝碗炖汤。第一选择就是"蛇王芬"，一碗花胶百合炖水鸭，就把所有还是弄不太清楚的博大精深的进补概念喝下去了——

如果把午夜肚饿醒来
随便喝罐头汤配薯片的经验也插进来，
就实在很对不起这么正气、这么传统的炖汤。

回家真好

炖出天地正气 日月精华

019

要说炖汤，该先从炖盅说起。

在那个只知道碗就是碗、碟就是碟、煲就是煲的小时候，十分好奇为什么橱柜里会有这么厚、这么大的碗而且有盖——其实家里的炖盅也不止一个，单人份的、双人份的、三数人份的，炖螺头和猪膍这些小巧食材跟炖整只鸡或者水鱼当然需要不同的载体。

即使作为一个贪吃的小朋友，家里的炖汤倒不是一开始就有我的份。妈妈病后进补喝的花胶海参炖鸡、炖乳鸽，以及淮山杞子党参龙眼肉红枣炖水鱼，我也只是闻得到炖锅里隐约传来的香气，难得尝到一口。直到长辈们看到我实在一脸馋得要命的冀盼表情，才从炖盅里分出一小碗。那种鲜浓甜美、清澈滋润的汤水精华，喝了好像就得"补"成很乖巧很聪明也很成熟的样子——毕竟这不是水滚两滚的番茄蛋花汤，虽然那也是我的所爱。

蛇王芬

香港中环阁麟街 30 号地铺
电话：2543 1032
营业时间：11:00am － 10:30pm

深得新旧食客推崇的中环老店，开业六十多年来除了马上叫人想起他们的蛇羹、蛇宴，还有种种窝心体贴的炖汤和有若回家吃饭一般现炒的广东家常菜式。

二、三、四、五、六、七、八、九
每天一早，"蛇王芬"的炖汤师傅便会将已处理好的炖汤材料逐一放进炖盅内，并将早已用鲜老鸡、鲜猪骨和金华火腿等材料熬煮十二个小时的上汤汤底注入炖盅，适量调味后放进蒸柜里蒸炖约五个小时。炖好的汤汤色清澈不浊，汤面金黄醇美，一揭盅香气迎来，心情大好。无论你喝的是清热下火、健脾开胃的白菜胆炖鲜陈肾，是润肺补肾、养颜美颜的海底椰苹果雪梨炖猪膑，还是消肿解毒、清肠胃热的无花果蜜枣炖猪肺，在每日店堂高悬的菜单中总可以找到一款帮助调理和补充身体养分的上佳炖汤。

然后一眨眼就到了自己顾自己的年代，如果把午夜肚饿醒来随便喝罐头汤配薯片的经验也插进来，就实在很对不起这么正气、这么传统的炖汤。但说实在的，的确没有正经八百的在家里花工夫、花时间炖过汤，所以只能依赖外头用心足料炖汤的店家。

工作室在中上环，最常光顾的就是六十多年老店"蛇王芬"，冬日吃蛇是必然选择，平日就肯定是那选择众多的明火炖汤。每趟看到店里墙上竹刻牌子上的"木瓜南杏猪膑""无花果蜜枣猪肺""蜜瓜瑶柱响螺""白菜胆鲜陈肾"，未喝已经滋润，贪心的我常常都拿不定主意。慈祥可亲的老板娘吴妈妈一脸笑容，有回还带我到阁楼的厨房看炖汤的过程，绝对是一丝不苟、点滴精华。从此我知道，喝炖汤也就是一种私密的信任，一种回家的好感觉。

香港九龙太子运动场道 1 号地下（港铁太子站 D 出口）
电话：2380 3768
营业时间：11:30am – 3:00pm / 6:00pm – 2:00am

有一班老街坊、老顾客捧场的新志记是那种"邻家的男人"——不要想歪，他是那种老老实实、古道热肠的好好先生。

新志记海鲜饭店

十
十
二
十
三

十、十一、十二

深宵夜半如果依然想来一盅炖汤给自己打打气，以免五劳七伤太伤身，就得到地铁太子站 D 出口旁的街坊老铺新志记，一边喝一边感动。因为身边既有一家大小集体吃夜宵，亦有中老年男子独斟独饮，炖汤五六款，从海底椰鸡脚炖螺头、南北杏菜胆炖猪肺，到川贝枇杷炖鹌鹑，还有沙参玉竹炖龙骨，都是滋阴清热、化痰润肺，好人喝不坏的诚意好汤。

十三

始终义无反顾偏心地认为杏汁炖白肺是炖汤中一级品。当年浅尝一口就认定原来琼浆玉液不是一个夸张的形容词。收费不菲的一锅汤，吃喝的全是心机时间，专人负责把猪肺彻底灌冲六七次，保证清除所有血水和气泡，然后再切件过白锅兜炒，将可能余下的血水迫出。这边厢将南北杏按比例配好（九成半南杏半成北杏），加水打碎并用筛和布袋隔渣得出杏汁，那边厢把杏汁放进已载有猪肺、火腿、果皮、鸡脚等材料的盅内，移入蒸柜炖约五个小时——昔日陆羽茶室名厨梁敬以此令茶室声名大振，杏汁炖白肺也从此成为镇店好汤。这么多年过去，除了陆羽茶室继续提供这款炖名汤，农圃饭店也有水准以上的制作。

汤汤水水
创意总监 侯维德

老友们都亲昵地叫他"阿水"，但其实还可以考虑叫他阿汤。

汤汤水水，侯维德（Walter）就是喝着这些滋润温暖长大的，即使一年到头飞来飞去，看来并没有时间亲自下厨为自己炖汤，但他绝对是喝汤的专家。

年龄也不是什么秘密了，所以三十多年来，Walter 的妈妈每天早上为他准备好一整暖壶的汤，斟出来可以满满盛两碗。不要小看就这么一壶汤，之前的准备功夫可真不简单——

猪肚要反复清洗，猪脑要耐心挑走筋血，如何在一千几百家海味铺里找到最好的响螺头？如何找到没有漂白过又没有余渣的淮山？如何"发掘"出收藏了久远得几乎被遗忘了的陈皮？这都是花神费劲的事，甚至要动员起 Walter 的干妈干爹去张罗。当然这位自小人见人疼的小朋友也实在幸福，一众长辈大汗叠小汗地熬炖出一小碗好汤，喝得他高挑健硕，绝对可以成为传统炖汤代言人。

言不可代，因为这当中维系着母子两代深厚细腻的关系感情，真的一言难尽。Walter 还仔细道来母亲如何拎着买好的够重的一整菜篮汤料，小心地走几层旧楼梯回家，如何先把热汤放凉再放进冰箱让多余油脂凝固，方便拿掉，然后再把汤炖热才入壶等他有空喝，这面前的一碗汤，也不再只是一碗汤。

陆羽茶室

香港中环士丹利街 24 号
电话：2523 5464
营业时间：7:00am － 10:00pm

头顶光环的金牌餐馆，自有一套功夫气派，温醇如昔的杏汁炖白肺汤显得格外宽容包涵。

当然还有那画龙点睛的夜香花，
一出场就把之前所有的繁杂百味给压住，
保留那夏天该有的一缕清香。

从冬瓜到西瓜

洗手喝羹汤

020

端午一过，寒衣可送。正式踏入汗流浃背的盛夏，走一小段路已经弄湿一件 T 恤，往坏处想，还有半年要面对这样又湿又热的日子；往好处想，就尽情地拥抱跟夏天有关的一切饮饮食食吧！

首先想到的竟然是大堆头的冬瓜盅，还是那种旧式饮宴时中场近尾声隆而重之捧上的一个黄铜大锅，掀开来热气腾腾，瓜皮刻花刻字，绿白纹样叫人眼前一亮。开口成锯齿的大冬瓜炖得绵软，汤料丰富得有点夸张，吃上那么一两碗，除了鲜甜热汤，你可以吃到鸡片、火鸭丝、田鸡片、肉粒、火腿、带子、蟹肉、虾仁、冬菇粒、瑶柱、鸭肾粒、鲜莲子、丝瓜、竹笙等汤料，当然还有那画龙点睛的夜香花，一出场就把之前所有的繁杂百味给压住，保留那夏天该有的一缕清香。当年大胆，在一众长辈面前毅然开口麻烦递汤"挖料"的伙计叔叔只给

香港北角渣华道 62 - 68 号
电话：2578 4898
营业时间：9:00am - 3:00pm / 6:00pm - 11:00pm

凤城酒家

本以为凤城老店都是以浓重传统口味见称，原来一招什锦冬瓜盅，清香丰美还是把大家对夏天的想象一一重拾重组发挥。

| | 二 | 三 | 四 |
| 一 | 五 | 六 | |

一、二、三、四、五、六

如果不嫌太文艺，冬瓜盅也堪称仲夏夜之梦，只是这个梦的幕后制作有点复杂庞大。先找来至少六斤重的厚身大冬瓜，不太高、不太瘦、不太肥、不太矮，亦要长得皮翠纹少，拍打下去铿锵有回声，如此验身过后马上"开刀"。将瓜连瓜蒂去切去上盖，挖去瓜瓤，随手用刀把切口四周修制成锯齿形，再在瓜身刻上设定的吉祥图案。冬瓜原盅先蒸半小时出水，以免稍后炖汤时瓜会把高汤调得太稀。待凉后将虾仁、蟹肉、带子、火腿、肉粒、鸡片、火鸭丝、冬菇、瑶柱、鸭肾、新鲜莲子、竹笙等汤料放进瓜内，加入以老鸡、赤肉和火腿熬成的老汤，入蒸炉炖上四五个小时，离炉前半小时再将丝瓜和夜香花放入。讲究的冬瓜盅一定是将生料连瓜连汤一起炖，才会汤鲜肉软。如果碰上省时偷工减料将冬瓜汤与料分别蒸煮好再临时凑合的不汤不水的"放水灯"，就真的是一场夏夜噩梦了。老店凤城的师傅落足心机，以传统古法炮制冬瓜盅，炖好上桌时还在瓜边排上蟹肉、火腿蓉、夜香花等点缀生色，保证有姿势有实际，畅快一夏。

我鲜汤和瓜蓉，不要汤料，其实这才最馋嘴、最贪心。

一般要吃冬瓜盅得在外头酒楼餐馆吃，因为劳师动众、费工费力，但水准不一，常常会喝到俗称"放水灯"的冬瓜盅：冬瓜和汤料分开处理，上台时勉强凑合，尽失原炖的美味。所以家里老人家也会慢工细活地自制小型版本，保存材料精、火候够的真谛，我通常争着负责洗夜香花，手痒的时候还会在冬瓜皮上刻些火柴人仔卡通图案。

独立自住以来当然未曾自制冬瓜盅，倒是做过西瓜盅。这个西瓜也真太懒，整个剖开成半，挖果肉捣碎成冰沙状，注进大量杜松子酒（gin）或者朗姆酒（rum），再放回西瓜里，盖上保鲜纸放进冰格半小时，上台时撒些切细的薄荷叶，又甜又醉，又吃又喝，百分之二百炎夏。

— 冬瓜盅的起源据称的确与西瓜有关：清朝皇室每到夏令时节，都需要清凉解暑的菜肴，清宫御厨将大西瓜切去上盖、挖去瓜瓤，放进高档材料蒸制成"西瓜盅"，汤清味鲜，很受皇室和群臣欢迎。此皇廷菜式后来随着官吏夏巡出访而流传各地，广东地区率先用冬瓜代替西瓜，并将夜香花撒在冬瓜沿边，吃时清香扑鼻，又称"夜香冬瓜盅"。

— 冬瓜在夏天采收，可贮存至冬天食用，故得名冬瓜。冬瓜体变化很大，小者三数公斤，巨型的可达五十公斤。现在食用的冬瓜都是经长期培育的改良品种，云南西双版纳有冬瓜野生原种，瓜体只有小碗口大，味道带苦，傣族人称之为"麻巴闷烘"，完全脱离我们对冬瓜的认知。

镛记酒家

香港中环威灵顿街 32 - 40 号
电话：2522 1624
营业时间：11:00am - 11:00pm

别无分店只此一家，鹅髻是什么质感什么好味道，该由你来试！

七　汤与羹是两回事，再浓再鲜的汤也是"稀"的，但羹却是"稠"的，多有生粉芡，汤料也做蓉，给人一种隆重的丰厚口感。从冬瓜盅到冬瓜羹，就是用上冬瓜蓉取代部分汤水的做法。此外鱼云羹也是传统广东食制，鱼头云配上猪骨髓、白花胶丝、冬笋丝、火腿丝等，以上汤煮好再调粉浆下蛋液成芡变稠。面前的鹅髻鱼云羹，几乎是镛记独卖，以他们日卖烧鹅三百只的规模，自然可以有足够的烧鹅髻，片皮后放入鱼云羹中烩之，别有一份酥香腴滑。

八　玉米鱼肚羹、瑶柱羹、豆腐羹，都是大筵小酌中常见的羹汤。走一趟老牌酒楼喜万年，本只集中注意力在 DIY 手剪乳猪身上，但一尝他们的玉米鱼肚羹，稠薄正好、浓淡得宜，叫人有新惊喜。

夏之盛会

影评人 林纪陶

已届秋凉，他忽然说要吃冬瓜盅。

虽然现在一年四季都有冬瓜，但始终觉得冬瓜在盛暑时候最正点，简单的加一片莲叶煮成解暑汤水，复杂的当然就是足料冬瓜盅。

纪陶说他从小只知有冬瓜汤，家里人多，买来冬瓜半个加点瘦肉再加点莲子之类，随随便便已经好喝。但在中五毕业谢师宴的时候，竟然让他认识了有冬瓜盅这回事，自此他成了一个冬瓜盅迷。

因公因私到处走的纪陶，吃过无数或大或小或丰厚或孤寡或富或贫的版本，有人由用冬瓜变为用节瓜，有的从原版变成迷你，有的汤底先用田鸡煎水取味，而在内地还吃过冬瓜盅的汤料中有梨有苹果的水果版，但吃喝了这么多回合，始终还是觉得香港的老牌餐馆做得最原始、最足料、最好。大冬瓜内清甜汤底里有冬瓜蓉、丝瓜、鲜草菇、火鸭丝、鸭肾、瘦肉、火腿、莲子、夜香花，切丝切粒，浮浮沉沉，加上原盅上宴会用的还会以巧手在瓜皮上雕龙刻凤，叫他常常有冲动把眼前图画都吃喝掉。

从前几乎只有在夏天才会吃到的冬瓜盅，如今几乎全年都有供应，反而失了珍贵感，甚至觉得食味也不及从前，问他为什么还是这样迷，他说是那种瓜蓉在汤水中的透明感以及那一种无法取代的幽幽的绿——

作为影痴的他更提起由吴回导演执导的粤语长片《大冬瓜》，片中老牌演员张瑛和罗艳卿夫妇用心种出的超级大冬瓜足够让人躲在里面，那是纯朴的古早世代，若然从小长大在乡间田里，纪陶一定会抱着冬瓜睡。

香港湾仔轩尼诗道 288 号英皇集团中心地库
电话：2528 2121
营业时间：11:00am － 11:00pm

如果你目睹一群好汉刚吃完乳猪然后一起点了玉米鱼肚羹、瑶柱羹和海鲜豆腐羹，几乎一人一锅——对了，我就在其中。

喜万年酒楼

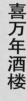

卤水是一年三百六十五日不断翻滚升华，
尽取香料的复杂细致，尽吸肉汁的浑厚精髓，
完全叫人有信心待会儿入口亲尝到的将会
是绝顶人间美味。

一 一片卤水鹅肉可以好
吃到怎样？当你在别
处吃过咸得苦涩、鲜
得呛喉、肥得打呃、
瘦得干韧得不必再与
之挣扎的鹅片，你就
知道你所追求的是一种
平衡和谐，甘香醇美。
醇，也就是卤水食物
的至高境界。

021

新陈代代

卤水跨界飘香

在那一锅三代相传了六十年的陈年卤水面前，看着锅中热腾腾冒烟的卤水和正在卤制的好几只十斤重的平头鹅，空气中全是早已浑然一体的各种香料芬芳加上丰腴的肉香。细听店主陈老伯娓娓道来如何每早加香料添味、每晚滤肉渣杀菌，反正卤水是一年三百六十五日不断翻滚升华，尽取香料的复杂细致，尽吸肉汁的浑厚精髓，完全叫人有信心待会儿入口亲尝到的将会是绝顶人间美味。

从前不知就里，总觉得一锅黑沉沉的卤水为什么可以传几代？认识了解过后才知道凝聚当中的是一种几十年上百年如一日的耐力与心神。卤制中的食材不时提吊转浸，为的是让卤水能够渗透卤物令其内外入味，而刚刚卤好食材的那一锅卤水亦不能即时盖上锅盖，否则"倒汗水"会坏了整锅日月精华。这种全天候全方位地使尽浑身解数打点照料，"卤"出了当事人的一种忠厚内敛、稳健细心。

陈勤记卤鹅饭店

香港上环皇后大道西 11 号地下
电话：2858 0033
营业时间：11:00am – 10:00pm

直系老店一锅传了三代的卤水，加上经营者的稳重低调，叫这里从卤鹅到蚝饼、蚝仔粥以及潮州粉面的种种出品，都是一贯的实而不华，内敛精彩。

二、三、四、五、六、七、八、九、十、十一

六十年老铺陈勤记就是有这一锅醇美沉实的卤水，卤出来的鹅肉丰腴软嫩，薄切一片芬芳入口。由衷感谢默默站在柜台后卤锅旁的店主陈老伯，每日清早把每只重五六斤的现宰平头鹅清洗处理好，放入卤水锅中浸煮至熟。当中要不断反复吊放下，让鹅腔中变冷的卤水汁流出，再放下让热卤水再注入，保证鹅全身内外入味。陈老伯平实谦虚地说他的卤水料只有简单基本的八角、胡椒、桂皮、丁香、沙姜、冰糖、老抽等香料和调料，酒料也只用玫瑰露，调味用上鱼露代替盐，这完全是由他父亲那代传下来的，也传到他的儿子那一代，代代承传，满室飘香。

		六	七
二		八	九
	四		十
三	五		十一

— 每家潮州卤水店都小心翼翼地呵护料理着那被视作灵魂的一锅卤水，经历时间越悠久越香浓醇厚。究竟一锅卤水"初生"之际是什么模样？据潮州老师傅口述，要先将肉排、猪腩肉、猪脚以及老鸡飞水后下锅，加入南姜、干葱头、蒜头和芫荽头，熬上八至十个小时成为浓汁，去掉肉渣后，再加入片糖、盐、绍酒、玫瑰露酒、老抽等，再放入以胡椒、八角、桂皮、甘草、陈皮、草果、小茴香、丁香、芫荽、胡椒粉等制成的卤水药材包，慢火加热三十分钟，便成为潮州卤水。

虽然经常企图很理性地提醒自己食物就是食物，不宜太滥情，但认识的好些卤水店的店主以及其家人却是格外有人情味——这绝不是那种嘴甜舌滑、小恩小惠招徕顾客的在店堂里表演一样的商业计算，而是看出一家人的确胼手胝足几代同心地为生计也为那一锅卤水的传承维护做出的坚持以及牺牲。毕竟饮食行业是费时劳累且要面对竞争压力的，特别是已有其他专业学养技能的下一代到了某些关键时刻就要做出是否接班继承家族事业的决定，这可不像我们作为顾客随便叫一碟卤鹅片、一碟卤掌翼再加墨鱼呀鸭舌呀这么轻松简单。当中最难得和特别的也可能就是潮州家庭上一代那种刻苦拼搏的生存意志，竟在卤水翻滚飘香中悄无声息地交到了下一代的手里。

香港西营盘皇后大道西 263 号和益大厦 4 号铺
电话：2547 4035
营业时间：9:00am － 9:00pm

生记卤味

人气旺盛的生记早晚挤满外卖人群，这个要卤鹅的上庄，那个要又脆又爽的卤猪颈肉，另外一个婶婶走回来说要添一些咸菜。

十二、十三、十四、十五

昔日西环潮州巷拆改后，原来的老店迁到邻近，沿着皇后大道西，遍地开花，也吸引后起之秀一争高下。生记卤味的老板李先生转行加入卤味行业，以潮州人的踏实拼搏，短短几年就打出名堂。店内的卤味品种特多，有特别从潮州引进的狮头鹅，汕头"福合埕"的手打牛筋丸，以猪头、猪腩肉及猪脚熬煮后凝结成的猪头粽，卤水拼盘中有肾有肝有肠，有卤水蛋和卤豆腐，连猪头肉、猪颈肉和大肠都卤得精彩入味——最爱坐店堂里喝一口工夫茶，耳闻目睹不绝如长龙的各位街坊叔婶各自点买的不同喜好，很生活，很实在。

十六、十七

从昔日潮州巷卤水名店斗记的小工做起，正斗的老板林先生尽得真传。多年辗转后自立门户，与一家大小胼手胝足，令正斗在竞争激烈的这一个卤水行业老区重镇站稳脚跟，深受街坊和闻风而至的客人捧场。这里的卤水鹅片、鸭舌、掌翼和猪耳、猪手都是上乘之作，卤水秘方中特别多加了新鲜南姜和胡椒，别有一股辛香。

达人寻味

苏三茶室掌门人苏三

说起来，我认识的好几位曾经或正在报纸或杂志饮食版工作的女记者，都是身材娇小甚至算得上瘦削的，似乎她们从早到晚飞来飞去、尝遍大江南北以至世界各地美食的这份"优差"，并没有为她们带来体态上的强烈落差变化。换句话说，她们真的很适合在这个行业里发挥所长——我面前的正在忙得不可开交的苏三，就是一个典型的例子。而更厉害的是，她从一个资深的饮食杂志记者的基础出发，再进一步经营起自家的餐饮实验品牌：苏三茶室。

关于茶室的美味种种，还是留待大家亲自去惊艳。我趁一个下午大家比较闲，在苏三店里跟她和她的摄影师丈夫以及丈夫的父母亲聊得高兴，话题当然关于吃、关于厨房、关于经营茶室的种种苦乐。不知怎的，从鱼蛋粉谈到潮州卤水鹅，除了几家大家一致公认的殷实老店外，她极力向我推荐九龙城的顺记——是一提起就忽然双眼发亮的那种。"要不要现在就过去吃？"我在旁推波助澜道，其实是我也早就被她的热情推介打动了。"好！"苏三爽快地回应，且马上拨一通电话确定那边开门营业了。不到三分钟，我们已经坐在开往九龙城的计程车里。

至于顺记的卤水鹅和其他菜式有多精彩多好吃，也留给大家去亲身直击报道吧，我只能说三个字：不得了。而我一边吃一边聆听苏三跟店主的友好对答，我马上感受到一个人对食物、食事的关注和细心是可以深入无止境的，当中也不只是纯粹技术性的交流探索，更多的是做人处事相互尊重的难得态度。吃这一回事，果然把一个人该有的潜在能力和积极性都导引出来。我也因此马上明白：苏三这么用功，其实也真的很难会胡乱胖起来。

正斗潮州卤水鹅专卖店

香港西营盘皇后大道西 270 - 280 号得利大厦地下
电话：2548 7389
营业时间：9:00am - 9:00pm

一家笑口常开、稳守店堂，除了提供上乘卤味极品，亦是家庭生活教育的模范例子。

指指点点菜式配搭是否成功，
是经验更是修养，都需要时日锻炼，
也得感激同桌共食一众的冒险精神。

潮吃一朝

指指点点打冷去

022

对于嘴馋的人来说，吃吃喝喝面子攸关。一众出外吃饭，我自然就自告奋勇担当起点菜的角色，一眼望去既要顾及面前的新朋旧友，在记忆中搜索、开口探听各人口味，又要翻开菜单盘算浓淡素荤干湿组合，也得跟服务生互动了解当日精选推荐，凭直觉做取舍判断——未吃之前就已经把所余能量耗掉一大半，难怪面对一桌好菜永远有第一时间起筷的冲动。

指指点点菜式配搭是否成功，是经验更是修养，都需要时日锻炼，也得感激同桌共食一众的冒险精神。一路吃来，常常提醒自己切忌"眼宽肚窄"，如果吃到最后还剩下半桌美食，负责点菜的我肯定责无旁贷。

如何做得到"点"到即止，对一个什么都想吃、什么都想试的人来说，实在是一趟身心考验。经验里最失控的饮食场面，就是在潮州打冷店里面发生的。

说起来早在学生时代已经有这种"坐下来吃

香港九龙太子新填地街625－627号（港铁太子站C2出口）
电话：6440 7169
营业时间：6:00pm－4:00am

位于太子老区的陵发，开业五十多年来都是供应那四十多款传统潮州菜式，以不变应万变，也止凶如此，真味此中寻。

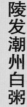
陵发潮州白粥

半夜三更，潮州打冷店还是座无虚席，一众潮州籍非潮州籍人士还在热闹嘈吵、开怀大啖。坐下来先点一大碗韭菜猪红，然后问问伙计阿姐还有什么鱼。不用想还是点了大眼鸡，蘸上普宁豆酱和秘制豉油，正好，到档口前看看，决定要卤水大肠，酸菜门鳝和花生凤爪，怎知吃着吃着看到邻座点的冻蟹也不错，还是多要一碟。一行四人该是吃得完面前的满桌美味吧！

要听我的"倾向，而且乐于很"豪"地请客。其实以当年（甚至现在）的经济收入状态，自己勉强吃饱已经很了不起，所谓"豪"，也就是在最廉宜、最街坊的地方开怀大嚼，而打冷店的环境气氛、菜式选择还有价钱收费，还算叫一个普通中学生如我"豪"得起。

我不是潮州人，所以更对那潮州打冷店堂里在进门处摆满挂满的热的冷的五花八门的食物很好奇、很有好感，因此一坐下也就一发不可收拾地点点点。从最简单的白粥、咸菜、咸蛋、菜脯和笋虾叫起，到卤水鹅片鹅掌翼、卤水猪肠拼生肠和鹅肠，还有必吃的韭菜猪红、猪脚鸡脚加上花生，以及那被称作"鱼饭"的冻鱼如乌头、沙鲹、沙锥、大眼鸡、鲗鱼……至于那汤汁特多的咸菜煮门鳝、肥嫩鲜美的蚝仔粥、鱼粥，香辣美味的炒田螺、炒薄壳，叫满了一桌还想再叫，幸好当年的打冷店并没有甜品如芋泥、反沙芋，甜汤如清心丸绿豆爽，点心如糕，否则的话，"眼宽肚窄"这个美味的罪名就得一世担当——六个男女中学生，点了二三十个碗碗碟碟，到最后连路过的两位老师也得坐下来帮忙。

— 吃潮州菜为什么会被称作"打冷"？吃高档的潮式鱼翅与吃碗潮州粥加花生菜脯又可否同样被称作"打冷"？"冷"是潮州话里"人"的意思，"打"是否是拳打脚踢的"打"？又或者是光顾的意思？上文下理总是不通。亲自询问过不下十个开打冷店的老板、做传统或者新派潮州菜的师傅，甚至身边的文化"潮"人，有说"打冷"真的是打人，源起自二十世纪上环皇后街潮州小食店潮州籍乡里共同对付赖账的霸王食客，群起拥前"打冷"，但亦有人指此说无稽，既然答案莫衷一是，为免误导，还是无可奉告，继续追寻。

— 潮州人好酱，即使一般潮州菜已经是鲜浓咸香，但不同的酱料还是放满桌，好配合不同的菜。普宁豆酱最适合用来配蒸鱼（鱼饭），浙醋用来点冻蟹及花枝、鱼露和辣椒酱都可用来配蚝饼，蒜头醋多是自家制，以蒜头粒、辣椒粒和米醋混成，配卤水食物最妙。

顺记潮州饭店

香港九龙九龙城南角道 41 号
电话：2718 7737
营业时间：6:00pm – 11:30pm

从前多番经过并不起眼的顺记门口，不知门路，并无光顾。幸得嘴馋同道学妹苏三的指引，一试惊为天人。自此招朋引伴，一众一致评为极品。

十二、十三、十四、十五、十六、十七

有粗豪版本的街坊打冷店如太子道的陵发，但价钱相差不远的九龙城顺记却以精细用心叫人眼前一亮，与水瓜烙制法异曲同工但口感、食味都不一样的萝卜烙，芬香醇美的鹅片拼猪脚，外脆内软的豆腐卷，汁鲜弹牙的墨鱼卷和酥香粉嫩的芋头卷三拼上场，还有从未在别家潮州馆子吃过的炸得酥到骨里又蘸满甜蜜梅子酱的鱼仔，就连小小一碟自制咸菜加上自家制的辣椒油，都是难得美味。当然要感激的是老板陈先生一家人在厨房内外合作无间，踏实低调地为顾客提供最好的美食。

文艺鲛鱼

『阿麦书房』负责人 庄国栋

庄国栋（James）说他不是文艺青年，他只是一个曾经住在西环的潮州人。

说实话我也不觉得他像一个文艺青年，因为我认识的好一大堆文艺青年（特别是潮州人士）都很自觉、很紧绷，很认为这个世界欠了他们好多，并没有如James这样宽容、坦白、放松。这也是为什么我会常常向认识的所有文艺青/中/老/少年建议，该到阿麦书房逛逛坐坐、买买畅销和滞销书，你会察觉、了解、认识到经营也是一种创作，商业可以跟艺术结合，当中一样有我们汲汲追求的真善美。

其实我想说James有佛相，圆润慈祥，至少是卡通版小活佛。接近午夜时分和他坐在一个嘈杂光猛的潮州打冷店里，他三番四次地问服务小姐有没有鲛鱼，小姐像是听不见似的没有正面回答，只一味推荐韭菜猪红、大肠花生之类，可见有求未必应，众生（不？）平等。为了众人福祉，在大学主修计算机、狂看电影的James视开书店只是一个开始，在这个小小空间里让大家开心，学习相处、迁就、磨合，接着可以做的要做的还有许多。

来自一个传统潮州家庭的他，秉承所有悭俭、勤劳和生意经营的能力，对于食物，问他最期待马上能吃到的是什么？他的答案竟是随遇而安——看来是那一条半条可能根本不存在于这店里的鲛鱼，没有，也真的没有什么大不了。"潮州菜大多用上很便宜的材料，"James说，"即使贵，也就是用了复杂的烹煮方法，把便宜的变得金贵。"他这样随便地就说出了一个看来甚有经营体会的大学问。很明显，他真的不是一个文艺青年。

香港九龙九龙城城南道60－62号地下
电话：2383 3114
营业时间：11:00am－12:00am

作为九龙城老区的潮菜名牌，早晚到此朝圣的老饕络绎不绝，在入门处开放式厨房稍事停留指点，最新鲜、最拣手、最地道正宗的潮式大菜小点就会随即上桌。

创发潮州饭店

坐在灯火通明的冷气室内吃着传了两代的避风塘菜式，你都得加入自家想象才可以重塑当年海风飘拂间桨声灯影里的避风塘美食景致。

023

桨声灯影
风流避不了

　　我所知道的避风塘并不是那曾经可以让一般市民在堤岸上纳凉，然后慢慢发展成高档海上饮食娱乐场的铜锣湾避风塘，说知道而不敢说认识的其实是小时候经常乘渡轮从深水埗码头往中环或西环方向途经的油麻地避风塘。

　　印象中油麻地渡轮从老旧的深水埗码头开出，先经过左岸一些类似修船厂、货仓和装卸码头的地方，然后就是那泊满船桅高举的渔船和疍船的避风塘。直觉知道那该是一个我们这些岸上人无法闯进的独立世界，夸张说来有点像海上的九龙城寨。因此作为九龙深水埗小街坊的我更不清楚对岸铜锣湾避风塘为什么可以变成纸醉金迷、夜夜笙歌的一个饮食娱乐场，也无缘吃到那些在食艇上架起火水炉用豆豉和蒜头现炒的蟹和蚬，那些用烧鸭骨和瑶柱熬煮成汤底的沙河粉切得格外幼细的烧鸭汤河，还有传说中的艇仔粥，油盐水浸泥鳅加上耳畔传来歌艇上歌女献唱的 *Beautiful Sunday*……好久好久之后我第一次

避风塘兴记

香港九龙尖沙咀弥敦道 180 号宝华商业大厦 1 楼（港铁佐敦站 D 出口）
电话：2722 0022
营业时间：6:00pm - 5:00am

当年在避风塘以卖烧鸭河和油盐水泥鳅闻名的兴记，一九九五年封艇上岸后几经辗转，于二〇〇一年重开，由叔叔的大女儿莲姐掌舵。慕名第一次来兴记朝圣的，样样好味道，样样想吃，但在莲姐面前，一定要乖。

一、二、三、四、五、六、七、八、九

二	三	四	五
六	七	八	九

有眼不识泰山，曾经被碟里铺天盖地炸香金蒜、热气非常的炒蟹吸引过去，以为这就是避风塘炒蟹了。直至来到正宗避风塘兴记，在掌舵人莲姐的指点之下，才知道古法避风塘炒蟹用的调味料是豆豉蒜头和辣椒，豆豉先浸水去咸，捣烂加进蒜头一同起锅，再加入干辣椒和鲜辣椒与硕大无朋的越南蟹共兜炒。蟹的辣度有小、中、大、狂辣和癫辣，但保守如我想吃到蟹的鲜甜，还是选小辣好了。上碟的古法炒蟹单论卖相已经先声夺人，炸得酥脆的豆豉咸香扑鼻，加上椒蒜的辛香，我不客气了。

一 避风塘，顾名思义是为船只停泊、躲避台风而建，后来亦成为水上人家在打鱼归航期间的一个集居地。水上人家都有驳艇方便出入上岸，发展下来也开始接载到岸边游玩的市民游河乘凉，更从初期一个小时艇租五毛钱发展到二十世纪六十年代后一个小时艇租五十元的高消费玩意儿。

一 其时从农历三月天后诞至重阳节之间的夏夜，是铜锣湾避风塘热闹风光的时候。每晚有艇女撑着驳艇接载客人到避风塘中的客艇，客艇只设座席，食物由食艇供应。当中最出名的是汉记，以豆豉蒜头炒蟹、炒蚬招徕顾客，而以烧鸭河闻名的就是兴记。

一 避风塘中亦有卖酒、卖生果、卖糖水的艇贩，挤着歌女和乐师的歌艇也随风逐浪而至，无论是粤曲、国语金曲、江南小调以至英文金曲都可以点唱。几首曲子下来动辄几百元，加上租艇钱、饮食消费，实在是一个繁华销金窝。

一 及至九十年代初，政府终于因为海上污染与安全的问题，通过法令禁止在艇上煮食，致令众多食艇决定封艇上岸，避风塘的繁华岁月告一段落。

吃到标榜正宗的避风塘炒蟹的时候，维港两岸的油麻地和铜锣湾避风塘都因为污染问题早已把艇户迁徙上岸，避无可避成为历史，面前那碟堆满炒得酥香蒜头的炒蟹，原来已经是迁就岸上人口味的变种金蒜版本了。

坐在灯火通明的冷气室内吃着传了两代的避风塘菜式，无论你刻意探根寻源找到由当年避风塘食艇大厨师及其下一代主理的"兴记""喜记"或者"桥底炒蟹"，你都得加入自家想象才可以重塑当年海风飘拂间桨声灯影里的避风塘美食景致。吃罢一段历史，好不好吃自有个人标准，没有怀旧的包袱就行，反正蒜头、豆豉还会继续下锅延续当年风流豪气，蟹还是会肥美横行。

香港铜锣湾谢斐道 379 号 1－4 号铺
电话：2893 7565
营业时间：12:00pm－4:30am

湾仔鹅颈桥一带众多以避风塘菜式为主打的餐馆，其中以喜记的避风塘炒蟹最受注目，老板廖喜早年于避风塘练得一手炒蟹功夫，上岸后更吸取顾客意见互动改良，发展出多款只此一家的独特风味菜式。

喜记避风塘炒辣蟹

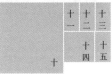

十　其实在炒蟹上场前可以先来一盘当年避风塘经典菜式白灼小食。六小福拼盘里面有白灼海蜇、鱿鱼、猪肚、猪腼、粉肠和韭菜花，只要材料新鲜处理得宜，白灼最能突出鲜美原味，再蘸上少许用以提味的辣椒豉油，一绝！

十一　烧鸭河是兴记的头号招牌菜，据闻昔日在避风塘每日光靠卖它也可做上万元生意。烧鸭虽然不是自家烧烤，但那用大地鱼干、瑶柱和鸭骨熬成的鲜香甜美的汤底，加上那用手切得特别纤细、只约三毫米的河粉，尽吸汤汁，滑溜入口，是从未有过的烧鸭河经验。

十二、十三　久违了的白灼东风螺和豉椒炒蚬，亦是避风塘食制的两大主打。近年不敢胡乱在外吃贝壳类海产，怕的是来货不洁、处理不当，但以兴记与商贩交往的江湖地位及其安全细心的服务，海产都以化学海盐贮养，叫人放心重拾往日鲜美。

十四、十五　足料马蹄竹蔗水一解火爆热毒，喝不停口。

十一	十二	十三
	十四	十五
十		

宵夜风流

演员 黄子华

相约子华去吃他最想吃的东西，他并没有守规矩查看我提供建议的选择名单，劈头就说要在夜宵时候去吃鲍鱼或者燕窝甚至鱼翅——说来这样政治不正确的高档东西也真是他最喜欢的。

回想当年刚毕业的几个广播电台男工友因为人工少开支大被迫同居的好日子，我们顶多是在何文田胜利道街口买鱼蛋粉、买白粥、买炒面作为夜宵大家一起几份分吃。时移世易，想不到吃不起的、不该吃的都出场了。见我脸色有变他马上改口，还是去吃避风塘炒蟹吧。

屈指一算恐怕也是二十年前，子华第一次也是唯一一次跟着外公到铜锣湾避风塘吃夜宵，算是见识见识。老实说，

他对当晚究竟是炒了蚬还是炒了蟹没有什么印象，倒是深刻记得吃了平生尝过最好味的一碗烧鸭河粉，而且是完整的一碗，并不是那些子华只会夹两箸试试的版本。他对那碗烧鸭河粉的惦念、迷恋、推崇，就像他的众多"粉丝"苦等经年就是为了看他再度公演栋笃笑（stcmd-up comedy）一样，正，正，还是正，无话可说。

当然他还记得外公唤来歌艇点唱《客途秋恨》，付了三百元，叫子华目瞪口呆，至于之后有没有献唱 Beautiful Sunday，记性其实不大好的他说忘了。

多年老友开口，一碟避风塘炒蟹就尽情地拆吸吮咬吧，早已吩咐少辣，因为三天后就要看他一人独站台上让台下笑得人仰马翻。那碗烧鸭河粉当然也少不了，吃罢一碗可以再叫，谁相信风流终被风吹雨打去。

实在弄不清为什么身边土生土长的香港人也真有怕蛇和坚拒吃蛇的，
其实广东人从来都有吃蛇的传统，
生吞活剥、拆骨取肉，都是光明磊落的动作、

引蛇出洞

拆骨取肉一蛇羹

024

其实从来都不怕蛇。

成长在市区钢筋水泥"森林"里的我，连花草树木也不多见，更遑论蛇。

因为少接触，没感情，也就谈不上爱恨，而且人蛇地位从来不平等，管你是饭铲头、过树榕、金脚带、白花蛇或者三索线，蛇好像早就被困于笼中、浸于酒里，等那呼呼秋风起。我们这些路过蛇店的，只是稍稍地好奇地张望一下，保持一个安全的距离、压倒性的姿态。

说来也是，又要怕又要吃，作为四体不勤五谷不分的一分子，根本没机会也没打算认清这种蛇跟那种蛇的不同长相和不同食用疗效，只是到时候，就心痒痒想吃一碗蛇羹，呼朋结伴去吃蛇宴。近年更乐此不疲地吃椒盐蛇碌以及蛇肉火锅，也早就把当日 SARS 爆发时候对野味的恐慌及其对蛇的牵连给忘掉了。

香港中环阁麟街 30 号地铺
电话：2543 1032
营业时间：11:00am – 10:30pm

蛇王芬

作为半个中上环街坊，"蛇王芬"是我在忙乱工作过后累了饿了的最佳稍息歇脚地。时属秋冬，蛇羹、腊肠膶肠双拼饭，再来一碟青菜——回家一样的有安乐茶饭。

一、二、三、四、五

理所当然地每到秋冬就要吃碗蛇羹，补不补身在其次，倒是在乎蛇羹蛇肉那独有的一种鲜味。用上"鲜"这个形容词其实还真的不太准确，在我的认知里那是一种介乎腥、膻、野的味道，很暧昧很含蓄，无可替代。特别是做成羹汤之后，更是发挥出一种特别魅力。从前家里有自制蛇羹的习惯，我算是落手落脚小帮工，现在当然忙了懒了，找一家有信心、有保证的老店就可以一偿所愿，第一选择当然是"蛇王芬"。用上鲜猪骨、鲜鸡、鲜蛇骨，十五年以上的陈年果皮、华东金华火腿、圆肉、葱粒、竹蔗段和生姜汁，花上十二个小时去熬煮蛇羹的靓汤底，再以人工去撕拆鲜鸡丝和鲜蛇丝，将香菇、木耳、果皮和姜都切得纤细均匀，更放进特制的可祛风寒又不令蛇羹味道奇怪的无辣姜丝。将材料放进汤底，烩好蛇羹后更加上靓花胶，让汤底更加浓稠，进食时再以柠檬叶丝和薄脆作为作料，一碗丰足完美的蛇羹就在眼前。蛇羹以外，"蛇王芬"当然还有不少经典的蛇宴菜式如海参花胶蛇腩煲、酥炸蛇丸、炒蛇丝、胡椒根炖五蛇和椒盐蛇碌，都是每年一入秋冬的热卖。

六、七

既重视传统亦不忘创意，和畅之风老板吴师傅将珍珠炮蛇皮用火腿上汤浸了两日，配上海蜇皮，加上干葱、姜蓉和麻油拌匀，口感柔韧爽口，味道咸鲜，实在是前菜中的惊奇——而到了甜品时间出现的蛇胆果冻，澄澈幽绿，入口柔滑甘美。

实在弄不清为什么身边土生土长的香港人也真有怕蛇和坚拒吃蛇的，我只好笑着跟北方来的朋友"推销"说，其实广东人从来都有吃蛇的传统，有如仪式一般的生吞（蛇胆）与活剥（蛇皮），拆骨取肉，都是光明磊落的动作，蛇入了大户人家也变成闻名四方的江孔殷太史五蛇羹。（至于相传的龙虎凤大会中的猫，又真的挑战另一个禁忌！）那天在"蛇王林"看师傅伸手进笼取蛇，被早已拔掉毒牙的蛇反咬一口，师傅也习以为常地把血抹走就继续工作，也没有胆不胆大、英不英雄的多余话说。

养蛇、捉蛇、杀蛇是一回事，比较适合男性，但一说到蛇羹，面前就出现一群巧手撕蛇肉的"女工"。我家餐桌从来没有那些夸张厉害的宴客大菜，唯是秋冬时分总会隆而重之地做三数次蛇羹暖身补身。从相熟的蛇店买来刚剥好的整条蛇肉和蛇骨，妈妈、外婆和老管家瑞婆围坐在一起把蛇肉连同鸡肉、瘦肉分别拆成细丝，蛇丝用姜汁和酒炒过以辟去腥味，新会陈皮、冬菇和花胶也浸透剪细成丝，马蹄或者笋切小块备用。放有蛇骨的鸡汤熬好后滤走汤渣，放入所有材料再烩，完成前加入调味料，好事手痒的我通常也拿起剪刀，负责把将要撒在碗中的柠檬叶剪成细丝——所以很长一段时间一听说要吃蛇羹我都像忽然闻到柠檬叶的清香。

蛇王林

香港上环禧利街 13 号地下
电话：2543 8032
营业时间：10:30am － 4:30pm

只卖蛇肉、蛇胆、蛇酒而不卖熟食的"蛇王林"，利润微、风险高，加上近年各种突发疫症，守住"专一"这两字，代价太大。

<table>
<tr><td></td><td></td><td>十</td><td>十一</td><td>十二</td><td>十三</td></tr>
<tr><td>八</td><td>九</td><td></td><td>十四</td><td>十五</td><td></td></tr>
<tr><td></td><td></td><td></td><td>十六</td><td>十七</td><td>十八</td><td>十九</td></tr>
<tr><td></td><td></td><td></td><td>二十</td><td>廿一</td><td>廿二</td><td>廿三</td></tr>
</table>

八　"蛇王芬"开业六十多年来，用的蛇都由上环百年老店"蛇王林"提供，师傅手执大蛇小蛇向我展示其新鲜生猛——换了是几十年前蛇业最风光兴盛的时候，哪有空招呼我这些无聊好事的。

九　店内的蛇柜都是古董级文物，每扇柜板都写着"毒蛇"两个鲜红大字，也够吓人。

十、十一、十二、十三
　　师傅手法纯熟地示范徒手生取蛇胆，破囊并混入酒中成幽绿颜色，我一时大胆，拿过来一口就喝了。

十四、十五、十六、十七、十八、十九、二十、廿一、廿二、廿三
　　每回到"蛇王林"，如入时光隧道般细看店内属于十九世纪的蛇柜、蛇笼以及货架上排列整齐的装蛇酒、蛇药的瓶瓶罐罐，一方面好奇兴奋，另一方面也不禁怀疑老店面对行业式微如何维持生存，连铺内老员工、老师傅也不予厚望地奉劝后生一辈不要入行，可能在不久的将来我们就被迫目睹这些老字号进入不知何时能回暖的蛰伏期。

引蛇入室

广播电台DJ、电视节目主持人 森美

电话那端森美兴高采烈而且立场坚定地说非蛇莫属，叫我差点误会他可能是"蛇王森"或者"蛇王美"的第八代后人。

事实真相不是森也不是美，倒是一家唤作"联盛"的大宝号，是森美祖父辈经营的一家包办筵席的店铺。近厨得食，少年森美一年到头吃尽不少酒席宴会菜，大鱼大肉不在话下，失传冷门菜如"金钱蟹盒"或者买少见少的"大良野鸡卷"也是家常菜。既有厨师班底，秋风起，三蛇肥，当然也少不了花神费时、百吃不厌的五蛇羹。

说到蛇，森美眉飞色舞地说：记得小学时代傍晚时分从石硖尾下课后穿

过街巷到深水埗乘地铁回家，当街就有"蛇王"某叔叔在摆档卖艺，亮刀徒手取蛇胆让有需要的客人和酒生吞，再同场加映活剥蛇皮、拆骨取肉的短片。犹记得"蛇王"还向少年森美展示蛇体生理知识，大言不惭地说蛇有二鞭，叫街头一众目瞪口呆、啧啧称奇。

当年在电台直播室认识的小同事森美，现今已经在影视广播媒体以及舞台上纵横闯荡，他的家里也并没有再延续包办筵席的生意，只留下几双当年刻龙雕凤的象牙筷子。包办筵席这一个行当的式微固然有其迫不得已的时世原因，但至少已经培养出一个像森美这样先行一步尽尝美味的嘴刁执着的小朋友。

香港铜锣湾波斯富街 24 号
电话：2831 0163
营业时间：11:30am - 12:00am

蛇王二

有九十年历史的"蛇王二"，旧铺原在上环。搬到了铜锣湾的现址后，以蛇羹和腊味打出名堂，成为好蛇之人的秋冬进补地。

虽然说隆冬时分气温骤降之际，
相约亲朋好友围炉共聚才真正有气氛
亦合乎生理状态，但嘴馋爱吃的一众
又怎么有耐性熬过春夏秋呢？

一 火锅汤底千变万化，如果说这是时代进步了，我也懒得去争执议论。喜欢不喜欢，如此而已。所以温和如面前的猪肺汤做火锅汤底，也是未尝不可。如果有人只用清水打边炉，或者只用陈皮加江南正菜丝加清水做锅底，那是更高档、更能吃出食材原味的选择，何乐而不为？

炎夏火锅

停不了的民间传奇

025

三十二摄氏度的炎夏傍晚，太阳提早收工躲起来，乌云压顶但又久久不下雨，四周空气几乎凝固翳闷到不行。电话响起，那端是老友，闻其声也知是闷热得不耐烦了，第一时间相约吃晚饭——去吃火锅？何乐不为呢？

开着冷气吃火锅，早已是香港民间传奇习俗。虽然说隆冬时分气温骤降之际，相约亲朋好友围炉共聚才真正有气氛亦合乎生理状态，但嘴馋爱吃的一众又怎么有耐性熬过春夏秋呢？

放下电话不到一个小时，我们已经坐在九龙城那个冷气随时能把人轰倒的小小店堂里，翻着那密密写满火锅用料和特色汤底的菜单。老实说，我对火锅这回事，实在又爱又恨。爱的是那种亲密直接的桌面关系，一切吃的喝的都光明磊落、透明度高，加什么调料、混什么酱都有自由，而集体参与互动力强，同台相互照顾也好抢掠也好，少啰唆不客气。但恨的也就是坐下来你

龙城金记火锅饭店

香港九龙九龙城南角道 71 号地下
电话：2718 5919
营业时间：6:30pm – 2:00am

在九龙城老区这个饮食重镇，面对各种挑战又可以站稳脚跟，龙城金记的掌门人和服务团队付出的努力不只是洗洗切切、调调蘸酱那么简单。

二 三 四

五 六

七 八 九

二、三、四
现场手切肥牛肉，看得出的鲜美嫩滑。

五、六
凤尾虾、花螺片这些火锅精选材料，要敏锐准确地下锅一灼，其鲜其嫩其美，叫人冲动一试再试。

七、八
从外而内，食不厌精。鲜牛肝与猪前膉，仔细薄片以刀工去赢取口感。

九 平日谨谨慎慎少吃多滋味的酥炸鱼皮，一到火锅时间就放肆起来，尽地一煲。

一 要追溯火锅的源头，可以长篇写几万字。出土文物里东汉时期的镰斗和南北朝时期的铜爨，都是火锅的"锅"的原型。据说乾隆皇帝最喜吃火锅，六次南巡，所到之处都要为他宴席上用的不同档次的银锅、锡锅、铜锅而张罗。历代文人中以袁枚最反对火锅："冬日宴客，惯用火锅。对客喧腾，已属可厌。且各菜之味，有一定火候，宜文宜武，宜撤宜添，瞬息难差。今一例以火逼之，其味尚可问哉！"

一 既然你我在浩浩荡荡的火锅大潮流中还是得吃，倒不如谨记以下食用火锅安全注意事项（如果你还未吃到忘形的话）：

用明火烹煮火锅时，会产生大量二氧化碳，因此要确保空气流通；

火锅材料应贮存在四摄氏度或以下的冰库内，在食用时才取出；

生、熟食物要分开处理，使用两套筷子和用具来处理生和熟的食物；

每次加添水或汤汁后，应待锅内水再次煮沸后才继续煮食；

必须彻底煮熟食物，高危食物如海产类，应放在沸水中烹煮最少五分钟；

不应将熟食蘸上生鸡蛋，因蛋内可能存在的致病原会污染熟食；

禽肉必须彻底煮熟才可食用，禽肉中心温度须达七十摄氏度，并持续烹煮最少两分钟。

我各有所好，结果点出一桌纷陈杂乱：肥牛、肥羊、五花腩、脆鲩、鲟鱼腩、鱼卜、扇贝、海虾、鱼扣、鸡肠、鹅肠、猪粉肠、生根、金菇、野生竹笙、冰豆腐，还有猪横脷、猪气管、牛百叶、牛睾丸，各式鱼丸、肉丸、水饺加上手唧鱼面和日本茼蒿，等等。而近年变化多端的汤底也叫人叹为观止，从最普通的芫荽皮蛋汤、沙茶或者麻辣汤，到咸菜魔鬼鱼汤、酸辣粉肠猪肚汤、枝竹马蹄石头鱼汤、姜汁天麻鱼头汤、番茄蟹汤，以至英式红酒牛尾汤、潮州海蚬汤、火焰法国青口汤……凡是可以放进水里的都可以成为汤料，所以这种为多而多、为变而变的做法，叫大家的口味都慌乱起来，也再没有什么传统配搭的标准，难怪好些前辈食家都对"新派"火锅口诛笔伐，直斥没文化。

虽然我对一度流行的一人火锅并没有太大兴趣，直觉好孤单、好可怜，但从中也可参考变化出"集体一人火锅"——还是大伙儿一起吃，但一人一锅一汤底，严选不多于四种材料，仔细尝出先后真滋味，所谓饮食文化，其实也就是一种纪律！

香港铜锣湾谢斐道 408 – 412 号华斐商业大厦一至二楼
电话：2838 6116
营业时间：6:00pm – 2:00am

谦记火锅

前辈教路，正合我意，来到谦记要吃这里的鲜鹅肠和牛头脊。还是那个原则，每回集中精神吃两三样材料，仔细吃出个中真味。

	十一	十二	十三
	十四	十五	十六
十			

十　　每次吃火锅，都有参与大型歌舞片制作的感觉：花团锦簇，目不暇给，前呼后应，满头大汗……

十一、十二、十三　　初来龙城金记，发现这不得了的炸腐卷——豆味特浓的腐皮，在油锅中一扬一卷，待会儿在火锅汤中轻轻一蘸就尽吸日月精华。

十四、十五　　日本春菊、本地菠菜，没有忘记政府忠告的一比二比三的蔬果比例。

十六　　要内容有内容，要形式有形式，流行食法自己动手，把鱼浆挤成面条，寓游戏于饮食。

诗人火了

诗人、摄影师 廖伟棠

诗人、童话作家 曹疏影

伟棠不嗜辣，但他深爱的疏影却很能吃辣，所以他就欣然地跟她一道去吃辣了。

伟棠不抗拒火锅，但在北京生活的那段日子，身边的朋友无火锅不欢，天天都围炉吃呀吃呀吃的，他实在受不了。有天吃饭时大伙自然就七嘴八舌地说要到这儿那儿去吃火锅，他听着听着，忽然就哇的一声哭起来了，许是觉得自己太可怜——当我身边这位优秀诗人和摄影人笑着挨着他的新婚太太疏影跟我说起这段往事，我手中持筷夹着的那一片肥牛几乎扑通一声掉到面前的那锅汤底里，掉到清汤那边还好，掉到麻辣那边就不好了。

诗人有意思，率真敏感，要哭就哭，要笑就笑。我们这些知觉日渐麻木的凡俗人等正正需要像伟棠这样走在前面的朋友，重新提炼文字，巧妙处理意象，引领我们以创新的、敏锐的视角，面对像火锅吃到一半的那种混乱和混浊的生活。

"既然避不了这天天都可能碰上的火锅，"我打趣着跟诗人和他的来自东北、最懂得酸菜白肉火锅该是个怎样的家常味儿的疏影说，"不如除了主办诗朗诵或者摄影展，我们得先下手为强，把各省各地各流派的火锅来一个研究分析整理。也就是说，先吃，然后提出一个更安静、更纯粹、更个人、更风格化的火锅吃法。"伟棠笑得合不拢嘴，随即向我推荐这个生化科研项目的创意总监，应该是他身旁的挚爱太太。

英记火锅海鲜酒家

香港西环威利麻街 19 号地下
电话：2548 8897
营业时间：11:00am – 2:00am

上环老铺英记，早在火锅行头风起云涌前已经领导潮流，现在钟情地回来重拾旧欢——宫崎牛刺身、吸水象拔蚌、雪花肥牛肉，还是始终如一的高水准。

我想我这一辈子也不能真正清心寡欲了，
即使要鼓吹什么简朴生活，
也会给自己留一个可以放肆地大啖叉烧的配额。

感激叉烧

半瘦还肥

026

人学瑜伽我也学瑜伽，几年下来始终未能把左脚或者右脚放到头顶上，除了因为练习时间断断续续，未尽全力，我想我其实知道真正原因何在。

在练习呼吸调息和各种肢体招式之前，老师会要求我们先冥想放松——盘膝舒适坐好，从头部到脊背都挺直，闭眼，想象面前有一点光，然后慢慢地进入一个绝对平静的虚无的什么也不想的状态——每次我进入这个超然境界不到三分钟，面前的混沌一片就慢慢从抽象变回具体。在千万样人事重新涌进来之前，往往脑海里最先出现的，真不好意思，当然是食物！特别是那些漏着油、流着蜜，一看就知道咬下去一定多汁多肉嫩，够软糯、够焦香的半肥瘦叉烧！

香港中环租庇利街 9 号地下
电话：2545 1472
营业时间：11:00am – 10:00pm

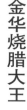

金华烧腊大王

年逾七十的总舵主苏庆老先生出身广州烧腊世家"越兴隆"，
开铺四十多年，与儿子、李师傅及众多忠心伙计努力不倦，
近年更上一层楼把老铺翻新，唯是叉烧依旧甘香肥美，
始终不变。

一　半肥瘦叉烧外脆内嫩、肉汁满口、蜜香四溢，大胆的更可以选择微焦边位，叉烧的终极标准。

二　老铺金华的叉烧用上梅头肉（猪脊肉），薄切约五厘米厚，先浸水一个小时，洗净血水，稍干后再放入沙姜粉、五香粉、糖、盐混成的腌粉，再加入磨豉酱、麻酱、大同生抽、海鲜酱、天津玫瑰露，腌制最少三个小时。

三　把腌好的猪肉用烤叉穿起，一排六件留空隙，放进明火挂炉烧约四十五分钟，烧的时候还得把叉烧不停转身，保持肉身受火均匀。

四　烧至九成熟之际还得离炉稍凉，由热转冷让猪肉收缩，把肉汁存在叉烧内。接着把叉烧浸蘸麦芽糖，称为"上糖"，再回炉烧约五分钟，最后一分钟将火调至最大，让叉烧的边位抢火微焦，称为"爆香"——完美叉烧大功告成。

五　金华烧腊前铺后厂即烧即卖，烧味源源不绝保证新鲜，是我等叉烧迷之福。

我想我这一辈子也不能真正清心寡欲了，即使要鼓吹什么简朴生活，也会给自己留一个可以放肆地大啖叉烧的配额。回头一想也不妨狡辩，我们练习瑜伽也好气功也好，其实都是求一种身心的祥和喜乐，而半肥瘦叉烧带给你我的那种满足、那种温暖、那种甜美，唉，一言难尽。

没有经历过父母长辈所处的战乱岁月和贫困时期，我们这一代即使不是含着银匙抱着鲍参翅肚来到这个世上，但起码也可以是一块肥美美味的叉烧——"生旧叉烧好过生你"只是我们实在太顽皮的时候父母一时意气的说话——叉烧与我们这些庶民同在，即使偶尔有机会也尝过高档餐馆的天价叉烧皇，好是应该，正是没话说，但到底还是街头巷尾的茶楼酒馆、烧腊饭店那种嘈嘈杂杂、热辣辣、香喷喷最得我心。一年四季全天候，从孤家寡人到联群结党，无叉烧不欢，肥一点点无妨。

- 曾几何时，香港的烧腊都以炭烧，行内师傅说炭炉有"阴阳火"，弱盛变化间烧出来的叉烧有炭香，别有风味。但为免污染空气，政府在八十年代已经停发炭炉牌给坊间餐馆，现时大多采用不锈钢煤气炉。

- 叉烧选材用上鲜肉跟冻肉口感完全不同，鲜肉叉烧纹理细密，入口有嚼劲，冻肉叉烧比较松软。

- 腌料是叉烧的灵魂，内容除了磨豉酱、麻酱、海鲜酱、生抽等基本材料，不同店家还会各自加入桂末、甘草、芫荽粉、干葱、玫瑰露等，上糖会用长城牌麦芽糖。

- 讲究的店家对腌料与肉的比例严格拿捏，五十斤肉用上十二斤腌料，更不会把腌料不断翻用，而腌料亦得先煮成熟酱，腌肉才能入味。

- 一斤肉烧好只有约八两重，更讲究的会回炉再烧使其通透入味，只余六两左右。

西苑酒家

香港铜锣湾希慎道 33 号利园一期 5 楼
电话：2882 2110
营业时间：11:00am – 11:30pm

在西苑众多的招牌菜式中，"大哥叉烧"始终是首选一绝。叉烧迷更可先来一碟叉烧，再来一笼叉烧包，再来一碟雪影叉烧餐包……

六　肉质细致，肥瘦均匀，从选料开始已经领先一步，特别精彩的是把叉烧斩至两厘米阔厚，蜜汁裹身诱人——

七　西苑的半肥瘦大哥叉烧，明炉现烤，午市和晚市都以限量版姿态出现，叫心急食客如我还未坐好开餐已经先点一碟，以免向隅。

无政府叉烧

摄影师 冯建中

冯建中（John Fung）说要吃一碗没有叉烧的叉烧饭，果然厉害。

早在坊间吹捧一堆实在太不像话的什么型男、什么美直男之前，我们一众早在四分之一个世纪前就把 John Fung 封圣，视为文化性感偶像。这么多年过去，John Fung 仍是 John Fung，依然高挑瘦削、举止利落，一头白发是成熟、是沧桑，都再不需要巧做文章，有些标志老了也不失效。

John Fung 应该不是那种会刻意减肥的人，近年热衷起跳探戈（Tango）的他其实可以大啖叉烧，但他选择的是一碗只是单纯浇上豉油和叉烧汁的"上色"白饭，更显他跟叉烧的"特殊"关系。

他第一次吃到叉烧是在非洲，那年他九岁。叉烧是他爸爸在后园里切割开一个铁桶做成烤炉自家烤成的。移民在外，一家数口要吃什么家乡食品都得自己做，包括叉烧。所以这生平第一块烤得焦香甜腻的叉烧跟当日后园里开得灿烂的太阳花，影像记忆重叠深刻。

后来因为身处的异乡独立建国，家人不欲迁往法国，所以重回香港。正式回香港之前在澳门住的一幢楼房，楼下偏偏就是茶楼，每日有即做即蒸的叉烧包新鲜出炉。这是他二度邂逅叉烧。

剪接到风华正茂的青春期，十分有社会意识而且反叛的 John Fung 多次离家出走，与友伴参与抗争平权的社会运动，经常在外头有一餐没一餐的。每每下午时分在湾仔龙门茶楼聚合，有点盘缠的会叫一碗叉烧饭，几乎身无分文如 John Fung 的便叫一碗白饭"上色"，看着别人碗里的叉烧，就吃完自己的白饭。

令人匪夷所思，也不知是革命浪漫还是社会现实，反正 John Fung 把寻常日子都活得不寻常，来龙去脉有根有据，肯定的是一块叉烧也有它的无政府重要角色。

再兴烧腊饭店

香港湾仔轩尼诗道 265 号
电话：2519 6639
营业时间：10:00am — 10:00pm

传说中每日卖上五百斤叉烧的六十年老字号，店堂坐满络绎不绝的街坊熟客和闻风而至的叉烧狂，门口外卖人龙更是湾仔人气地标。靓叉烧配上用瑶柱、猪骨、大地鱼粉及日本豉油熬成的汁，一绝。

一　要吃到永合隆新鲜出炉的炭烧乳猪，每天早上十一时准时在店堂里恭候——那一片芝麻皮，那一层软脂，那一片嫩肉，入口既脆且滑，乳香盈口，蘸上些许酱汁配上白饭，完美一天该在早上十一时半终结。

一年半载才能"分配"到一碟一碗炭烧猪肉饭，冀盼、渴望加上等待会令本来就美味没法挡的烧肉更成极品吧！

027 红皮赤壮

一口乳猪 一口烧肉

究竟一个人一辈子可以吃多少碗多少碟烧肉饭？

答案很简单也很复杂。简单来说就是看面前那碗那碟烧肉饭好不好吃，猪皮是否烧成香脆有声的芝麻皮，皮下的那层肥肉是否晶莹通透、厚薄得宜，肥肉下的第一层瘦肉是否依然够嫩够滑，而最底层的间或连幼骨的瘦肉是否够咸香入味。如果一一都是水准以上，加上那刚蒸好的软硬适中的丝苗白饭——哎呀！我没话说了。

好吃固然可以多吃，但一旦多吃，事情就复杂起来了。虽然市面餐馆九成以上的烧肉烧味都已经用电炉和气体炉烧烤，但硕果仅存的仍用炭炉烧烤的老店始终被老饕推为正宗。即使从饮食健康角度，炭烧烧出有害物食用后果自负，但为食胆大的群众还是义无反顾。也许有天会立法，一年半载才能"分配"到一碟一碗炭烧猪肉

永合隆饭店

香港九龙太子钵兰街 392 号（港铁太子站 C2 出口）
电话：2380 8511
营业时间：11:00am – 10:00pm

金漆招牌，称得上乳猪烧腊第一家，老字号永合隆稳守太子区九十年，是硕果仅存的还用炭炉烧猪的老店。吃得到至好乳猪和烧肉的同时，不妨竖起耳朵、落足精神留意街坊主顾与伙计间的真情对话。

二　炭炉烤猪烤得格外留神，徒手持叉不断翻滚，否则猪身脂肪滴在炭上"抢火"便可能烧焦外皮。

三　前铺后厂，地方有限，现烤现卖保证热辣新鲜，又架好的大猪小猪排队待烤。

四　烤好的乳猪要放置十分钟待凉，皮最脆肉最松香。

五　有劳师傅斩猪成件，又或者想卷起衣袖亲自出场？

— 街头巷尾酒楼、烧腊餐馆都有供应的烧肉乳猪，古早时候可是筵席中的上品。记载清朝历史的《清稗类钞》中有云："酒三巡，则进烧猪……供人解所佩小刀脔割之……献首座之专客。"可见烧猪只供VIP品尝，非同小可。

— 人讲慢食，猪也要慢肥。大厨挑选新鲜屠宰的湖南"两头乌"白猪，采用传统方法以菜苗饲养，不吃人工饲料，故此慢慢长肉，不会暴肥超码。以此饲法"养"成的五花腩肉，肥瘦相间，是整只烧猪最为抢手的部位。

— 烧猪皮入口，质感明显有别：一是平滑光亮、入口香脆的玻璃皮，一是表面粒粒孔状、入口松化的芝麻皮。要起芝麻皮，得用糖、醋和酒调成的较浓的"猪水"去腌猪，令猪皮变得松化，同时亦要以钢针在猪皮插洞，烧时自然形成孔状。至于玻璃皮，只需用上较淡的"猪水"就会烧成光滑好看的脆皮，唯是玻璃皮易潮，须在烧成后尽快食用。

饭，冀盼、渴望加上等待会令本来就美味没法挡的烧肉更成极品吧！

也许是我惯常光顾的老牌炭烧肉店常年集聚一群忠心耿耿的中老年顾客，那几乎没有装潢的室内，那因猪油滴落而经常地滑的瓷砖地板，那几十年不变的极原始的菜干猪骨老火例汤，致令我自小就觉得一入店堂马上变身中年——幸好我不像同台阿伯那般一边啖肉一边喝他的双蒸米酒，否则一头白发看来比阿伯还要够格。

如果你曾经被不合格的烧肉吓怕过，乳猪也许会更具争议——因为烧得好的乳猪分明会比烧肉更嫩、更脆、更香、更吸引人，烧得差的就简直是惊心噩梦！曾几何时大家在宴会酒席上故作高贵地只吃化皮乳猪的皮，剩下的"清白之躯"不知哪里去了，之后回归实在，连皮带肉啖骨比较满意称心，当然最过瘾的是乳猪原只上桌附上剪刀DIY——接着的问题是，究竟一个人可不可以完整地吃光一只乳猪？答案是——嘿嘿。

香港湾仔轩尼诗道288号英皇集团中心地库
电话：2528 2121
营业时间：11:00am - 11:00pm

喜万年酒楼

大厨荣哥专挑二分肥、八分瘦、六七斤重的乳猪，烧得皮薄肉嫩，接近烧好时还会在猪皮涂油，以猛火快烧，叫乳猪皮更松化。除了传统方法把乳猪片皮斩件，此间也欢迎食客自己持剪刀DIY把乳猪消灭，豪情十足。

十二　层次分明，肥瘦适中，加上咬落咔嚓有声的芝麻皮，配上大盘蒸好的白饭，不要忘了吃时要把烧肉蘸点芥末酱！

十三、十四、十五
总得找个借口到喜万年宠一下自己。六七斤重的乳猪即烧即食，烧十分钟再待凉十分钟，然后在欢呼声中出场。可以持剪动手DIY以最豪气、最热闹高兴的方法分食之，可是豪气三分钟已经开始累了，还是麻烦餐厅经理帮忙连皮带肉斩小件分上。

六　师傅把从五丰行即日屠宰好送来的猪劈开，取出四柱骨，将猪铺平，戴上手套用大量"猪盐"（以细盐、细砂糖、五香粉、沙姜粉、玉桂粉、甘草粉配成）把猪的腹腔擦遍。

七　腌上一小时后，将猪身挂起，用清水把盐粒冲走，再挂着吊干。

八　用铁叉叉好猪，在炉灰旁干烘一个小时至干身。

九、十　要徒手舞动一只重约二十斤的猪并非等闲事，"辘猪"过程中千万不要跟武功高强的师傅说话，以免人猪都元气大伤。

十一　身处高温境界，烈火中得到永生大抵就是这个意思。

火肉风云

电影美术指导 文念中

好端端的烧肉，为什么会被烧腊铺和茶居茶楼的伙计叔伯高声呼喊作"火肉"？文念中（阿Man）坦言自小就觉得火肉两个字从发音到意象，都很有雄性的威势霸气和雌性的诱惑，从庶民到天子都会接受，也因此对火肉不离不弃。而我固然也是火肉的支持拥护者，但我认为从"烧"到"火"完全是因为方便、因为懒，落单时候省一些笔画，仅此而已，与性别理论和美学无关。

无论如何，跟这位如城中明炉火肉一般受人追捧的新一代电影美指同台吃饭，还是在我们都毫无异议、推举为至爱的烧腊老店里碰面。同门师兄弟聚旧当然高兴，看来应该像旁边的叔伯们那般自携米酒、碰杯送火肉烧骨。

画面剪接，少年阿Man每个周日中午跟老爸到湾仔双喜楼跟世叔伯见面风花雪月，那是同一茶楼里各党各派有规有矩、各占地盘的老好日子，生客旁人根本插不进去。就是在这个启蒙地方，阿Man认识了皮脆肉嫩的火肉，啐着啐着甚至偷喝一口米酒，仿佛长大成人。

到了真的长大一点自行活动，阿Man像其他早熟少年一般在同一时间想得到最多：乳猪、油鸡、烧鹅以及火肉，堆叠组合一次过，自行制造丰盛飨宴的视觉、味觉色香效果。毕业后进入电影圈，每逢开镜都会有开工烧肉，幸运的他每次吃得一手肥油，都能吃到他要吃的那些部位。

忽发奇想问这位无火肉不欢的兄弟，如果有天忽然吃起素来，会否影响他在电影中的美指风格，他笑了笑，想了好一会儿：当我吃素的时候，我将会更惦挂着火肉，镜头下画面里会有更厉害的压抑不住的欲望！

利苑酒家

香港中环国际金融中心二期3008-3011室
电话：2295 0238
营业时间：11:30am - 2:30pm / 6:00pm - 10:00pm

利苑的菜式丰富多变，作为头盘前菜的冰烧三层肉几乎是每个顾客必点的镇店宝。猛火烧得边皮炭黑的猪肚，刮走焦处留下香脆不腻的内皮，肉质肥瘦相间，切成丁方小粒，卖相可爱，蘸以芥末和砂糖，吃不停口。

那些为了保持超级健美身段的筋肉男，
比火柴厂女工还细心地花上半天时间把那些
油香四溢、肥美通透的鸡皮一概挑走……

整色整水

白切鸡油鸡以及鸡皮

028

生来算是命好，经常备受照顾，家人亲友也许都因为怕了我，在我脸色一沉生闷气破坏大好环境气氛之前，已经有求必应地把我要用的要吃的——准备预留，免得麻烦。还好的是我在这么多年被宠被疼之后也未算太坏，还算懂得照顾别人——大事做不了，为大家安排早午晚餐到哪里去吃，在餐桌上为大家点点菜这些小事我倒是乐意效劳，也大抵称职的，而且在餐桌上我会特别照顾两类人：一是吃素的朋友，努力为他们争取应有的"平衡"，不至于一桌荤俗人大鱼大肉，少数素人只得豆腐青菜和没油没水的净面，各自修行也得吃得痛快；二是照顾那些为了保持超级健美身段的筋肉男，不要看他们个个虎背熊腰就以为一定粗豪爽快，一碟白切鸡或者油鸡上桌，他们可比火柴厂女工还细心地花上半天时间把那些油香四溢、肥美通透的鸡皮一概挑走。为免把饭桌变作工场，

香港中环租庇利街 9 号地下
电话：2545 1472
营业时间：11:00am - 10:00pm

金华烧腊大王

午饭时分匆匆路过，腹如雷鸣，如果堂食实在拥挤的话，可以买走一盒嫩滑汁多的油鸡饭回办公室安安静静地慢慢尝，不能不提这里隔天更替的老火例汤，有饭有餸有汤又满足一餐，再忙再累也 OK。

一 中午路过金华烧腊老店，只只白切鸡和油鸡以诱人姿态整齐排列，等候午饭时间忙碌一刻来临。

二 "油鸡部"师傅先将光鸡浸入开水锅里，反复提起浸下两三次，待鸡腹清水流走后便放入已滚好收慢火的卤水锅中。制作白切鸡，只要浸在白卤水中约三十五分钟；如要制作油鸡，就得将浸在白卤水中约二十分钟的鸡，再放进黑卤水中浸上五分钟，以呈玫瑰金黄色，再用玉米糖浆涂匀鸡身。

三 卤水一直要保持将滚又滚不起的泡泡状态。

四 难得空闲，还不赶快拍个全照留念。

五 自家调配的姜葱蓉油，与白切鸡和油鸡都是绝配。

六 不知谁人能够做这个统计，港九新界每日午饭时候卖出多少碗多少碟白切鸡和油鸡饭。

我一定事先跑进厨房或者"油鸡部"厚着脸皮央求师傅先把半碟鸡的鸡皮去掉，好让这些筋肉男可以开怀大啖那些光脱脱的鸡肉，至于本人是否赞同他们这种严格有如军训、爱美大于一切的饮食习惯，那是另一回事。

有人直接批评这些吃鸡去皮的习惯实在是整色整水，但事实上白切鸡、油鸡的制作也就是一个整水整色以及整味的过程。肥鸡除去内脏，洗净吊干水后在沸水或者加了猪骨和蒜头、姜汁熬成的浓汤中先以微火略浸，再熄火浸至九成半熟，拿起趁热涂上盐和烧酒或者麻油，斩件便成白切鸡。而油鸡就得先浸白卤水入咸味，再浸黑卤水染色和涂加玉米糖浆——纵使人人口边都挂着"健康"两个大字，看来我们还得另设答问大会讨论如何善待这些经悉心料理过的食之有色有味、弃之实在可惜的鸡皮。

— 烧腊店做白切鸡和油鸡的部门俗称"油鸡部"，成品好坏除了看鸡的选材，卤水更是关键。卤水分黑白，白卤水的香料包中有八角、桂皮、草果、甘草、沙姜仁、丁香等香料，加上清水和盐，慢火熬一小时就成卤水。用来浸鸡，使之有咸香味，浸好斩件便是白切鸡。

— 黑卤水也就是油鸡卤水，卤料有老抽、绍酒、白糖、冰糖、葱、姜和盐，香料包里有花椒、八角、桂皮、豆蔻仁、白芷、丁香、甘草等香料，以油爆香葱、姜后加入所有材料加水熬煮，亦有把适量酒料放进，熬约一小时后便可用来浸鸡。先白后黑的卤水程序，就会做出既有咸香亦有玫瑰色泽和甜味的油鸡。

— 卤水锅千万不能让它滚沸，沸过两三次的卤水会变得苦涩不堪，不能再用。反之将卤水一直保持在将滚未滚的状态，而且好好补充清水和按比例补充香料和调料，浸得越多优质食材的一锅卤水就是一家店的无价宝。

新志记海鲜饭店

香港九龙太子运动场道1号地下（港铁太子站D出口）
电话：2380 3768
营业时间：11:30am - 3:00pm / 6:00pm - 2:00am

午市饭市同样拥挤的新志记，招牌沙姜鸡是用白卤水把鸡浸透后再用烫热的沙姜汁涂淋鸡身，格外咸香美味。

白切标准

全职家务总监丁竹筠

当竹筠跟我说她儿时家里老铺那位掌厨的伙计叫瑞姐，叫我不由一怔。当然这个地球上大名鼎鼎叫阿强、阿辉或者阿娟、阿凤而且分别在不同地方做同一件事的实在不稀奇，只是我家那位掌厨，同时照料足足三代七八个人的厉害人物也叫瑞姐，老了就叫瑞婆。

此瑞姐、瑞婆不是那瑞姐、瑞婆，一个来自佛山一个来自新会，入厨手艺也应该不一样。一个要为竹筠家的零售批发商号一日两餐煮出二三十人分量的饭菜，另一个只须照顾我们家里六七个嘴馋贪食猫。相同的是两位都是有威有势有够凶的，否则又怎可以镇住一众刁钻挑剔的大小老饕。

两位瑞姐分别住在东家的铺里家

里，铺里那位星期一到星期五早晚照顾二三十人的饮食，但到了星期日就会把原来准备分给三围的饭菜钱全用在一围桌上。主人一家大小十数人，从菜式到质量都自然比平日的开工饭菜丰富精彩，而每周日在饭桌上出现的，当然就少不了又肥又嫩的白切鸡，豉油鸡也会客串出场。

说起来这一盘白切鸡或者豉油鸡究竟做得有多好，当时十岁还未够的竹筠的确也说不出一个所以然。其实也就是那种一家人围坐的和谐温暖，令每个星期日的一顿饭在不知不觉间成了一种仪式，也是一个在日后可以让一家人借以来回追踪定位的家族团圆影像。每逢过年过节以及初二和十六打牙祭，这盘鸡都会出场亮相成为焦点，也成为竹筠日后漂洋过海几十年来对饮食对味道的鉴定标准。

香港九龙土瓜湾北帝街 99 号 D
电话：2768 4673
营业时间：11:00am – 11:00pm

阿妹小馆

如果不是老街坊、旧同学极力推介，家庭式小店妹记的招牌浸鲜鸡就险被低估。每日用姜、蒜和猪骨熬汤浸鸡，浸好还会涂上酒料和盐，味鲜肉嫩，且有新鲜鸡和冰鲜鸡两种选择。

一年两造的鹅最佳食用时候是清明和重阳前后，鹅味浓鹅肉滑且肥美——但是对于馋烧鹅族如我，总不能只在这两个时候才吃鹅吧！

一　作为香港嘴馋地标之一的镛记酒家，每日在午、晚时分都在橱窗中有最新鲜热辣的装饰艺术。一列皮脆肉嫩、骨软汁浓的烧鹅一字排开，还有出炉叉烧、油鸡卤味都以胜利姿态出场，实在是香港当代艺术馆的滋味别馆。

鹅濑也

当烧鹅与濑粉在一起

029

正午吃饭时候才刚在金华吃过半肥瘦叉烧饭，一嘴油光地一整碗吃得痛快，三个小时过后，身边一众嚷着要吃下午茶，我竟又心痒痒地想到镛记吃烧鹅濑粉，难道新陈代谢速率重新变快？

不知从什么时候开始的执着，肥美叉烧一定要跟米饭相配，放在带汤的粉面上只嫌汤底把叉烧浸软浸淡，反之烧鹅却必定跟濑粉在一起。

不知怎的自小竟然觉得濑粉比米粉、比河粉都要高贵特别，或许是濑粉看来更通透、入口更爽滑——滑得很难用筷子好好夹住，从来吃得一台都是。

说起烧鹅和濑粉，其实上汤先行一步。无论是用猪肚、粉肠、猪肝、猪骨熬汤，又或者用火腿、鸡骨熬成高汤，热腾腾注入半满的濑粉碗中，等待的是将刚烧好待凉十分钟然后斩好肉嫩汁多皮脆的几块鹅肉这么一放，鹅油慢慢渗进汤

镛记酒家

香港中环威灵顿街 32 – 40 号
电话：2522 1624
营业时间：11:00am – 11:00pm

几乎每台必点的金牌烧鹅当然是镛记的主打，但其他粤菜宴会经典如玉扣纸包鸡、豉椒肚仁，时令菜如仁面焗鸽，以至家常菜如火腩蒸咸鱼都一样出色。

二　难得走进烧味部近距离接触肥美壮硕的顶级烧鹅。

三、四　大师傅手起刀落，准确而纯熟地把热辣辣烧鹅斩件上碟。

五　若说橱窗的美味陈列是装饰艺术，烧味部内一众师傅的紧密协调合作就是行为艺术。

六　总得找个借口又或者不需任何借口，相约好友到铺记吃晚饭，先来一盘金牌烧鹅，分享每日售出三百只鹅的其中一只。不能不提的是烧鹅底下的那些烹煮入味、入口不停的豉油黄豆。

七　二十世纪六十年代中期，铺记的烧鹅濑每碗售价一元二角。世易时移，无论现在和将来售价若干，我等鹅濑迷还是会继续捧场，一定要吃鹅髀濑！

二	三	四	五
	七	
六		

— 食烧鹅一定少不了配上酸梅酱，甜甜酸酸以中和鹅油的肥腻感，也就是说腰腹自然又甜又酸又肥美。

— 铺记的外卖烧鹅会附送烧鹅汁。肉汁乃烧鹅精华所在，配鹅吃出香浓真味。由于有不少外来旅客买走烧鹅做手信，铺记的烧鹅又有"飞天烧鹅"之称。

— 挑战自己，鹅髀、鹅背、鹅胸吃多了，试试吃烧鹅头、烧鹅颈；鹅髻是个白色软体，难得不肥腻，既爽口又有鹅脂香，鹅下巴竟然有少许肉丝，出奇的细致；不是人人敢吃的鹅脑也是粉滑得像猪脑，鹅味甘浓。至于鹅头够香脆，只要不是烧得太焦便好。

— 难得吃到像唯灵叔盛赞的正宗濑粉，原来此传统濑粉不同于我们平日吃的爽口、身硬、无米香的版本，该是比较软滑且吸尽鹅油及上汤，所以烧鹅濑粉得以盛极一时。

里的一刻，等不及，先提起匙羹尝一口汤。

终于说到烧鹅，最适宜做烧鹅的鹅种是颈身脚均短的黑鬃鹅，这种鹅不单肉嫩而且皮下有一层油，以剖后净重约三斤半的为最佳。很多烧鹅名店都有自设农场养鹅，以保证货源。而涂于鹅腔的腌料通常混合了香料粉、磨豉酱、麻酱、蚝油及适量盐糖。要把剖好后软作一团的鹅定型，就得在鹅的颈部用气泵吹气至鹅身胀起，再放进沸水里稍烫。要令皮脆更得用白醋和麦芽糖煮成糖水，浇匀鹅身（俗称上皮），更要在上皮后把鹅晾上半小时自然风干。至于很多餐馆强调以炭炉烧鹅，为的不是炭香，而是因为烧炭时炉火由猛转弱，不仅鹅烧得透，还能把鹅油脂肪迫渗进肉，令肉质更滑更润，相对于其他用器材和燃料的恒温烧法，始终略胜一筹。

一年两造的鹅最佳食用时候是清明和重阳前后，鹅味浓鹅肉滑且肥美，但是对于馋烧鹅族如我，总不能只在这两个时候才吃鹅吧！至于最好吃的是鹅背还是鹅腩，鹅髀该挑左还是右，既然说不清楚就逐块逐件地都来一试！

香港湾仔宝灵顿道 21 号鹅颈街市 1 楼鹅颈熟食中心 5 号铺
电话：2574 1131
营业时间：10:00am - 6:00pm

清真惠记

不同时段会在这里碰到主攻鸭身不同部位的馋嘴友好。特别在午后四时后拥挤人潮渐散，可以争取机会跟好客的店主聊聊天、偷偷师。烧鹅以外，惠记的咖喱羊腩也是一绝，不能不提。

八　金华烧腊店除了以叉烧、油鸡驰名，烧鹅也是一绝。当鹅髀切开鹅油泻入上汤濑粉中，绝不介意一日三餐重复重复又重复都是鹅鹅鹅。

九　对，这是我叫的那鹅髀，看图可知是左是右？

十　鹅烧好了。某些部位未尽善尽美，原来是可以用火枪"补补妆"的。

十一　如何才烧得出一只靓鹅，即使用三五百字描述也不及走入厨房亲自实践——如果师傅不嫌你我阻手碍脚的话。

烧腊王子

演员　区锦棠

老父有言在先，一句不许他继承家里的烧腊和鸡鸭和猪牛肉档祖业，希望他干点别的更有出息的，叫当年还是初中学生的区锦棠倒是一身轻松。依然高兴地在铺里帮忙，一个晚上斩百来只烧鸭油鸡，但却大有理由不必学用算盘用秤，也不必提起毛笔在玉扣纸账簿上龙飞凤舞书写符号一样的"街市字"——现在回想起来，阿棠才遗憾地意识到一种传承过程里的落差流散，更加上老父撒手而去，自置原铺物业转卖，家族生意画上句号，一家人胼手胝足的营生模式告一段落。

留下的不多，当中最重要的恐怕就是他自幼嘴馋，能吃爱吃会吃的真本事。跟阿棠到他指定的位处街市熟食中心的烧腊饭店，一盘肥美硕大的鸭髀端上来，他马上变成一个贪吃

小朋友大嚷道："我早就不吃烧鸭髀——"

自小应该吃过不知多少只烧鸭髀的他，有天发觉鸭髀实在肉质太滑太简单，开始转投鸭尾下那薄薄的连皮带肉更有嚼劲的部位。那里的鸭皮最受火最脆最香，加上挂炉烧烤期间调料集中流向汇聚于此，吃来更咸香入味，一口鸭脂丰腻得不得了。而吃鸡的话他只挑肩膊位连有软骨的部分，贪它肉嫩口感好。当然还有至爱的金钱鸡，说起那入口即融的一片冰肉，他那种兴奋雀跃，叫我愿意马上随他回到他那个吃得更放肆、更无负担的少年时代，看他如何在舞台一样的柜台后出演一个烧腊王子的角色。

要他重新拿起那几斤重的刀去斩烧肉，阿棠坦言得练习一下适应适应，但那些手势那个神情那种投入和热爱，却从未离弃且在日常延伸。

金华烧腊大王

香港中环租庇利街9号地下
电话：2545 1472
营业时间：11:00am – 10:00pm

常在金华烧腊大王吃的是烧鹅肥叉烧双拼饭，烧鹅甘香、叉烧肥美，旗鼓相当，尽领风骚。

对味道的敏感、对食物的喜好，
说不定更早在三岁五岁的时候已经定型，
一旦爱恶坚决，一辈子也会跟那些美味纠缠。

三岁定八十

金钱鸡鸭脚包再现江湖

030

道听途说，一个人一生所需的基本生存知识，大概在十岁以前的小学阶段已经完全掌握——至少师长已经把那个求生锦囊交到你手，你接不接得住又是另一回事。

至于对味道的敏感、对食物的喜好，说不定更早在三岁五岁的时候已经定型，一旦爱恶坚决，一辈子也会跟那些美味纠缠。正如身边有人从小也不会碰那些用筷子挑起来晃动不已的肥猪肉，我却是在午夜梦回也会想起那些入口丰腴黏滑的五花猪腩、猪头皮、猪蹄髈、猪蹄筋，人各有志，缘分早定。

那一团不饱和脂肪是我心中（体内？）的一个盲点，久久不离不弃不散，要感激、要埋怨的也许就是小时候外公把他最爱吃的金钱鸡和鸭脚包"遗传"给了我。那绝对高脂的一片鸡肝加一片肉眼再加一片"梅头下"的猪脊肥肉厚切腌成的"冰

香港九龙新蒲岗康强街 25 - 29 号地下
电话：2320 7020
营业时间：6:00am - 1:30pm

得龙大饭店

在新蒲岗老区有四十年历史，以传统粤菜作为主打的得龙大饭店，因为饮食潮流更替，金钱鸡也一度不在菜单之内。直至近年一股怀旧热兴起，对传统菜式的兴趣重生，加入姜片的改良版，金钱鸡得以再现江湖。

一　一片黄沙鸡，一片肉眼筋叉烧，一片由颈脊位猪膑肉加入玫瑰露腌足一个星期而成的冰肉，就是传统烧味金钱鸡的铁三角组合。得龙大饭店的"再生"改良版，加入了一片姜，叫这个重量级经典美味有了一个减腻的新方向。

二　入炉烤前，所有材料用上煮过的海鲜酱混合蒜蓉、糖及玫瑰露调味腌好。

三　层层叠穿好成串，放进烤炉以猛火快烤封住肉汁，再转由中火细烤一个多小时，烤得外围香脆、内存甘美蜜汁，说不肥腻是骗你的，但偶一为之也不妨。

四　相对于金钱鸡这个经典老牌，鸭掌包在坊间餐馆更难觅得。紫荆阁的主厨是少数依旧按传统古法制作鸭掌包的，叫这个一度被遗忘的菜式不致失传。

五、六、七　鸭掌先用八角和姜等材料一同蒸熟，鸡膶跟叉烧亦要预先烧熟，再用上熟的鹅肠，把所有叠好的材料稳妥扎好，以免腌制及烧烤期间会松散。

肉"，穿叠成金钱状烤熟，再涂麻油、涂蜜糖继续烤至焦香，新鲜出炉不知谁人能抵抗这"放射性"的诱惑。而鸭脚包就以洗净清理好的结实鸭脚或肥厚鹅掌，脚掌中放入一小块鸡肝和猪肉，以鲜鸭肠或鹅肠绕缠成拳状，置于卤汁中调腌后用慢火烧烤成美味烧物。印象中外公滴酒不沾唇，竟然也可以把这些最好用来下酒的咸香油腻美味空口吃得净尽。这无疑对身体健康有不良影响，但也总算让小外孙见识熟悉过这些放肆的饮食传统。

由于大众对自身健康状况有了进一步认知和警觉，也由于这些传统特色烧味的制作工序繁复与盈利不成正比，金钱鸡和鸭脚包以及桂花烧肠等特色烧味也真的在依然人来人往、生意鼎盛的烧腊档里式微绝迹了好些时日。直至近年才有少数餐馆打起怀旧旗帜，偶尔做来意思意思，点缀一下。既然我在三岁左右吃过美味正宗的金钱鸡、鸭脚包，恐怕也不必等到八十岁后再来续集吧。以后一年一度，一件起两件止，算是宠宠自己。

凤城酒家

香港北角渣华道 62 - 68 号
电话：2578 4898
营业时间：9:00am - 3:00pm / 6:00pm - 11:00pm

要吃几近失传的顺德功夫菜就必须到凤城酒家。此间的凤肝金钱鸡以两片冰肉夹着鸡肝和叉烧，再以千层饼把金钱鸡夹着吃，酒香，肉香满口，叫人马上明白什么叫老好日子。

八九十一

八　鸭掌包扎好后要用叉烧酱腌上一个小时。

九　腌好后以铁叉穿好入烧炉烧二十五分钟。

十　为了让鸭掌包均匀受热，烧至十分钟左右就
　　要反转再烧。

十一　一道甘香丰腴又够嚼劲的经典烧味大功告
　　成，实在是下酒妙品。

忽然富贵

资深传媒人 张锦满

很难想象把一样二三十年都没有再吃过的食物放进口的那一刻，该是怎样的滋味。

也许是因为我没这种毅力和忍耐力，所以随身永远有一个备食名单，又或者一想起某种好久没有碰过的食物，就迫不及待要在最短时限里入口尝到，否则终日不安不乐。所以当满叔告诉我已经有二十多年没有吃过金钱鸡，还恐怕我年纪"太小"不知什么是金钱鸡时，我马上决定要跟他在城中老字号吃一回这种有人趋之若鹜、有人敬而远之的经典烧味——烧鸡肝、冰肉、梅头叉烧，一叠三件的组合谓之"金钱鸡"，缺一不可。

博学而且健谈的满叔是文化界前辈，笔下的文化艺术评论是本地少有的

有个人观点见地的好文章。但说来在澳门长大的他，自言小时候是一个孤独少年，大家庭几房人同住一幢三层祖屋，自家五兄弟他位置居中，但跟家人却没有什么沟通对话，跟同学师长也没有什么交情，所以生活简直平淡如水，唯一与外界的关联就是自个儿看书读报，从此斗室天地宽。还有叫他有色香味惊喜的，就是家里有什么喜庆事儿操办的那几桌筵席里的并非家常的菜式，诸如金钱蟹盒、鸭脚包和金钱鸡。

也许是日常饭菜太"正常"，这么肥腻味浓的手工菜简直就像穷家子弟忽然富贵，在满叔的认知里占着一个奇特有趣的位置。平日也检点注重健康的他如今当然不会大啖金钱鸡、猛喝玉冰烧，只是别来无恙、细意轻尝，别有一番跨越贫穷富贵的好滋味。

经过这许多年尝过如此这般许多滋味之后，
这什么也没有的白粥，
忽然显出其轻清香美的上善真味。

一 一碗不稠不稀、有着浓浓米香的白粥下肚，那种温暖舒服的感觉无法取代。

终极白粥

无味之味

031

如果要从头再来，可不可以从一碗白粥开始？

我们知道白粥的好，却又想尽一切方法脱离白粥的贫穷状态。

我们习惯自满，达到极致自然不过。唯是终于有一天累了病了，才会隐约记起小时候发烧发冷后被家里长辈喂食的那一口好像淡而无味的白粥，就是在经过这许多年尝过如此这般许多滋味之后，这什么也没有的白粥，忽然显出其轻清香美的上善真味，这也许就是我们终极寻找的安慰食物（comfort food）吧。

小时候家里老管家叫瑞婆，最拿手煲的是白果腐竹粥，究竟她煲粥用米时有没有像现在人那么讲究用什么新米旧米配搭，用什么泰国丝苗与澳大利亚双羊百搭混合，当年只顾大口大口喝粥的我当然不知道——只知道面前那一碗冒着热气的奶白色的泛着米香豆香的稠稠滑滑的液体，流动入口好舒服，填进胃里好满足。粥稍凉时碗边和粥面凝结一片皱皱的腐皮，像是同场加映的精彩短片，而有次把吃剩了的粥放进冰库冰了半天再拿来喝，叫我从此发现冷粥又别有一番好滋味。至于瑞婆

强记美食

香港湾仔骆克道 382 号庄士企业大厦地下
电话：2572 5207
营业时间：12:00pm - 1:00am（周日休息）

以炒糯米饭、炒肠粉驰名的街坊小店越入夜越精彩，留留肚吃碗粥，百分之百满足。

二　四
　　 五
三　六

二　坚持用拙朴沉实的白地蓝花粗瓷碗盛粥，几十年如一日的久远滋味。

三　不同店家煲的白粥不尽相同，除了新米旧米以不同比例配搭，有下白果清热、下陈皮正气和下腐竹取其豆香，讲究的更懂得把粥煲得既有米浆起胶，亦有米花、米胎在粥内。

四、五、六
有味粥的街坊版本通常有猪红粥、艇仔粥、及第粥、牛肉粥、皮蛋瘦肉粥等口味，除了猪红粥要独立煮好，其他都是用白粥底浇在已备妥的碗中的材料上即成。

一　粥是粥，但有别名一大堆，很多已作废，并不常用，例如：饘、䭊、糜、鬻、酏等，只知饘呈稠状，酏是稀粥。

一　再搬出老祖宗一堆关于粥的说法：

"黄帝始烹谷为粥。"——《周书》

"夜甚饥，吴子野劝食白粥，云能推陈改新，利膈益胃。粥既快美，粥后一觉，妙不可言也。"——苏轼

"见水不见米非粥也，见米不见水亦非粥也，必使米水融洽，柔腻如一，而后谓之粥。"——袁枚

在白果腐竹粥里放进一小片从新会家乡捎来的陈皮，从来不知苦滋味的我一口咬下，竟又是本来嗜甜的味蕾的一次全新经验；神奇地感悟到平衡互补、提味正气的深奥大道理。许多年后当我在冰库干货格中随手拿两三粒瑶柱放进正在锅中滚动的白粥中，忽然一怔，回想小时候并没有（也不需要！）这等"鲜"味。

嗜粥如我近年在家里回归白粥。先是夜半三更用真空锅煮粥，留待明日醒来绵绵软软过口瘾，再是清晨早起用不锈钢锅明火煮粥，取其米花初爆有口感，接着下来该是用瓦煲尝试古法先武火后文火。至于古人煮粥讲究用水，初春雨水、腊月雪水，甚至各有特性的井水、泉水，对于我们今天在都市生活只能用上自来水或者蒸馏水的一众，这种讲究已经成了民间传奇——白粥，本身可也就是一种入口绵绵糯糯滑滑暖暖的传奇？

说起来，简简单单的一碗白粥，不同时间、不同心情、不同需要，或稠或稀自行拿捏调节，当中当然有无数煮泻粥甚至烧干水的经验。如果说吃下暖暖一碗白粥对我等早已营役过度、五劳七伤的有养生疗效，倒觉得煮粥过程要求心平气和、细心看管，静待一室弥漫米香暖意，这已经是绝佳治疗过程了。

一碗白粥竟是终极，原来也是开始。

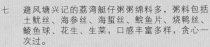

七　避风塘兴记的荔湾艇仔粥粥绵料多，粥料包括
　　土鱿丝、海参丝、海蜇丝、鲩鱼片、烧鸭丝、
　　鲮鱼球、花生、生菜，口感丰富多样，贪心一
　　次过。

八、九
　　从白粥到有料老火粥，无论是皮蛋瘦肉粥或者
　　菜干猪骨粥，都是庶民粗犷版，可以大碗大碗
　　端着吃完。

十　淡菜皮蛋猪骨粥，也保持街头粗吃的放马过来
　　的格局。

粥弄人

青少年艾滋教育协会掌门人 程翠云

从来没有想过一碗柴鱼花生粥可以负载那么多，延伸那么广——跟程翠云（Atty）相识是在她主持青少年艾滋教育协会大局的始创期，从当年直到现在，正面、主动、积极地关怀处理青少年对性对艾滋病的种种问题，Atty和她的一群同事，一步一个脚印，当中所受所学，朋友在旁边听来都已经感受到那种考验、那种震撼。为什么这么"困难"的工作也要坚持去做？其实我常常想开口问Atty。但目睹她那义无反顾的专注和投入，我又好像已经明白了点什么。

跟Atty相约去吃粥，隐约感觉到这不只是一碗粥。果然面前展开的是二十世纪六十年代葵涌旧屋村的生活实况：我不单看见年少时的Atty如何风雨不改每个晚上在父亲经营的大排档里做超级童工，一边做功课一边吃晚饭，还要帮忙上菜、负责招呼客人，但一有些许差错就被酗酒越来越严重的父亲失控打骂；我更看到邻居一个年轻妇人，担着一大锅柴鱼花生粥沿街沿楼叫卖，而妇人的游手好闲的丈夫却经常无故毒打妻子，每隔一段时间妇人就哭啼着要离家出走，却又被街坊相劝要看在年幼子女的份儿上，好歹总得留下——

感同身受的Atty一直问，为什么世上最不安全的地方竟然是自己的家？为什么女性要被迫身处这样一个无助的不公平的暴力境况？能够排除万难在阅读、写作、戏剧和电影中找到独处宁静和投入专注的Atty实在感恩，也因为童年个人的亲身体验令她有一种异乎常人的承载苦难的坚韧能力，使她现时能够细致而准确地帮助年轻人解决情绪上、生活上种种疑惑过失。虽然她直认女人的命运有时看来不可逆改，但至少可以把生命中种种负面经历转化成对自己的肯定，对别人的祝福——

那碗养起一家人的柴鱼花生粥，该是怎样的一种滋味？

啖着满满一口真材实料之际不禁停下来问自己，
我究竟是不是在吃粥？

滚出千滋百味

从无到有

032

平常人习惯自家亲手洗米量水，心里有数又武火又文火地煲出一家五人份的一锅粥，已经很有成就感，所以根本无法想象粥店老师傅午夜起来花上两三个小时持杖搅动三四尺高那一锅集体明火大锅粥。更何况各出奇谋地分别或同时用上皮蛋、鱼汤、猪骨、干瑶柱种种材料去提味，熬出与众不同的粥底。

即使有了本来已经和味的粥底，恃着贪心，我们身边手到拿来的粥料千变万化，从街坊版本牛肉粥、猪红粥、柴鱼花生粥、皮蛋瘦肉粥，到粥中堆满鱿鱼片、鲮鱼球、海参丝、海蜇丝、烧鸭丝、干鱿鱼丝、生菜、花生的荔湾风味足料艇仔粥，又有召集齐猪肉丸、猪心、猪腰、猪膶和猪粉肠的状元及第粥，更有"鱼我所欲"的分拆鱼云、鱼腩、鱼嘴、鱼尾、鱼骸、鱼卜的生滚鱼粥。此外的蚝仔肉碎粥、虾粥、蟹

香港上环毕街 7 号地下
电话：2541 1099
营业时间：6:30am – 9:00pm（周日休息）
6:30am – 6:00pm（公众假期）

四十多年老字号生记是粥界少林寺，先后培养出多名现在各领风骚的粥林高手。来到这家只有二十多平方米而且三尖八角的铺位，简直可以如朝圣一般逐碗一尝美味，无论是猪膶粥、及第粥、鱼云粥……

生记粥品专家

<table>
<tr><td></td><td>二</td><td>三</td><td>四</td><td>五</td></tr>
<tr><td></td><td></td><td></td><td></td><td>七</td></tr>
<tr><td></td><td></td><td></td><td></td><td>八</td></tr>
<tr><td>一</td><td></td><td>六</td><td></td><td>九</td></tr>
</table>

一　一碗鸡杂粥里有鸡肠、鸡膶、鸡心、鸡肾，还有原件鸡肉。

二　小小柜台临街，生滚粥材料整洁，卫生一目了然。

三　即叫即做、特意选取的龙岗鸡杂，洗净去膏用盐水浸洗后灼熟的鸡肠，肥厚爽口、色泽金黄。

四　剪刀卡嚓有声，各种鸡杂剪成一堆如小山高。

五　滚热辣浇上用了鲜腐竹、皮蛋和咸蛋白煲的粥底，粥底至少煲了三个小时，还加进自家手打鲮鱼球来提味。

六　汤鲜蚝肥、配料充足的潮州蚝仔粥，是每回心心念念要到陈勤记的主因之一。

七　用上真正从汕头来货的新鲜蚝仔，反复冲洗去掉残留细壳，只见粒粒饱满，入口甘鲜。

八　煮好的潮州粥底有原粒米饭，先放上肉碎，烘香研碎的方鱼、冬菜、葱粒和芫荽。

九　把灼熟的蚝粒加入，再浇上一勺以猪骨、大豆芽、大地鱼和鸡骨熬煮的浓汤，热腾腾上桌，地道正宗。

粥、鲍鱼鸡粥，应有尽有，各领风骚，啖着满满一口真材实料之际不禁停下来问自己，我究竟是不是在吃粥？

　　早在外公带着不到六岁的我走访当年名闻港九的俄式西餐厅觅食，重拾当年他在上海外滩生活的繁华气度之前，我的主动"独食"经验应该就是拿着那么几个毫子"正式"地在大排档吃白粥、油条、葱花虾米肠粉加豉油豆芽炒面。图纹像符一样的蓝花白瓷碗，或稠或稀的白粥，啪一声上桌时经常附送伙计的手指头（还好不是在碗里）！最理想的时候是有一条热腾腾刚炸好的油条，"辣手"撕成一段一段投进白粥里载浮载沉，蘸满豉油、撒点炒香芝麻的肠粉滑进嘴里，正在发育的我还得吃掉一整碟油油的炒面……几乎不到桌面高的我掏钱付账时该是很风光得意的样子吧，请自己吃一顿开心开心是后遗一辈子的好、坏习惯。

　　所以当我接着再进阶，一个人走进正式的粥店去吃生滚粥，煞有介事地思考打量着是点猪膶拼鲮鱼球、肉丸拼鱼片，还是滑牛加皮蛋，甚至要不要再加一只鲜鸡蛋，这已经是接近一种专业的评估计算和生涯规划了。

　　从小吃到大，且练就出不断更新的复杂口味，从白粥开始滚出千变万化，既抽象，又实在。

明记鸡什粥

香港九龙油麻地永星里1号
电话：3188 0443
营业时间：11:00am – 12:00am

位于三教九流云集的油麻地庙街地段，每日用上过百斤鸡杂做粥料的明记其实一点也不"杂"，大抵一谈到吃，全民都专心一致、天真无邪。

十 十一 十二 十三
十四 十五 十六 十七 十八
十九 二十

十　每回在店堂里看着师傅煮粥，惊讶的是他同时应付几锅粥的调度能力，简直出神入化。

十一　肉丸、猪心、猪膶、粉肠、猪肚……鲜美丰盛的及第粥。

十二　鱼骨鱼腩粥是每回到生记的首选，一大碗里有脊骨六根、鱼腩四块，另用小碗盛着芫荽、豉油蘸吃。

十三　师傅，再来一碗骨腩。

十四　“靠得住”店主彼得（Peter）引以为傲的鲜鱼汤底，以五六种鱼熬制而成。

十五　粥底以慢火煲约四个小时，一整煲容量达六百碗。

十六　生滚粥加进鲜鱼汤底，鲜甜十足，根本不再用味精。

十七　粥料新鲜是一碗粥成功的一半。

十八　Peter 亲自落场，一样功架十足。

十九　来一碗粥底绵密、猪膶细滑的猪粥。

二十　拆肉生滚泥粥是“靠得住”的看家本领。

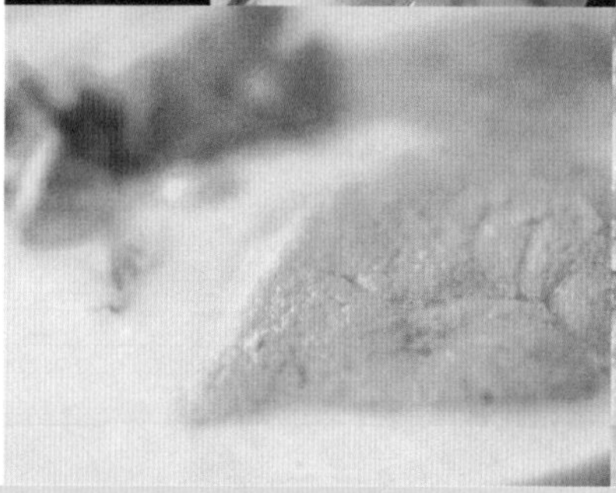

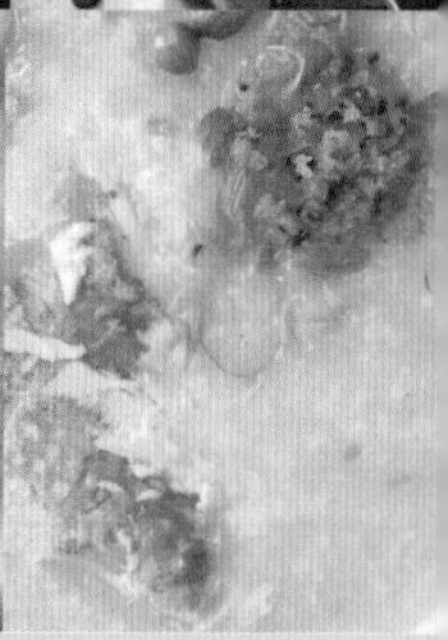

小病是福

广播电台DJ、电视节目主持人　阮小仪

说起来小仪的确是我的师妹，可是在设计学院看来四通八达然后又忽然迷路的走廊里，我们应该没有碰过面（是我太老还是她太年轻？），倒是后来同在广播电台工作，不同部门一众同事应该可以组织一个小型校友会。大家坐下都在说，真的为自己母校、自家学系感到骄傲，为什么这群念设计的毕业生都跑离本来跑道，都这么能干（！）这么忙这么累，这么容易病。

小病初愈马上复工，小仪的气色看来好多了，作为过来老鬼还是千叮万嘱她要注意健康、懂得调理保养，尽管照镜看看自己也好不到哪里去。问她有没有空给自己弄点吃的，她摇摇头笑了笑，但还好还有母亲亲自全天候照料，病了的时候还是会喝到一口下了干瑶柱的清粥，再加上半颗安全咸蛋，一如普天下忙碌的人，病了才知妈妈好。

从无料白粥说到有料有味粥，小仪马上记起一种我倒是从来没吃过的鸭心猪膶粥，那是孩童时代母亲会从街市买来新鲜材料加葱加姜，拌匀然后煮粥的婴儿保健食品（baby health food）。她又毫不客气地笑说母亲煮的鱼腩粥从来都很腥，阴影所盖叫她连在外头也不大敢吃鱼粥。至于那些真的属于上一代的，只是小时候在外婆家里早上吃粥才会吃到的甜茶瓜，她竟然是印象奇佳、十分爱吃。然后她并没有不好意思地说起自己动手煮粥的经验，煮泻是必然的，煮来煮去米也不开也不罕见，直到有天母亲告诉她可以到市场里买配好的煮粥米——

什么时候不用病也可以歇一歇，真正为自己煮一碗好粥？

靠得住

香港湾仔克街 7 号地下
电话：2882 3268
营业时间：11:00am - 10:45pm

每回到“靠得住”都必定叫拆肉泥粥，还有那蛋黄咸肉粽和那碟爽滑鱼皮，一试难忘！

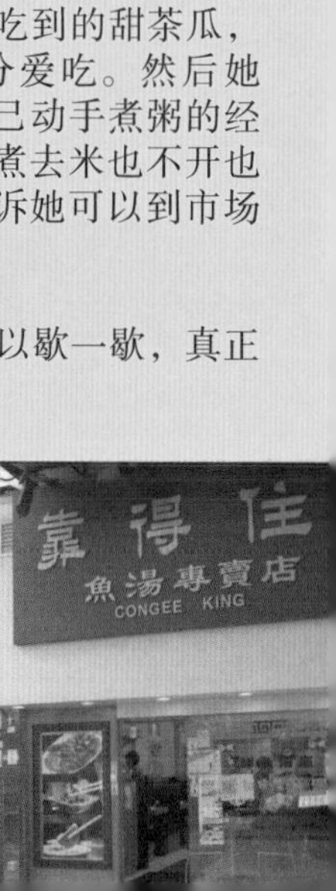

菜薳牛肉饭之外，窝蛋免治牛饭是第二选择。
多心的我应该因为免治这两个字
有过一阵子无政府的快感。

一

— 永远把这一碟菜薳牛肉饭视为长大成人的一个标记，是离开家里的饭桌、进入外面世界觅食的第一个尝试，至于菜薳是不是炒得太老？牛肉有没有下过松肉粉？兴奋也来不及，怎会知晓。

033 独立宣言

曾经碟头饭

为了向"知识分子"进一步靠拢，为了远离"工友"的市井形象，中学三年级的我，曾经向碟头饭严正声明告别。

中学母校位处新蒲岗工厂区，学校对面的地痞茶居里，烟雾弥漫、酒气熏天，粗口满场飞、挤满在周围工厂和地盘干粗活的阿叔阿伯汗流浃背，肆无忌惮地袒胸露背。我们几个穿着一身白校服的近视小男生，一不小心推门进去，忽然变成惊惶小白兔——不知何来的洁癖叫我们慌忙弹跳开，更甚的我从此跟叔伯们大肆拨进口的碟头饭有了距离。

其实碟头饭不也曾经是我告别家里饭菜的独立宣言吗？打从小学四年级起，原来念下午班、只在家里吃午饭的我，开始有较多的课外活动，也有了在学校附近吃午饭的机会。在那个连锁快餐店还未流行的年代，在那个碟头饭还是从一元八角勉强涨到二元五角的二十世纪七十年代初，学校附近那墙上铺满白瓷砖、地面全水绿磨石地板的餐室推出的菜薳

皇后饭店

香港九龙九龙塘达之路 80 号又一城 L1 层 18 号铺
电话：2265 8288
营业时间：11:00am – 11:00pm

究竟是主菜配饭，还是饭跟配菜？每回掉进皇后饭店的时光隧道里都顾不了那么多，反正这里提供的已经超越碟头饭的思维模式。

二　番茄炒蛋饭一度是我整整半年几乎隔天就吃的选择。

三　咖喱牛腩饭是暑热天时的一个对着干的选择。

四　经典的窝蛋免治牛饭，中西文化交流基因早种。

五　锅气十足的豉椒鲜鱿饭充分发挥合为一体的精神。

一　曾几何时，有人将碟头饭又叫咕喱饭。"咕喱"即苦力，也就是从事体力劳动的草根男子。无论有无家室，午饭晚餐都得填饱肚子，所以一碟饭多、肉多、汁多的碟头饭，无论是梅菜扣肉饭、玉米肉粒饭、枝竹斑腩饭还是凉瓜排骨饭都很受欢迎，加上老火例汤一碗，匆匆吃罢又再开工，也算是早于连锁快餐店的快餐一种。

牛肉饭是我百吃不厌的至爱，爱到甚至叫家里老管家也要放下高超厨艺而参照碟头饭形式为我们三兄妹准备午饭——好端端地炒好菜和牛肉铺满饭面，还要加上糊糊的一个浆粉芡。

菜薳牛肉饭之外，窝蛋免治牛饭（碎牛肉饭面加生鸡蛋）是第二选择：除了第一次知道鸡蛋可以如此放肆生吃之外，也寻根究底地知道"免治"原来是"mince"（绞肉）的音译（！？），多心的我应该因为免治这两个字有过一阵子无政府的快感。再次选是火腿双蛋饭，由于各家各派处理完的鸡蛋大小生熟不均，火腿厚薄素质不一，而且豉油色泽与咸味参差不齐，所以一直对腿蛋饭有保留，自以为有文化的我直觉这没什么文化。

直到许多许多年后的今日，已经步进阿叔阿伯阶段的我在经过快餐连锁如一哥猪排饭、日式鳗鱼定食亲子饭以及意大利调味饭（risotto）的冲击之后，回归街坊、面对现实，再开始在茶餐厅、大排档叫一碟推陈出新、升价不止十倍的红洋葱咖喱鸡翼饭、凉瓜银鳕鱼饭或者鲍汁玉兰鸡粒饭之际，那一碟相对有点单薄的菜薳牛肉饭忽然这么远又那么近地如在眼前。

香港中环威灵顿街 15－19 号
电话：2525 6338
营业时间：24 小时营业

充分发挥香港茶餐厅东西汇聚应有尽有的特性，想得出，做得到。

翠华餐厅

六　每回经过翠华门口都会刻意放缓脚步停留三至五秒，好让那也是刻意释放出街外的咖喱香气充满身心。

七　皇后饭店的皇家奶油鸡（Chicken à la King）足以象征一个温饱丰腻的盛世。

八　俄国炒牛肉丝饭轻微地提供了一种对陌生异地的想象。

九　街坊组合火腿煎双蛋饭的终极豪华版，豉油另上也是一种姿态。

碟头爱与诚

漫画家、填词人 小克

如果要把身边熟悉的重感情的男人来一个先后排名，小克肯定在前三名之列。

对人对事对猫对花草对建筑对周遭生活环境，小克全天候全方位地观察、关爱、尊重，付出的心力之多，叫人惊诧。更通过他早期的动画插画制作、剧本写作以至近年广受同行和读者高度评价的漫画创作，具体而细微地展示了他开放包容同时又沉静内敛的性格，这样的男人在当今时世已经是濒临绝种的了。

所以小克可以把我们平日不会怎样留意的生活细节清楚地记录剪接。一眼看出放在一碗公仔面中的葱花反映出茶餐厅主人的诚意，这并不是那些粗枝大叶的食客会留意、会欣赏的。

和小克坐在他极力推荐的一家唤作"壹新"的街坊茶餐厅里吃碟头饭，普通不过的装潢，晚饭时分顾客也不算特别拥挤，叫来的港式咖喱猪排饭却又真的叫人吃得津津有味：猪排嫩滑，并没有那种过分腌制处理的漯软；咖喱香浓，却没有太呛太辛辣；用的马铃薯也先炸过……这里标榜的不是那种哗众取宠的噱头，平易近人却又有自家执着，就是真性格。

小克娓娓道来跟这家茶餐厅的因缘：店本来开在他家湾仔旧居楼下，少年小克间或光顾，本不觉得怎么样，后来店搬走不知去向，小克也搬离家人自住。有天在街头忽然有人在马路另一端向他遥遥招手，原来是茶餐厅老板夫妇，而新店正好就跟小克新居隔一条街。旧街坊跨区重逢，也是某一种前缘再续。然后小克又再搬家，却念念不忘经常找机会回来。

士丹利街大排档

作为港岛中环区硕果仅存的几家大排档的汇集地，午市、晚市都有街坊熟客捧场，坐下只吃一碟碟头饭不会不好意思，现场感受什么叫作锅气。

想来想去唯一想到的是要吃荷叶饭，
就是为了那荷叶翻开的扑鼻荷香饭香，
让这个恶毒的夏天忽然清纯温柔起来。

慢食一夏

荷叶饭与汤泡饭

034

夏日如果只是炎炎还算好，未到正午走在街上已经被喷得一脸乌烟车屁和空调热废气，臭汗一身黏黏稠稠的，很是难受。为己为人，常常随身多带一件白T恤，走进健身室淋浴更衣改头换面，人是凉快清爽了，只是一旦热昏了头，直到午饭时分，还是提不起劲儿、没胃口。

说没胃口倒还是要吃的，否则能量水平急剧降低，情况更差。想来想去唯一想到的是要吃荷叶饭，就是为了那荷叶翻开的扑鼻荷香饭香，让这个恶毒的夏天忽然清纯温柔起来。

荷叶饭不陌生，小时候每到夏季鲜荷叶当造，老管家瑞婆就会把蒸熟的米饭加点叉烧、冬菇、草菇、蛋丝炒成干身，再用荷叶包好去蒸。家里自制的荷叶饭用料不算讲究，印象中也没有怎样下瑶柱以及

香港中环国际金融中心二期 3008 – 3011 室
电话：2295 0238
营业时间：11:30am – 2:30pm / 6:00pm – 10:00pm

利苑酒家

尽管有众多招牌名菜和创意特色吸引目光和胃口，但每趟到利苑都要留肚吃一小碗粒粒贵妃泡饭，介乎零嘴与主食之间的绝佳创意，好味又好玩。

一　闯进厨房偷师，荷叶饭制作进行中。大厨用上泰国香米，材料有火鸭丝、冬笋、瑶柱丝、日本花菇、鸡肉粒、鲜虾或者鲜拆蟹肉。先把冬笋及鸡肉泡油备用，炒饭时先下蛋浆，饭落锅快炒并加酱油调味，其他材料一并放进炒香炒透，后下蟹肉及瑶柱丝，饭炒好后就可以包进鲜荷叶中。

二、三、四、五、六、七　其实忍不住已想先来一碗，但想到荷叶饭蒸好后上桌剪开荷叶时那一缕香气，饱渗荷香的米饭进口依然清爽，就得稍沉住气，静候美妙一刻。

八　不厌其烦地经过又炒又包又蒸的工序，为的是一种色香味俱全的视觉和味觉经验。

鸡丁，只是对我们这些贪新鲜又爱美的小孩而言，荷叶饭的吸引力总比一碗白饭大得多，再热再提不起劲儿，也可以在淡淡荷香下慢慢把面前的有味饭逐一入口，这也许就是瑞婆能够把我们家里从妈妈、舅舅到我和弟弟妹妹两代人都带得健康白胖的厉害本事吧。

其实适宜在炎夏进食的还有汤泡饭，但瑞婆担心我们这些小孩性子急，三扒两拨、连汤带饭吃喝进去，对胃肠不好，所以在家里是不太允许用汤泡饭吃的。只是后来年纪稍长，中午下课后在外吃饭，除了那些经典碟头饭如菜薳牛肉饭、玉米肉粒饭以外，还看见墙上张贴的菜单里有陈皮鸭腿汤饭和蟹肉冬瓜粒汤饭等。起初还是不太敢尝试，只是一试之后又真的情投意合。无论是有清香陈皮配搭浓郁鸭香的，还是鲜甜蟹肉配搭清甜冬瓜粒的，我都会谨记老人家教诲，很乖很乖地慢慢咀嚼、细细品尝，而且刻意把热汤放凉后才拌进饭里，不慌不忙，格外好滋味。想起来这可真是我们早就流行的慢食传统，有了荷叶饭和各式汤泡饭，悠悠夏日好好过。

— 讲究的荷叶饭得用上新鲜荷叶，但翻开来却有段远至南北朝时期的典故。相传梁朝始兴郡太守陈霸先陈太君，奉命镇守重镇抵御北齐入侵大军，守军粮食不足，幸得民众以荷叶包饭、鸭肉为馅去劳军，结果打了一场美味胜仗。

— 清初屈大均所著《广东新语》中，记有"东莞以香粳染鱼肉诸味包荷汁蒸之，表里香透，名曰荷包饭"。至今东莞人仍称荷叶饭为荷包饭。

— 师傅吩咐，如要让荷叶饭蒸出来饭身仍然爽口，煮饭时米水分量比一般少三分之一，煮成饭身较硬，加上汤炒起来依然柔韧，再入蒸柜蒸时，偏干的饭身就会再次吸水，让荷香渗入饭内。

香港湾仔港湾道 6 - 8 号瑞安中心 1 楼
电话：2628 0826
营业时间：10:00am - 11:00pm

如何在不断发挥创意的同时又能保持基本功夫，鸿星酒家的一包貌不惊人却清香入心的荷叶饭说明一切。

鸿星海鲜酒家

九 从前只在炎夏才心痒痒想吃的汤泡饭，如今因为四季大翻转，也得全天候登场。心中首选是利苑酒家的粒粒贵妃泡饭，清甜鲜美的清汤里浸泡着的鲜虾、瑶柱、时令瓜菜，蒸得香软的米饭加上炸得酥透的米通，口感对比叫人惊喜，创意尽在细节当中。

十 老字号莲香楼的鸭腿汤饭是招牌菜，用上每只一斤半左右的鲜鸭，肥瘦老嫩适中。鸭用豉油上色后炸过，放进加了老姜和陈皮的上汤里，先快后慢火煲它五六个小时，煲汤清味醇，鸭肉酥软而不老不韧。昔日劳工阶层的夏日午餐首选，如今一年四季供应。

十一 鸭腿汤饭以外的另一选择是冬瓜粒汤饭，也是全年午市热卖。

父与子

广播节目主持人邓威信

茶楼里熙熙攘攘、风头火势，同桌对面的两位叔伯正在讨论报纸新闻里有位"严父"强迫儿子每天疯狂又离谱地跳绳、拉筋、跑步以训练体能，连一把年纪的他俩也被这新闻事件弄得哭笑不得、百思不解。然后跟我约好吃午饭的邓威信（Wilson）刚赶到，一下就被两位叔伯认出是广播电台里的"财经男"，然而这是小休时间，不谈金股。

Wilson 今天有点感冒有点累，瞄了一下菜单，还是兴致勃勃地点了鸭腿汤饭，我凑热闹，也点了方鱼肉碎汤饭。两个男人卷起衬衫长袖，大口大口分吃着面前马上就送来的汤饭，跟这个街坊茶楼的叔伯食客和环境气氛很协调。

未等我开腔，Wilson 已经将跟鸭腿汤饭的一段恩怨情结娓娓道来。二十世纪八十年代初 Wilson 年方十五，是家中老大，从事建筑业的父亲在暑假里会召集他们三兄弟到工地帮忙，三个由十一岁到十五岁不等的超级童工跟其他伙计一样要担要抬，炎炎夏日毒辣太阳底下犹如军训。中午时分跟大伙到茶楼开饭，暴晒半天的 Wilson 什么胃口都被晒坏了，只想也只能跟其他师傅一起吃鸭腿汤饭、冬瓜汤饭之类，汤汤水水三扒两拨易入口。当年年纪小小的他并没有埋怨父亲，好像很明白在那个经济起飞的年代，一家男人就得这样努力。后来 Wilson 到加拿大留学，在一个相对舒适的环境里，却怎么也不想再记起那段其实很辛苦的"童工"日子，更不要说吃鸭腿汤饭。直至这么多年过去，偶尔菜单里出现的鸭腿汤饭却叫他心头忽然悸动，回忆起来才懂得庆幸：原来也算挨过半点苦，原来真的要感激父亲。

香港中环威灵顿街 160 - 164 号
电话：2544 4556
营业时间：6:00am - 11:00pm

莲香楼

日卖六七十份的鸭腿汤饭高踞热卖榜首，用上二百元一斤的新会陈皮熬成的鸭汤居功至伟。其实转转口味也不妨支持其间清淡一点的冬瓜粒汤饭。

一 热腾腾出笼盅头饭，尚在笼中已经精彩热闹、各领风骚，一出场更不得了。

其实我们营营役役的确都是为了讨一口饭吃，能够争取到一个茶楼一般嘈杂热闹的人气环境吃这口饭已经是很不错

开工大吉

一切从盅饭开始

035

很长一段时间都不能理解为什么有些叔伯婶母清早起来可以第一时间兴高采烈地吃完一盅饭？也很奇怪为什么每盅白饭上面像是铺了一笼点心？

也难怪我们生于安逸的这一代大都是软手软脚甚至胆小怕事的，可能就是没有像上一两代长辈，清早起来必须要先饱肚，才有气力面对粗重活计。我们上茶楼饮茶是为了蒸笼里的大碟小碟点心，长辈们却没有忘记那实实在在的粒粒饱满的米饭。

北菇鸡饭、豉汁排骨饭、牛肉饭、凤爪排骨饭、咸鱼肉饼饭……蒸笼里各式盅饭无论用的是传统的白瓷厚盅还是近期的不锈钢碗盛载，都是烫手热腾腾，饭香菜香扑鼻，永恒吸引。师傅先得把适当的米和水放饭盅内，在蒸笼里蒸约三十分钟，取出待凉后铺上各式材料，然后再入蒸笼蒸约十五分钟才算大功告成。小时候无规矩，贪

美都餐室

香港九龙油麻地庙街 63 号
电话：2384 6402
营业时间：9:00am – 9:00pm

又船又车远道而来，固然为了一碟排骨饭和众多经典美味。但这身处旧式唐楼已成经典茶餐厅地标的美都，有最五十年代的纸皮石、家具和室内格局，"食环境食气氛"在这里有深层意义。

二、三、四
凤爪排骨饭、蒸牛肉饼饭、双肠腊肉饭、北菇蒸鸡饭、咸鱼肉饼饭……各有所好，各取所需。

五　午饭时分，蒸笼前的阿姐施展浑身解数，掌控调度恍如三军统帅。

— 有说盅头饭最先出现在二十世纪二三十年代的广州茶居。从事体力劳动的苦力们清晨开工前必须吃饱饭才有气力，所以茶楼便顺应需求提供用早市点心拼上蒸饭的二合一选择。方便、快捷而且便宜地让苦力们饱肚后开工大吉。此风气流行开来，普及至一般民众，历久不衰。

— 在密闭的烤箱里加热使食材水分汽化，由生至熟，这方法明显是粤菜吸取西餐烹调法。有说猪排饭是广东省和港澳地区最热卖的西餐，与玉米石斑饭、葡国鸡饭与焗牛脷饭同为广受食客欢迎的"四大天王"。

— 坊间店家有用瓷盅蒸饭也有用不锈钢盅取代，但据资深大厨指出，不锈钢盅散热快，保温能力弱。反之传统的瓷盅虽然容易碰坏，但胜在能够保存热力，让蒸好的饭的水分可以慢慢吸干，进口柔韧有嚼头。

心好玩地叫了一盅饭却只把饭面的菜吃掉，激怒了从来节俭的父亲，几乎要用筷子敲我的手指头。

　　曾经犯过这样不懂珍惜的错，真正了解到粒粒皆辛苦还得等到毕业后闯入社会后的第一份工作，在荒山野岭拍广告时烈日当空，汗流浃背地吃那一盒叉烧干瘦坚韧、米饭半生不熟、青菜瘦黄变味的盒饭，才忽地怀念起茶楼饭盅里那温软香滑的一口饭。说来好夸张，但其实我们营营役役的确都是为了讨一口饭吃，能够争取到一个茶楼一般嘈杂热闹的人气环境吃这口饭已经是很不错，无日无夜在计算机前、在公园路边、在便利店、在交通工具里，捧着盒饭匆匆填肚的大有人在。有工开还是大吉的，有一盅饭作为每一天的开始简直是个恩赐。

六　　这边厢中式盅头饭长期热卖，那
　　　边厢西式饭不遑多让。美都餐室
　　　的招牌美味是热辣喷香的排骨
　　　饭，抢先翻起只见以蛋炒过的饭
　　　底粒粒利落分明，吃时柔韧爽口，
　　　排骨酥软入味。

七、八、九、十、十一、十二
　　　美都的排骨饭用的都是新鲜排
　　　骨，腌上一夜后蘸粉下滚油锅炸
　　　好。再另起锅把冷冻过的饭粒拌
　　　入蛋浆炒好备用。上汤底和茄汁
　　　兜匀成酱并加进炸好的排骨，铺
　　　放饭面放进开业至今用了五十多
　　　年的油渣炉，五至六分钟即成饭
　　　面微焦的极品。

七	八	九	十
十一	十二		
	六		

充满自己

创作人黄伟文

　　黄伟文（Wyman）说他一定要有米，要深深地感受到被充满——

　　如果我们身处的庙街街口美都餐室的卡座台底有一部不小心由某报娱乐版记者留下的录音机，又不小心地开启了正在录音，以上一段独白就会成为影视娱乐版头条，天晓得会刺激起怎样的创意写作。

　　没事，没什么大不了，反正面前的一大盘猪排饭在五分半钟内已经被他吃个精光，毁尸灭迹而且没有骨头下地。他以实际行动说明了他是一个极爱吃米饭的人，他的comfort food就是一碗（有餸的）饭。再补充，他是无猪（肉）不欢的，从日式、美式、欧式吉列猪排到粤式豉汁排骨到有色素的咕噜肉生炒排骨到五星级酒店排房贵得有道理的猪排到拍戏开工用于拜神的烧猪肉，他无任欢迎、一概奉陪。除了那自以为烤得很香的猪肉干——所以那回三更半夜约他找一天去吃一样他喜欢的，他毫不犹豫地极速回答：猪排饭。

　　猪排饭，而且还要是此时此地美都餐室的版本。Wyman是这区的"老"街坊，从美都的二楼卡座往外望，手一指便望到他的老家。可是印象中Wyman倒从来没有来过这边堂食，从来都是母亲在家打麻将时，麻将房阿姨拨一通电话送外卖过来，少年Wyman也因此被分得生平第一小碗猪排饭——从来家里炒饭就是炒饭，这个被称作猪排饭的除了有他最爱的猪排，竟然还配有蛋炒饭，简直是双喜临门。

　　一盘像模像样的猪排饭应该不难做，但江湖中还是有把大家吓得半死、吃得一肚子气的版本。Wyman说他没话好说，我幽幽地有所悟，原来要被充满，说到底还得靠自己。

添记烧腊茶餐厅

香港九龙深水埗北河街 52 号
营业时间：5:00am — 10:00pm

深水埗老区街坊餐馆，提供的不一定是什么顶级极品，但却叫大家一尝庶民滋味。

未来的中学会考可否多加一项必修必考的课程，就是要求不论男女考生都要炒出一碗合格的饭。

必炒无疑

炒金炒银炒出好饭

036

如果有天在港九新界酒楼餐馆或者硕果仅存的大排档开怀举箸之际，忽然发觉邻桌的是教育统筹局高官和一众手下，我一定毫不犹豫、冒犯地走过去请愿——未来的中学会考可否多加一项必修必考的课程，就是要求不论男女考生都要炒出一碗合格的饭。

煮一包即食面也会煮得糊成一团，几条菜会弄得又黄又烂甚至烧干水，煎荷包蛋更是超高难度——现在的幸福的小朋友说不定比我们更嘴馋，但要他们入厨动手的确很艰难。说不定连小朋友的父母们都不怎么愿意也不太懂得在家里亲自"开火"，只得依赖东南亚家务助理或者到左邻右舍街坊餐馆求助，好好歹歹、勉勉强强完成早餐、午餐、下午茶、晚餐连夜宵五餐。什么是真正的家常饭？如何才炒得成一碗可以入口的蛋炒饭？看来真的要动

香港新界元朗流浮山山东街 12 号
电话：2472 3450
营业时间：11:00am — 10:30pm

欢乐海鲜酒家

专程到流浮山捧 B 哥场的老饕人数众多，试过"食神"炒饭手艺的都一致叫好。至于这里的海鲜主打，嘿，还用说？

二	三	四	八
五	六	七	
		十	
一	九	十一	十二

一　先以声色夺人的食神炒饭，是流浮山欢乐海鲜酒家人称"少年厨神"的B哥的自创镇店之宝。

二、三、四、五、六、七、八
用蟹籽在碟底铺成形备用，烧红锅先下蛋液，再马上将煮熟隔夜、些微脱水干身轻身的旧装金凤米饭与蛋液拌匀炒香，此时原来的猛火要转至中火，再下蛋浆让蛋皮包着饭粒，做成金镶银的效果。再将其他材料：青豆粒、冬菇粒、墨鱼粒一并炒好，亮丽又不油不腻。放进码盆覆过来上碟就有极其讨好的一碟食神炒饭。

九、十
鸿星酒家大厨亲自下厨示范白玉蟹炒饭。

十一、十二
留家厨房也有招牌热卖黄鳝炒饭。

用特区政府危难应变储备金来再教育、再培训，否则明日之后，下一代就再没有标准和依归了。

　　话说回来，第一回正式入厨拿起锅铲为自己服务，就是炒出一碗连自己也不可以原谅自己的饭，不要说什么饭粒"润而不腻，透不浮油"，我竟然有本事把一碗饭炒成半碗米饭黏黏湿湿、蛋液半生，另外半碗米饭干干巴巴、蛋块成团的状态。先下的叉烧和鲜虾和酱油混得几近焦黑，后下的葱花还是生腥呛鼻。我应该是把下酱油，下蛋液，下饭粒，下配料的次序都完全错调，更不要说什么用中国台湾蓬莱米和泰国香米相互配合以产生又韧又糯的口感，炒的时候也因拼命挥铲而把饭粒切断压碎，真是名副其实的"碎金饭"。

　　失败乃成功之母，问题是这位众饭之母似乎住得很远，又或者都逃入了人家的厨房一去不回。我得承认我继续努力、继续炒饭——尤其是更努力地在外头不断寻找从最基本到最富贵的蛋炒饭和生炒糯米饭，希望我这个"饭桶"有朝一日拜师学艺成功，为自己再炒一碗好饭。

一　尽管坊间餐馆都把自己的出品叫作生炒糯米饭，但为了省时亦有先蒸煮再炒之伪版本。其实真正生炒出来的糯米饭明显地粒粒分开，不会过分腍软黏结，但蒸煮过的分明会黏成一团一团，连卖相也欠佳。

留家厨房

香港湾仔轩尼诗道 314 – 324 号 W Square 5 楼全层
电话：2571 0913
营业时间：12:00pm – 3:00pm / 6:00pm – 11:00pm

以承传粤菜经典为己任，留家厨房一碟黄鳝炒饭除入口鱼香软润，还有食疗补身作用。

十四
十五
十三 六 七 十八
十九 二十 廿一 廿二 廿三 廿四

十三 已有六十年历史，由街头推车经营至入铺的强记美食，以一锅生炒糯米饭吸引了无数在秋冬夜晚瑟缩街角的过客。

十四 尽管一碗炒饭丰盛饱暖、油香扑鼻，早已三扒两拨迫不及待，但还是要再加上两条香脆美味的腊肠才尽兴。

十五、十六、十七、十八
撒上大把葱花，不仅是添色也是提味。娴熟手法应付专程前来尝新的堂食或者外卖的顾客。

十九、二十、廿一、廿二、廿三
炒蛋备用，先下腊味爆香，再将虾米、冬菇等材料下锅炒好，再放进用热水烫透的糯米，不断在锅里抛炒并以上汤洒至米粒变软，加上葱花拌好便成。

廿四 腊味咸香，饭粒油光饱满，黏糯有嚼劲，一起筷就吃不停口。

不忍喷饭

广播电台节目主持人、演员 林海峰

林海峰二○○六年年底这一趟栋笃笑以"喷饭"为题，但其实我知道他是舍不得喷饭的，尤其是生炒腊味糯米饭。

几乎是十项全能的他这么忙碌，看来在未来的好一段日子都不会进厨房亲手生炒糯米饭。但还好他是懂得吃的，懂得在哪里可以吃到油香扑鼻、料多味正、既软糯又够嚼劲的生炒饭，而且既有高档极品也有街坊惊奇。

这种冬日限定的胃纳满足，总叫他想起励德村旧居时代，在明爱白英奇专业学校的学生时代，以至初入商业电台

工作的那些老好日子。糯米饭看来不宜独食，是那种多加一双筷子又再多加两只羹匙然后多加两条腤肠的集体分享——可以是家人，可以是同学，可以是同事，是那种高高兴兴又一年的日常生活馋嘴动作。

他还是略有遗憾地说，现在不可能一家老小坐在湾仔街角吃那一档远近驰名的生炒糯米饭，顶多只是专程驾车前往，然后停在路旁叫外卖带回家共享。这一点付出了代价的时空距离，始终影响了糯米饭的水准和滋味。要补偿，可能就得在晴朗的一天早上在一众公园阿伯里诚征备有"督宪府"服务经验的家厨回家炒饭了。

香港湾仔骆克道 382 号庄士企业大厦地下
电话：2572 5207
营业时间：12:00pm – 1:00am（周日休息）

站稳街头风雨无间，越是小本经营越见强韧拼劲，食物水准更是稳步上升。

强记美食

从前艰难时世吃饭焦是惜物，现在计较的是究竟用上汤还是淡茶把饭焦泡开，
要下多少唐芹、葱花、芫荽和盐花，
要磨多少姜蓉调味才算正点。

一

一 人手剁碎的新鲜牛肉嫩滑弹牙多汁，炒香后放进已经在焗炉焗透的煲仔饭面上，打下鲜鸡蛋加盖马上上桌。

037

别无选择

煲煲煲仔饭饭焦

究竟我们还有没有选择？

说有的请举手，面前的十几煲煲仔饭，有堆满传统经典足料腊味的，有油鸭髀单打独斗（加了鲮鱼干又偏向顺德口味的），北菇滑鸡贪心又再加双肠，免治碎牛一定要加蛋，豉汁凤爪排骨少不了生切红椒丝，原只膏蟹连葱段、姜片铺满饭面，黄鳝和白鳝一起成后起鸳鸯，豉汁鱼云、咸鱼肉饼和鲜鱿马蹄肉饼各领风骚……

还有从泰国潮式回流的加上芋头粒的，以冬荫功汤料入饭的，日系釜饭变身的鳗鱼海胆做料的，韩风的石头锅饭，西菜的杂菌田螺以至大片鹅肝……万佛朝宗，都归入煲仔饭的又简单又直接的庞大系统。所以我说，其实我们别无选择，此时此刻，煲仔饭，煲仔饭，还是煲仔饭。

剪接到吃第一口饭焦的六十年代，家里厨房正处于石油液化气炉取代煤油炉、电饭煲取代瓦

香港西环西营盘德辅道西 360 号地铺
电话：2850 5723
营业时间：7:00am − 4:00pm

永合成餐厅饼店

午饭时间永远人山人海的永合成，老板许伯一家上下和气融洽。该赶早或较晚趁空当和许伯交流包炉制作煲仔饭心得，让他向你传授令饭粒更松爽、更好吃的"筷子捞饭"法。

二	三	四	五
六	七	八	九
	十	十一	十二

一 欲善其事，先利其器。充满乡土风味的煲仔饭始终要用上传统的瓦煲，煲出万众期待的饭焦。瓦煲比其他器皿更容易传热，即使用上不大吸水的新米，瓦煲亦能将新米煮得软滑，而且很多人吃煲仔饭是为了吃饭焦，好的饭焦应该色泽金黄、口感香脆，一刮即起，过分焦黑或干硬都不该入口。嘴刁的顺德人用现磨姜蓉加入盐花及葱粒，冲入淡普洱成饭焦茶泡。坊间亦有在原煲内加入上汤，撒入芫荽及葱花煮成稀粥好共食。

煲煲饭的交替期。由于传统口味习惯也因为节俭，家里的老人家还是会留住瓦煲煲汤，偶尔也会用瓦煲煲饭，意思意思。早已忘了那些家常饭菜的普通作料，只是忘不了那随时有弄断筷子羹匙之虞的力刮饭焦的激烈动作，往往是未等用淡茶、用葱花泡开就把饭焦放进口里猛嚼，毕竟那是珍珍和卡乐 B 薯片还未流行的时代。

就是因为这味道原始的饭焦，给煲仔饭增添了出乎意料的附加价值，甚至成为好些人恋上煲仔饭的主要原因。所以瓦煲内饭焦的厚薄、软硬、色泽、香脆程度竟都成了评定煲仔饭的标准。亲眼看着师傅们在炭炉前表演杂技似的把几煲饭限时限刻地斜身烘、转身烘，为求煲内四周都有均匀饭焦成品，用心用力都是为了让顾客激赞"到底"——从前艰难时世吃饭焦是惜物，现在计较的是究竟用上汤还是淡茶把饭焦泡开，要下多少唐芹、葱花、芫荽和盐花，要磨多少姜蓉调味才算正点。其实对一煲"好"的煲仔饭的要求，刁钻起来真的可以写篇几万字的论文。

		十四	十五	十六	十七
		十八	十九	二十	廿一
	十三				廿二

十三 新翠华的原煲炭炉腊味滑鸡饭，腊味咸香油润，鸡肉鲜嫩汁多，炭香与饭焦香萦绕，色香味总动员。

十四、十五、十六、十七、十八、十九、二十、廿一
接单现叫现做，用热水洗米后，原煲放于炭炉上煮熟，先加两三滴猪油令饭更香，途中再加入腊肠和腌好的鸡肉，后下蔬菜。把煲侧放令烧出更多饭焦。饭好上桌，快手加进用上红萝卜、洋葱、芫荽炒过调好的豉油，再盖上煲盖三数分钟，揭盖时喷香诱人。

廿二 功不可没的就是这批明火炭炉！

花开煲仔

作家 闻人悦阅

二十世纪八十年代，少女悦阅在口味依然单一的杭州应该还没有尝过地道港式煲仔饭。

她的第一次吃煲仔饭经验是在纽约。九十年代中期，大学刚毕业的她进入职场，认识了两个从小就在曼哈顿中国城长大的朋友。两人年轻、优秀，在外人看来依然有点乱的中国城里，明显有别于祖辈老移民，扎根社区又没有传统包袱，别有一种朝气、一种骄傲。悦阅跟这一男一女两位朋友特别要好，自然也跟着到处闯、到处吃，也在一家很有规模的专吃煲仔饭的广东饭店里，见识到熊熊炉火中一排又一排满载饭菜的煲仔，一室料香饭香，饭焦更香，入口更是不得了，悦阅最爱的是有腊味配搭的版本。

刚毕业且刚独立的悦阅，对于称为家的这个个人空间特别敏感关注，自然也对寒冬里室内一煲煲仔饭提供的温暖美味感到特别温馨。悦阅记得除了在餐厅里吃还会经常叫外卖，而那些不回收的煲仔竟然开始在家里堆叠起来。曾经想过要利用这些煲仔来种花，但也因为经常要出差而被迫放弃，煲仔开花始终未实现。

这几年来碰巧悦阅在香港勾留，私人收获当然是添了个可爱小女儿，经营过惊鸿一瞥的艺术二手书店"十一行"，当然还有她的小说创作……来到香港这个煲仔饭的大本营，悦阅的初尝试是在一幢显赫住宅的会所中餐厅里，服务生端出早已恭恭敬敬替你分好在碗中的煲仔饭，少了那种自己掀开烫手煲盖、浇进豉油、起匙起筷的热腾腾、闹哄哄的街坊风味。这样说来这个冬天我们这些朋友就得一尽地主之谊，带她在这个煲仔饭的江湖中肆意闯荡。

蛇王芬

香港中环阁麟街 30 号地铺
电话：2543 1032
营业时间：11:00am – 10:30pm

入冬后到"蛇王芬"吃蛇羹，同时一尝腊鸭双肠煲仔饭，满是温暖人心。

说到底，水、气候、环境氛围等
这么具体、这么复杂的本地因素，
是无法在异国翻版的，真正的云吞面的
自家味道也只能在香港得到圆满呈现。

无病也思乡

云吞面情意结

038

如果还有所谓思乡病，云吞面大抵是香港人在外地思乡的一个"病"因，也是心病还须心药医的唯一疗方。

我没有十年八载长期离港的经验，没有亲历国外华人社区里云吞面的"进化"——多年前路经多伦多，因为实在口馋，走进一家云吞面铺，领教了从面条分量到云吞体积都比正统大三倍的情况，更不用说面条的粗细与硬度，汤底应有的清中带鲜的味道——印象实在不怎么好。然而亲友都说近年情况有所改善，"真正"的云吞面也可以吃到了。我未亲尝不敢苟同，当然我不会怀疑有心经营者可以花尽心思力气，把食材一一空运过去，把熟手老师傅请过去，甚至把室内装潢布置都搬过去。但说到底，水、气候、环境氛围等这么具体、这么复杂的本地因素，啊，还有跟你一起在面铺面档里吃云吞面的相识

香港中环威灵顿街 77 号地下
电话：2854 3810
营业时间：11:00am - 9:00pm

背负祖辈广州池记云吞面大王的美誉，第三代传人之一麦志明主理的麦奀云吞面世家，坚守传统的同时刻意开拓。作为顾客走进这个朴素的店堂，吃到的却是努力承传的深厚功力。

麦奀云吞面世家

一　和胃纳大的小朋友来吃云吞面，小小碗内面一撮、云吞四个、清汤半碗，一口气就吃光了意犹未尽，还瞪大眼好像很诧异的样子。对呀，云吞面本该就是这般娇小细致。

二　此间银丝细面全用机器打，虽不及竹升手打面般强韧，但还能保持最新鲜、最佳状态。

三、四、五、六　麦奀云吞面世家的店面有师傅临窗表演手法功夫，少许散尾的云吞漉好置碗中，然后把早已抖散尽量走碱的银丝细面投下沸水，只见面随柄勺搅起的旋涡直入锅底彻底受热，就在那近二十秒间把面拨散捞起沥水，过冷河，放碗中云吞之上，下几滴猪油以筷子一挑一拌，再浇进一勺滚热的以大地鱼、虾子和猪骨熬成的清汤。礼成，可以上桌奉客。

七　原身大地鱼用火炙过加入虾子和猪骨熬汤，汤底鲜甜浓香。

八　正宗讲究的云吞面都以匙置碗底，先放云吞再放面再浇汤，避免太多汤水把面浸得太久太软。

的或不相识的人，是搬不走的，是无法在异国翻版的，真正的云吞面的自家味道也只能在香港得到圆满呈现。

也不知是什么时候开始的一个习惯，离港远行上机之前总得去相熟的云吞面老字号吃上一碗，长途跋涉、尽尝各地美食后，回程窝在机舱里面对懒得挪动的飞机餐的时候，已在盘算下机后如何第一时间吃上一碗云吞面。我很清楚这跟肚不肚饿无关，那简直就是一种回家的依赖。

印象最深是二〇〇三年SARS肆虐最凶最狠的那个时候，怎么也不安于室的我戴着那很必要也很讨厌的口罩跑上街，不知怎的也就跑到那平日门庭若市、此刻实在有点冷清的云吞面老铺去。当那熟悉不过的小小一碗云吞面端上来，我迫不及待拉开口罩，深深吸一口那用猪骨、大地鱼、虾子、虾米等材料熬制的鲜美汤底冒起来的热气，环顾一下几十年不变的店堂，以及四周那些依然定时定刻捧场的熟客，我心头一暖、眼前一湿，平日死命不滥情的我也终于失守了。

一　广东人称的云吞由北方馄饨演变而来。相传清代同治年间，由湖南人在广州开设的一家三楚面馆，率先把"馄饨"两字减去笔画写成"云吞"。但其制作之云吞依旧粗糙，只有面皮肉馅白水汤，后来几经改良，以鸡蛋液和面擀成薄皮，包上以肉末、虾仁和韭菜制成的馅料，自成一派。

一　二三十年代广州街头流行以面担摆卖云吞，档主敲竹板作"独得独得"声招徕顾客。其中最有名的池记（也就是由麦奀父亲麦焕池主理）卖的是圆眼云吞（如桂圆大小）以及发菜面（如发菜般爽韧）。面用上等面粉按一斤面粉五个鸡蛋的比例和匀，以竹竿压成弹牙细面。云吞馅用猪后腿，严格以瘦八肥二比例，加入鲜虾仁、鸡蛋黄拌好。云吞皮薄如纸，云吞面上汤以大地鱼、虾子、冰糖熬制。色香味俱佳，受蒋介石、陈济棠等人以及众多粤剧红伶赏识。

香港中环永吉街 37 号地下
电话：2541 6388
营业时间：8:00am － 7:00pm

同出一源的另一分支，有心食客可以平常心比较。毕竟都是真传，都是水准以上，各有特色、各自精彩。

麦奀记（忠记）面家

	十	
	十一	
九	十二	

| 十三 | 十四 | 十五 | 十六 |
| 十七 | 十八 | 十九 | 二十 |

九、十、十一、十二

永华面家也以巧手云吞面见称。只见师傅不停手地把以鲜虾肉调好的云吞馅包成形，边包边说从前的云吞该更娇小，云吞皮更散尾，可是现在的食客都只知贪多划算。

十三、十四、十五、十六、十七、十八、十九、二十

永华面家在湾仔本店的楼上自置工场，邀得退休老师傅重出江湖，以传统方法用竹升压面。师傅先将鸡蛋、咸蛋白混合高筋面粉，再加入少量碱水搓匀成面团，接着师傅便坐于竹升上，以杠杆原理将面团做全方位研压，横纹直纹交错纵横，如是者反复折叠再压，以增加面团的柔韧弹性。面团压好后以机器切成银丝细面，以手将面条分擘，完成的面条要摆放一天才用，让碱水完全挥发，减少苦涩。

信心云吞

发型师 姚永洪

清楚记得那天午后心血来潮拨一通电话跟他约好，然后按指定时间出现在他面前跟他说：永洪（Pius），从此我就把我的头交给你了。

很简单，这是信心问题。对这个多年老友我当然有信心——专业、负责、有创意、够亲和、没架子……只是因为他太忙，所以中途好一段时间我都是自行"了断"。就用一个一百多元的电动铲往头上刮呀刮的，其实也还不错，但就是不够专业、不够细致，总是少了或多了那么一点点——

后来我就做了决定，把我这个头托付于可信可靠的他，三数星期就麻烦他一趟，在他飞来飞去的时间表内占上那短短的珍贵的半小时，乘剪发之便可以跟他谈天说地。说实在也真的耽误他的正常工作时间，无以为报只好请他去吃点什么——

"云吞面，"Pius不假思索立即说，"还得是威灵顿街的麦奀记。"云吞面是他的至爱首选，也往往是出门上机前必定要吃一碗，下飞机后家也不回地马上又要再吃一碗。究竟为什么，叫他这么投入、这样痴缠？就是因为有信心。

我们在小小一个碗中喝的是由大地鱼、猪骨、虾子熬出的汤底，清鲜香甜，绝不呛喉。云吞有虾有肉亦娇小玲珑，一小撮银丝细面在十五至二十秒之间下面掠起过冷河落猪油，面条还在半透明的有嚼劲的状态，爽韧十足。吃时即使极慢极仔细，也不需七八分钟，汤热面爽正在状态，就已经全进肚里——唯一在此处，他是放心喝得滴汤不剩的。这就是信心，有了这经年累月的专心细心才累积起、才争取回来的信心，一切好办事。

云吞与水饺究竟谁是女谁是男，
从来也没有这样区分性别思维的我竟然随口答他
云吞温柔小巧当然是女，
水饺个大充实当然是男……

一

一 云吞面吃多了，来一碗净水饺。大肆宣扬的名店去多了，多花一点时间去发掘一些被遗忘的老铺——比如陈成记。

水饺吞云？

037

Shuikow vs wanton

常常不明白为什么我们从小吃到大的广东云吞就可以名正言顺地用英语读作"wanton"，广东凤城水饺却没有得到"shuikow"的官方音译，害得我常常在要向馋嘴老外朋友推介水饺时，又要费唇舌解释水饺与云吞其实像亲戚，同样的皮却有不同的馅，而广东水饺都习惯放汤中又和北方的饺子一整盘没汤的完全不同，更不能都以"dumpling"来笼统称呼。然后越说就越复杂，结果一个捉狭鬼就问我云吞与水饺究竟谁是女谁是男，从来也没有这样区分性别思维的我竟然随口答他云吞温柔小巧当然是女，水饺个大充实当然是男，但过后三思又自觉政治不怎么正确——

有回向一家云吞面的店东好奇打听，究竟一日里售出的云吞与水饺的数量差异有多大，店东也许从来没有想过有人会问这样的傻瓜问题，也真的是笑着想了很久才回答：大概云吞会好卖一倍吧！其实这个对云吞的偏爱也恐怕只是习惯，因为比云吞多加了木耳、笋丝，而同样有鲜虾和

苏三茶室

香港九龙土瓜湾美善同道 1 号美嘉大厦地下 10 号铺
电话：2714 3299
营业时间：12:30pm － 3:00pm／6:00pm － 10:30pm

从设计专业到资深饮食记者到餐饮经营者，苏三以身作则，在心爱的厨房里逐梦，可是这一碗水饺却真的好吃，绝不梦游。

二、三、四

陈成记店堂简单素净，老板默默地在忙碌。刚应付完外卖那十多碗云吞面、咖喱牛筋河和牛腩面，又坐下来纯熟巧手地包水饺，只见水饺只只饱满，馅料有虾、半肥瘦猪肉、冬菇、冬笋丝、木耳，还有大地鱼末做调料的上汤里，葱花和韭黄沉浮呼应——

— 无论是男是女，认真工作中的人是最美的。只见师傅专心一意包水饺，饺皮放四指之上，先以清水轻涂饺皮边，以馅勺拨入些许馅料，然后一覆成形，且快手将水饺皮从左右向中间束折——特别是最后一下动作，在封口前再一捏——师傅后来解说这是把馅料内空气推走，否则水饺下锅受热就容易散口——这松紧拿捏，易学难精！

猪肉做馅的凤城水饺，完全是另外一种口感滋味，应该有其独立市场。如果一直都只被看作副选，"发明"水饺的某位阿哥或者阿姐肯定是会不服气的。

从来见义勇为，当年跟随二伯父经澳门回乡，十岁上下还赶得上坐通宵"大船"兼投宿客栈的年代，回程时竟也勇敢地只身回港。走在澳门那几条手信街，几乎用尽身上盘缠就是买了好几盒手工现做的凤城水饺，作为平生第一次送给家人（包括自己）的嘴馋礼物。日子久远，已经记不起这标榜正宗的水饺究竟是否"入口便知龙与凤"？是否真的比香港的水饺好吃？但肯定这就是自小坚信必须有自由选择、有公平竞争的第一个动作，好吃、为什么好吃，必须拿得出一个叫人信服的说法。真正好的水饺或者云吞，应该都乐意接受考验和挑战！

五、六、七
平日只顾大碗小碗地吃这吃那，有机会全程直击现场制作——看着永华面家的师傅如何用最新鲜材料，准确仔细地一口气包出一盘上百只肥嘟嘟的水饺，叫人期待这些水饺下锅煮好、热腾腾登场的一刹那——

八、九、十、十一、十二
嘴馋贪食进而身体力行的苏三，在她的苏三茶室里亲自下厨实践她的饮食理念，其中这碗手工做的有顺德饮食传统风格的鲮鱼饺，是我心目中的头号水饺！用上鲜鱼肉，用羹匙顺鱼骨方向刮出鱼肉并浸在清水中，然后将鱼肉连水倒入鱼袋沥干水分，将调料搓匀挞打到起胶。逐小份鱼肉蘸上生粉按捏成薄片，包进有肉末、菜丝的馅料，鱼饺滚水中灼出，放碗中浇上煎过的鱼头、鱼骨，加姜和陈皮猛火滚成的鱼汤——

十三　作为嘴刁一族，有责任将这些尽心尽力发扬传统家常口味的小店广为传扬。

卡通水饺

动画导演 袁建滔

"这里的水饺实在太结实、太大个、太好吃，"阿滔说，"所以我几乎要用剪刀剪开才能给我那三岁的小儿子吃——"

我的脑海里马上出现一个很卡通的好吃的爸爸喂顽皮儿子吃水饺的温馨画面，只是背景音乐因为时间关系还未配好。阿滔补充说，什么葱花呀蒜头呀都没有禁忌地给儿子吃，而儿子最主动要求吃的是叉烧，而且不要见怪，他最爱玩煮饭仔，而且是湿水版本——洗澡的时候把海绵做的牛排、热狗和青瓜配搭起来玩得乐不可支，而且更把洗澡水当成一锅汤。"爸爸，这汤已经下盐了，快来尝尝。"

看来这个小朋友跟他爸爸一样卡通，而且很有爱吃的潜质，也肯定会

跟他的爸爸一起钻研煎蛋之道，甚至更高层次的日式温泉玉子，也在反复实践之后制作成功。当然爱入厨的阿滔也很清楚，几人份一餐半餐要烹调成功并不困难，难的是长期作战，要做几十、几百甚至几千人份，所以阿滔特别佩服也尊重这些街头巷尾的粥面老店，可以几十年如一日地保持一个稳定的优质的水准。无论是一碗只只结实饱满的净水饺，还是一碟撒满喷香虾子的甚有嚼劲的捞面，都是一种修炼，不在深山老林却在闹市街巷。

从水饺谈起，一跳跳到他的动画导演专业，又再跳回水饺——如何把鲜虾、猪肉、笋丝和木耳丝都好好调味配搭，然后用薄薄一块面皮把这些实在材料都包进去，让水饺可以成形登场公开演出。这一道美味那一组画面构成，这当中需要的耐心、信心和持久毅力，谈笑之间轻重拿捏、交流互通。

走进散落十八区的各领风骚、
各有金漆招牌的鱼蛋粉专门店，
总觉得像闯进了潮州人的专属地盘，
该用古雅的潮州话发音点一碗"鱼一蛋一河"

江湖多事

各领风骚鱼蛋粉

040

一如确信在老牌上海饭馆看着身边居港沪人第二、三代用自小练就的上海话点菜会得到较好的招呼和较佳的菜肴，走进散落十八区的各领风骚、各有金漆招牌的鱼蛋粉专门店，总觉得像闯进了潮州人的专属地盘，该用古雅的潮州话发音点一碗"鱼一蛋一河"。

可惜不是每趟吃鱼蛋粉的时候身旁都有胡恩威，否则这位剧场版文化研究者、都市规划版新一代潮州怒汉就会正式用潮州话向身旁老友推介评点怎样才是一碗正宗的合格的鱼蛋粉。同时详尽解构面前的鱼蛋、鱼片是否用上新鲜门鳝、九棍、鲩鱼或鲩仔等即日刮肉、制浆、定型、浸冰、走油而成。接着解释为什么从前的人喜欢又软又滑的鱼蛋，现在又强调弹牙有嚼劲？至于上桌前在碗中一把撒上的冬菜、葱花和芫荽为什么可以带起整碗鱼蛋粉的

香港筲箕湾东大街 22 号
电话：2513 8398
营业时间：9:00am － 7:00pm

走进俨如食街一般的筲箕湾东大街，单是鱼蛋粉面店已经有好几家，看清地址认定在店旁自设工场的这一家安利。鱼蛋粉、净片头、切腩片头、豉油王捞面都是必尝极品。

安利鱼蛋粉面

一
　　一碗鱼蛋粉，有人喜欢鱼蛋弹牙爽口，有人偏爱软滑清嫩，更有人宁取炸得香口而口感更结实的鱼条净片头。如果是各有偏执、如此认真的话，更得在意、要求汤底和粉面的素质，能够在众多选择中认定你最心仪的，是种缘分。

二、三、四、五、六、七
　　一走进筲箕湾鱼蛋老铺安利，几代人都以鱼蛋营生的郑家，见证了这个行业种种规矩和技术的演化。从以前全为人工手作，到现在已引入多种机器减轻人手负担和提高卫生水平。
　　每天清晨，新鲜渔获就在工场里整理洗净，制作鱼蛋主要用上门鳝、九棍、䱽仔等海鱼，分好类摆放进鱼骨分离机剔走骨和皮，压出鱼肉，再进碎肉机将鱼肉打得更纤细。几种鱼肉按比例放在一起，加盐、加调料、加冰、加水拌匀打至起胶，再放入唧机内唧成鱼蛋。

八、九
　　唧好的鱼蛋比较柔软，要在室温中待鱼蛋里的寒气慢慢消失，然后放进暖水里让它凝固及定型，最后再以人手拆成粒状，一粒当日新鲜现造的鱼蛋终于正式完成。

　　鲜味，各家自制的辣椒油又该下多少，这位自幼嘴馋爱吃的潮州人都会有他的独立见解。

　　　　讨论下去一如没完没了的旧区该如何重建，大排档该不该保留，西九文娱艺术空间资源该如何分配，以至关于鱼蛋、炸鱼片头、鱼面、鱼饺、鱼扎、炸鱼皮等直系分支亲戚朋友如何是最好等问题，看来该开一个旅港潮州人问答大会，然后全体公投议决。但说实在的各人口味习惯又各有准则要求，对话过程中言语之间明显会分乡分党分派意气用事，温婉优雅反过来可以是粗声大气——鱼游深浅海域有清有浊，一谈到这个有关核心价值的人生头号大事，江湖怎能不多事？

一
　　曾几何时用人手唧鱼蛋的工序现今大多被机器取替，否则人工成本开支根本难以计算维持。人手打鱼浆然后一唧一刮制成的鱼蛋更松软同时有弹力，但因为经人手温度，令鱼肉易变质，且有卫生控制等问题。改以机器打亦要因应鱼肉胶质变化和天气温度去调节冰和水的比例。此外，亦有弃用钢桶改用木桶盛载鱼浆以求保住鱼鲜，各家各派各出奇谋。

一
　　作为仅余的少数自家炸鱼皮现卖的水记的老板永哥透露，炸鱼皮得用白门鳝而非黄门鳝。黄门鳝的肉确能做出至滑的鱼蛋，但鱼皮就较厚，反之白门鳝鱼皮较薄，炸成的鱼皮更酥更松。上佳的新鲜鱼皮根本不用下调料，即炸便鲜香可口。

水记

香港中环吉士笠街 2 号排档
电话：2541 9769
营业时间：11:30am – 5:30pm（周日休息）

小斜坡上的大排档，既用心做好他们的主打牛杂、牛腩，又以每早现炸限量鱼皮和门鳝云吞为卖点，要吃到炸得香酥脆薄的鱼皮和云吞，得在午饭前后光顾。

十六、十七、十八、十九、二十

吃得到新鲜现造的鱼蛋、鱼片头，又怎能忘记鱼蛋制作过程里的一项副产品：炸鱼皮。中环吉士笠街大排档水记的自家制炸鱼皮是我吃过最新鲜、最香酥松脆的。第三代传人永哥刻意搜购找来最好的白门鳝皮，毫不马虎地刮走皮上的残肉，让鱼皮炸起来更加轻巧、更加香脆。每天中午开档前永哥把鱼皮蘸上薄粉，用慢火炸半小时，才会使我们入口的小小一块鱼皮都真正透彻酥香。

十、十一、十二、十三、十四、十五

至于有人偏爱的鱼片亦得经过不少工序，打好起胶的鱼浆会多放点盐使之稍为硬身，先置铁盘中定位，以暖水浸至定型才可取出切条油炸。

桃色鱼蛋

创意研究员、电台主持人 黄伯康

黄伯康（Vincent）煞有介事地跟我说，他从小就觉得鱼蛋很可疑，神神秘秘、复复杂杂的，是个骗局。

不知是谁曾经告诉才五六岁的他，鱼蛋里面的鱼是鲨鱼。大惑不解的他刚看完电影《大白鲨》不久，很难想象这么凶猛和这么温存可以走在一起，而且"牛高马大"的一条鲨鱼，用来做成比较有排场、比较高贵的鱼翅或者比较有益身心健康的鱼肝油还可以，但要委屈被搅和化身成一粒一粒浮浮沉沉的鱼蛋，还要加葱加冬菜下辣椒油，就未免有点英雄落难，永不超生了。然后又有人告诉他鱼蛋其实是用门鳝和九棍两种鱼打成，顶多在主鱼以外加红衫、鰔仔、宝刀三种配鱼，完全跟鲨鱼无关（至于鲨鱼骨熬汤底配鱼蛋粉，那是十分后现代的事）。因此 Vincent 就更加困惑，

为什么这一滩浑水这么浑？这一些鱼跟那一些鱼的关系这么复杂？

然后大概八岁的他有一天跟老爸去吃鱼蛋粉，Vincent 很有礼貌地把鱼蛋粉大排档负责收钱的店东女儿称作"鱼蛋妹"。也不知为什么把对方弄得很尴尬，把老爸气得半死。他坦诚地跟老爸说这三个字是从同学那里听回来的，根本就不知何解。父亲一味生气，自然没有也不可能跟他好好解释，后来他才从另一批同学口中得知"鱼蛋妹"跟唧鱼蛋的关系，也大概知道这是某种行业某些工序的某个指定动作，当年他十岁。

当年小小年纪的 Vincent 即使与某些真正的"鱼蛋妹"擦身而过，也不涉任何桃色联想，有些事、有些情甚至有些欲，不时不食，完全跟他无关。

身边一些爱人朋友因为种种原因，
决定再不吃牛肉，
我担心我们也不再如以前般可以分享生活中的桩桩件件。

一 中环九记牛腩大名鼎鼎，卖的是从小吃到大以为独一无二的柱侯牛腩以外的一个系统——清汤腩。所以当年初邂逅，竟是每隔两三天就心痒痒地去一趟，吃他们的牛爽腩、净伊净米走油，咖喱汁另上，再来一碗净汤——

041

牛腩牛杂牛上牛

我属牛

我属牛，所以自小就认定了只能勤勤恳恳、辛辛苦苦、营营役役，那是我的命。我可以把别人认为怎么可能独力支撑的工作接过来撑下去，顶多是做得比较慢，完成得不是十全十美，但总算是合格的。而在种种迁移起落中，自问有事继续可做已经是很幸福的了，也不习惯随便哼声叫苦说累——也许我是懂得奖赏鼓励自己，那就是开心、开怀地吃，吃，吃，还是吃。

要问我最爱吃什么，我真的不懂得如何回答。反过来问我最不喜欢吃什么，我也一样哑口无言。我只能说我最怕的就是遇上不用心烹调的食物吧！当然我知道最理想的就是当你想去吃一样好东西，有时要跋山涉水，有时近在咫尺，你能够马上拿出一种欣赏尊重的态度、一份热情冀盼的心情，本就好吃的就会更好吃，如果能够跟身边人分享这些美味就更妙。

所以当我知道身边一些爱人朋友因为宗教

群记清汤腩

香港新界大埔运头街大明里 26 号地下
电话：2638 3071
营业时间：12:00pm － 8:00pm

绝对值得花时间走一趟，喝一口群记这一锅从半夜熬煮通宵达旦用上八小时才完成的牛脊骨汤底，口啖牛腩不同部位，不只是美味，更是一种见识。

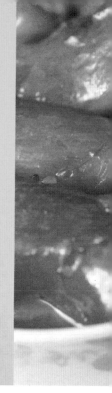

二	三	四
五	六	七	八	九

二、三、四、五、六、七、八、九

走进九记厨房，企图从这一堆切割分体的牛腩里重组哪里是哪里。那有如半个人高的巨锅日夜翻滚浸煮那每日卖出三百多斤的牛腩，汤底用上牛肋骨和冬夏不同的药材，加上牛腩渗出的肉汁，令汤头香浓而清澈。喜爱肥腩的会吃得一口软滑丰腻，瘦腩同好吃出松化纹理，钟情爽腩（崩砂腩）的要碰运气，因为这爽滑有嚼劲的部位经常很快就卖光。

一 坊间打正旗号以清汤腩为招牌的餐馆越见普遍，各自都会强调以牛肋筒骨，分别加上陈皮、草果或者自配药材秘方，花上四至八个小时熬出一锅鲜浓的汤底，撇走汤面的肥油，才用来浸煮不同部位的牛腩。至于一时锋头被盖过的柱侯牛腩，仍是不少粉面店仍然提供的口味香浓的选择。焖柱侯牛腩先将牛腩烚熟切件备用，另爆炒姜、蒜、干葱至金黄，然后放进以大豆、面粉、蒜肉、生抽、白糖和八角粉自家研磨煮制的或者现成的柱侯酱，不断兜炒后再把酱料与牛腩加上月桂叶一同放进大锅里继续焖煮两三个小时。不少店家会一次煮好一大锅冷藏好，分日供店面应用。

的、健康的或者总有理由的种种原因，决定不再吃牛肉，说实话我是深感失落的。当然我绝对尊重每个人的选择和决定，只能说曾经吃过已经是一种福气。我只是担心吃牛肉的我和不吃牛肉的他和她从此各有味蕾经验，各走各路。我们也不再如以前般可以分享生活中的桩桩件件，我也再不好意思在他和她面前眉飞色舞、声色艺全地分享我刚才吃到的那一碗清汤爽腩的脆滑咬劲，那一碗卤水牛杂的扑鼻芬香，还有那下了陈皮的鲜制柱侯酱炆牛腩的甘香入味，那用古法磨豉酱牛腩的浓厚软腍，那用自调咖喱炖煮牛腩的香浓美味……我怕我们就此开始减少沟通、慢慢疏远，怕，也没有用，吃与不吃，原本就是很现实很残酷，身为属牛的，做吧做吧做吧，吃吧吃吧吃吧，也没有什么受不了。

十、十一、十二、十三
什么叫黏？什么叫滑？永华面家的牛筋河一次性为你做了最佳诠释。

十四、十五
毫不起眼的小铺惊为天人，远在大埔的群记，堪称牛肉、牛腩专门店。厨房后зах挂着一字排开的，从爽腩、坑腩、蝴蝶腩到牛筋、牛肚、牛脹、牛腒甚至牛鞭，应有尽有。面前吃完一碗再一碗，是牛脸珠面和牛腒河，入口嫩滑得几乎融化，即使饱了还想叫一碗清汤净肉眼筋。

十六　久违了的古法磨豉牛腩，在清汤腩风行的今天，越见罕有。满是浓郁磨豉酱香的牛腩炆得酥软，肉汁丰富。

清汤真味

摄影家 冯汉纪

有点后悔当年在大学设计系里没有跟冯先生好好学摄影，到现在我还是只懂得用傻瓜相机去拍下面前的一切美味，也因此常常因为室内不同灯光、不同色温，香味再好的食物都会失色，分明就是"少壮不努力，老大徒伤悲"的教训。

所以不分心去拍摄食物了，而且我们也太清楚摄影的吊诡，照片中看起来好吃跟真的好吃总有落差，还是直接吃进去比较实际。冯先生把我带到他的首选清汤牛腩店，还趁午后和傍晚不是最拥挤的时段，好让我可以不必风风火火的，可以坐下来慢慢聊。

这里的牛腩有多好吃？冯先生只用一个简单例子说明，就是吃完不必用牙签剔牙，但吃的时候依然能清楚地吃出纹路质感，各种部位分别有其该有的脸滑软爽，依然有嚼劲。汤底一滴不漏地喝光，也是没有味精、浓淡得宜的证明。其实这一切标准都应该是基本要求，只是太多餐馆都把不住这些细节关口，略有成绩的又急于扩充连锁以致品质不保，所以冯先生坚持光顾支持那些用心用力、小本经营的街坊餐馆，因为当中有的是越见稀罕珍贵的人情味。

退休后开始迷上打羽毛球，以他一贯对所热爱事情的专注投入，冯先生笑说现在一星期有四天像上班一样去打球，好把几十年的钢条身形继续保持，也就是说，继续有配额、有条件去更挑剔地吃好喝好。只是他也慨叹近十年八年，食材本质的变化太大，从前简单新鲜的一切，现在却得添加这样那样去救场，难怪当我们吃到一碗真材实料的清汤腩，不只无言感激，而必须起立鼓掌！

其实居港的潮汕同乡也真的没有完全丢乡里的脸，
香港还有少数的肉丸店家坚持用传统
手打牛肉成浆的方法和功力，限量精制牛丸。

牛丸爽滑弹

牛脾气

042

　　先来说句公道话，猪朋狗友都是朋友，狐群狗党都是有关照呼、应有严谨组织的纪律部队，飞来飞去的狂蜂浪蝶都在敬业乐业地维持自然生态平衡兼且点缀环境，即使是蛇虫鼠蚁都有它们存在的理由和价值，碰巧做人的我们根本没资格去看低别的物种——属牛而且是射手座的我也常常退一步（进一步？）想：做牛做马何乐而不为？重要的是牛有牛的粗莽脾气，马有马的高贵骄傲，借过来放肆发挥，做人才有趣。

　　究竟早已在牧场内听音乐、吃嫩草的牛还有什么脾气？那些集万千宠爱、身价不菲的名驹又是否可以从绚烂归于平淡？有过这些做牛做马的人间经验，如何能收放自如，在有限度的妥协里依然有准则、有态度？这也就等于面对一颗牛丸，牛丸呀牛丸，为什么你无论是坚持手打还是用

香港九龙尖沙咀海防道 390 号熟食档 8 号铺
电话：2376 0771
营业时间：8:00am – 8:00pm

仁利粥粉面

环境实在有点委屈的海防道熟食市场内，不乏街坊拥戴的星级排档。仁利的老板郑先生积累二十多年经验，对自家研制的牛筋丸和虾米辣椒油十分自豪，欣然一试果然值得他如此骄傲。

一　旺角街头永远熙攘，餐馆众多却往往更叫人心神恍惚、不知所措。走进熟悉的乐园牛丸大王定定神，加有新鲜牛脊筋打成的牛筋丸依然保持高水准，肉鲜汁多够嚼劲，细切的河粉细滑带米香，葱花和炸香的蒜头完美提味。

二　临街陈列柜展示店家自设厂房，每日新鲜制作的各款牛丸、牛筋丸、鱼丸、鱼片、墨鱼丸，自行配搭做火锅料最方便。

三　粉面汤底全采用牛骨熬上大半天而成的鲜美清汤，呼应粒粒鲜味弹牙牛丸。

四　有经验的师傅每次不会把太多牛丸煮浸备用，以防牛丸变得太脸失去应有弹性。

机制，依然那么够有嚼劲、够弹牙？

坐在门面实在不怎么样的位于潮州市中心的卫记肉丸店里把手捶牛肉丸、猪肉丸、鱼丸、墨鱼丸等逐一入口细嚼，不必装出惊讶好吃的表情，感动由心生。比较之下，其实居港的潮汕同乡也真的没有完全丢乡里的脸，香港还有少数的肉丸店家坚持用传统手打牛肉成浆的方法和功力，限量精制牛丸。其他大部分用上机制牛丸的，也会在选取肉料和熬牛骨汤底的过程中狠下功夫、尽力而为。无论是传统的既爽且滑的牛丸，粗犷一点的牛筋丸，以至加入黑椒的辛香版都不失礼。就如我身边的几位依然有独特牛脾气的潮州男，爽、滑、弹，时而儒雅书生，时而火暴怒汉。

一　弹牙牛丸历史悠久，《周礼·天官·膳夫》郑玄所注列有"八珍"，排名于五的是"捣珍"，也就是将牛、羊、鹿之肉捣至极烂而成的。及至南北朝，贾思勰在《齐民要术》中称之为"跳丸炙"，也就是说，牛丸从一开始就弹跳到今天了。

一　迟来十年八载，没有运气亲睹潮州老师傅用两根铁棒拍打鲜牛肉至起胶再拌粉搓打，然后再用手唧成牛丸——现在几乎都改用机打。有素质的店家选择上乘肉扒扒，去筋及脂肪，切细后混入生粉、食盐和冰，放入打肉机内拍约一小时至起胶成浆，争取用手唧以留存气孔，令牛丸弹性较强。牛丸唧好更要即时用热水焯熟并放冰水中降温以保持爽脆。

香港上环禧利街 20 号地下
电话：2541 8199
营业时间：6:30am – 9:00pm（周日休息）
6:30am – 6:00pm（公众假期）

以粥品驰名的上环生记另有一店堂主打清汤牛腩面，其热卖牛丸咬落汁多有质感，且有黑椒微香，配上焖好的清甜白萝卜，满分！

生记清汤牛腩面

五　尖沙咀海防道熟食档内的仁利牛丸与隔邻的德发牛丸旗鼓相当，仁利的一碗牛筋丸嚼劲十足，咬下去有大地鱼末的鲜香，叫人有意外惊喜。汤底用上牛骨、虾米、黄豆、胡椒熬成，加上盐和冰糖调味。德发的牛丸既有陈皮的芳香，爽脆如昔亦为一绝。

六、七、八
　尽管坊间现在的牛丸不再像从前以人手挥棍捶打鲜肉成浆，多改用机打，顶多维持手唧的工序。幸好还可以在这些仅存的依然有大排档格局的老铺里，冬冷夏热里看着档主叔婶为你亲手准备一碗依然有滋有味的牛丸河。

九　贪心一点的可选择同时有牛丸、鱼丸、墨鱼丸、鱼皮饺的四宝河。

以牛为本

美食爱好者刘晋

吃完一碗牛丸粗牛丸双拼后再来一碗牛筋丸，从加有陈皮的幽香口味转到加入大地鱼干的浓重口味，在这被称作临时街市却一眨眼持续十多二十年的昏暗的有盖篷建筑里的熟食档中，刘晋忽然说了一句：饮食是一种宗教！

出自别人之口可能会比较夸张，但出自这位从小跟着馋嘴父亲到处吃的小朋友口中，就十分合理、十分有说服力。有一位作为食评家并经营香港第一代私房菜馆的父亲，能吃、爱吃、会吃的刘晋从澳大利亚念完园林学（Landscape Architecture）回来，理所当然地建筑起自己的饮食信念，在帮助父亲打理私房菜馆和爵士乐会所的同时，也积累实践经验、憧憬美妙未来。如果饮食是一种宗教，教主本身就必须最虔诚、最投入、最狂热——

刘晋直言喜爱高级餐厅（fine dinning）的贴心精致，但对当前一众国际星级名厨都在全球急急扩充地盘的大趋势却很有保留。依然是理想派完美主义者的他，清楚地知道现阶段的他该集中所有精力照顾好小店里每一个客人的具体需要，让进来的都得到完美的一餐，而统筹的、掌厨的得以照顾别人的心情去准备每一道菜，在表现自己和跟客人沟通互动之间求取一个平衡——跳回身边这碗食后评价甚高的牛筋河以及档主极力推荐的虾米辣椒油，即使是如此街坊化的经营也在以人（牛？！）为本地矢志实践最基本、最贴心的饮食理念。对刘晋来说，从自家店堂厨房跑到别人的地盘取经，跑进菜市场跟档主寒暄，翻遍书店饮食书刊找灵感，每时每刻都是吸收学习的机会——

一粒有质地、有嚼劲的牛筋丸，一锅由虾米、黄豆、胡椒、牛骨熬煮，以冰糖和盐调味的汤底都是老师，都在互教互学。买单前我问刘晋什么时候可以在他的厨房里吃他做的理想牛丸，他笑了笑，做好功课，随时奉陪！

年少无知且贪心的我就会先把半份捞面吃罢，再把余下面条及材料放进汤里，来一个 DIY 汤面版本。

一 捞面的好是因为它没有汤底的干扰，真正吃到碗中从面到料的真滋味。鲜甜弹牙的鱼片头，肉汁饱满不粘牙的清汤腩，用多种酱油调制的捞面汁，宽条粗面捞得油亮，海陆二路精英在眼前。

043

贪心捞面
捞世界

自问从来贪心多心，是那种中学时代同时参加三个课外活动组，又中文学会又地理学会又朗诵班的所谓活跃分子。大学时候出发到国外旅行之前做足功课如何穿州过省跨国，如何赶得上这个展览的开幕、那个博物馆的免费入场和那位建筑师设计师在那个大学的一场公开演讲，短短三日里理想地一气呵成无遗漏。同样地走进一家喜爱的面家，如何可以吃到鲜虾云吞又吃到凤城水饺又能够吃得一口咸香鲜美的虾子捞面，看来邻座叫的京都炸酱面也不错——为什么常常呼朋唤友去觅食且美其名曰分享，就是因为可以贪心多尝好滋味。

想来也是这样的小小贪心意识作怪，所以当一个人吃面时常常点的是捞面。因为无论点云吞面、水饺面、牛腩面都是连汤带料带面，都是汤面的版本。如果点捞面的话，常常都会多附一碗上汤，也就是干的、湿的版本同时登场。虽然真正的老饕应该会坚持既然是捞面就该完整地吃完

好到底面家

香港新界元朗阜财街 67 号地下
电话：2476 2495
营业时间：8:00am – 8:00pm

夸张一点说是跋山涉水，其实也可以从中环乘巴士直达再走几步，好到底的虾子捞面是真正五十多年不变的好滋味。柔韧有嚼劲的新鲜自制生面，配上顺德咸淡水交界河虾虾子，自家文火烘焙，咸鲜美味，啖啖虾子啖啖面。

二三四
五六七
　　八

二、三、四
　　现场直击捞面实况，酱、油、捞，名词动词一气呵成。

五、六、七
　　自一九四八年在元朗开业的好到底面家是老字号，单看其楼梯间墙身的纸皮石纹样，室内镜圈蟠桃商标，门口水磨石壁画，难得有心力保当年风范。

八　　难得难得，在这吃到没有碱水味的银丝生面，而且箸箸沾上毫不吝啬的大把虾子，吃罢心痒痒，还可买走这里早年首创的虾子面饼和自家烘焙的盒装虾子。

一 粤式、港式捞面常用银丝细面，贪其纤细易沾拌料酱汁，但也有人偏好宽条粗面，吃来更粗豪过瘾。无论是粗是细，都以面粉、蛋和碱水制成，讲究的会用竹升压面，然后机切成面条，口感既弹且爽。没经过蒸煮或油炸的皆属生面，不用风干，保持面身湿润。只能存两三天的这批面条，最能吃出面粉和鸡蛋的原材料的鲜香，最适合做捞面和放汤即食。

一份"干捞"，再选择性地喝它一两口汤，但年少无知且贪心的我就会先把半份捞面吃罢，再把余下面条及材料放进汤里，来一个DIY汤面版本。为了保证那一碗汤是热腾腾的，我还会刻意吩咐伙计，在适当时候才给我端上那碗上汤，想起来也真幼稚得叫人脸红。

无论是最喜爱的虾子捞面、姜葱捞面、猪手捞面、京都炸酱面，还是终于吃到传说中用鹅腿油拌的铺记太子捞面，以及现在都乖乖地捞完吃掉的完整的一碟，如果可以选择，捞面用的该不是银丝细面而是宽条粗面，才吃得更放肆更爽！

香港筲箕湾东大街22号
电话：2513 8398
营业时间：9:00am - 7:00pm

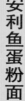
安利鱼蛋粉面

一碗切腩片头豉油王捞面，是叫无数老饕专程来到筲箕湾的原因。自家每日打造的鱼片头和清汤腩，配上自制酱油混合牛腩汁，无敌。

九　炆煮得软滑入味、肥而不腻的南乳猪手、全鸭蛋及用顶级加拿大面粉自家打制的竹升银丝细面，一时情急也不知该先吃面还是先舞弄猪手。

十、十一、十二　含丰富胶原蛋白质的猪手常被所谓健康人士误导为肥腻物，其实滋补强身，从来是食疗佳品。以南乳及众多调味料炆好一盘又一盘猪手，配上竹升打造的银丝细面，不但补身更补日常知识上的误解遗漏。

十三　厚厚猪皮带嫩肉，又脆又滑，有嚼劲、够分量。

十四　特选软滑肉眼人工手切，日本花菇浸软厚切成丝，以茄汁、辣椒酱及日本瑶柱磨粉调味，蒜爆糖煮制成后更搁一天让炸酱料彻底入味，顾客下单时把面煮好再配满满一勺炸酱，还附大地鱼鲜汤一碗。

捞面情结

自由摄影爱好者　黄启裕

我们一坐下点了他要吃的，就只顾着说话说话说话，面前那一碟豉油虾子捞面原来已经上了台却还久久未动，都几乎凉了，恐怕要糊成一团了。

所以我更好奇，想亲尝黄启裕（Blues）口中描述的那一份放在旧式饭壶里的用姜、葱和蚝油捞过的虾子面，保温隔了几个小时，依然那么有嚼劲、那么可口——当然那是镀了一层金黄颜色的小学生年代。每天上学，Blues 都会在午餐时候掀开妈妈给他亲手准备的饭壶，里面经常都会有这百吃不厌的蚝油捞虾子面。

所谓情意结，看来就是经验与回忆交缠、累积、重叠的结果，他会在一千几百种食物里特别钟情捞面而且是粗切的虾子面，其实也是对妈妈的一种感激。而且当年于图书馆当管理员的母亲，不

仅每天在上班前已经为他准备好午餐，而且会定期把众多报纸杂志让他先睹为快，这也许就养成了他的速读技巧和博闻强记的能力。Blues 笑着说妈妈是家里的知识代表，下班后花很多时间帮他温书，唯是总不明白为什么当年要求他要背诵大量的世界各国的名字，包括当年还未解体重组的"U.S.S.R."，中文全名是"苏维埃社会主义共和国联盟"，日夜反复背诵，想忘记也很困难。

当然不会忘记那周一至周五午餐时分的虾子面，也不会忘记星期天的腊鸭头粥和炒面、炒河粉，也不能忘怀电影《天使追魂》（Angel Heart）里面用来下咒的鸡脚，从此就不再吃鸡脚、猪脚诸如此类。Blues 也亲口问当年从澳门来港定居的妈妈为什么只爱虾子面，而且习惯先用水焯菜再用菜水把面煮好，再放进用姜、葱开的油和蚝油里拌匀——问了这么多，他当然没有打算亲手捞面，他现在依赖的是身边的老婆。

五盒炒河粉和炒米粉放在会议桌上，
环保快餐盒各自一打开，
余烟袅袅的，还好还让我们捉摸感觉到最后一丝锅气。

人间锅气

炒河再来炒米

044

在工作室里忙得一头烟，看看一起一团忙乱的大小朋友脸色开始有异样，行动开始迟缓，才忽然察觉已经是下午二时三十分已经过了午饭时间，马上喊停、马上张罗拨打快餐外卖电话。在"今天想吃什么"的惯常发问之前，竟然有三个人同心同德地第一时间决定要吃干炒牛河，另外两个又如天造地设般点了星洲炒米，难道我们日思夜想致力达成的团队合作精神就此水到渠成？

十分钟后，五盒炒河粉和炒米粉放在会议桌上，环保快餐盒各自一打开，余烟袅袅的，还好还让我们捉摸感觉到最后一丝锅气。气，对于我们这些自认贪吃好食的炎黄子孙，可以很抽象也可以很具体，什么"气结为形""气立而后有神""气为生之本"等古代养生修炼的学说和实践，今时今日一旦重拾前人智慧，都要靠你多

香港铜锣湾轩尼诗道 500 号希慎广场 12 楼 1204 - 1205 号铺
电话：2577 6060
营业时间：11:30am - 11:00pm

各有所长、各取所需，即使你自认厨艺有多厉害，还是跑到店里吃一碟干炒牛河划得来。

何洪记

	二	三
一	四	五

一　尽管经常被身边的健康人士提醒饮食要少油少糖少盐，但一见"干炒牛河"这四个字就已经心神恍惚，正因如此更要吃到河粉软滑而柔韧，牛肉鲜嫩少筋，调味不过咸，炒起来干身不油腻的终极版本。

二、三、四、五
　　除了云吞面、干烧伊面等镇店宝，干炒牛河也是何洪记的热卖。溜入厨中看师傅快炒一盘，先将牛肉泡油备用，再下油烧红全锅后将余油倒出，先下芽菜、葱段再下河粉，兜炒几下方把牛肉和韭黄下锅，起锅前加豉油，抛舞一番让河粉尽呈油亮咖啡色，热腾腾上碟正好。

加一点想象去感觉、去完成。而一旦跳离这个内心世界回到日常生活，那扑面而来的锅气，倒是最能从一碟当场快炒好的热腾腾、香喷喷的干炒牛河或者星洲炒米中直接领略。

　　如何把河粉炒得干身不油腻，让豉油可以在河粉上均匀上色，而且牛肉还有爽滑质感，原来讲究的是如何先把锅烧红，然后下油均匀再把多余的油倒出，再来轮番以文、武火兜炒河粉，最后才加豉油抛炒——曾经在厨房里目睹入厨数十年大师傅的神乎其技，更巩固了我对干炒牛河的永远忠心。

　　当然多情的我还是会忽然眷顾那碟缤纷醒目的在新加坡其实吃不到的星洲炒米，但千不该万不该的还是不应仓促叫外卖。所谓锅气，还是该在现场实地第一时间吸收，人间滋味如在天上。

一　干炒牛河的源起，有一段抗战时期的传说。话说一九三八年广州被日军侵占，大厨许彬改行经营小食，在杨巷路开了一家粉面档，除云吞面外兼营炒粉，但当时粉都习惯加芡汁、用生粉推芡。当时有一日伪侦察员要吃炒牛河，刚巧店中生粉用完，只能被迫用干炒方法，先把牛肉拉油泡熟、爆葱炒芽菜，然后烧红锅加油炒粉，边加酱油，再以抛锅法增加锅气，最后放入牛肉和芽菜而后上碟。该人从未试过这样的牛河，大赞不已，许氏索性以此作为招牌小食，流传开去便成为粤式炒粉传统。

太平馆餐厅

香港中环士丹利街 60 号
电话：2899 2780
营业时间：11:00am – 12:00am

瑞士汁甜豉油是太平馆的灵魂滋味，用在好几个主打菜式中，自然少不了跟干炒牛河有所关联。

六　太平馆的瑞士汁干炒牛河又是"牛坛"另一经典，黝黑的一碟拜瑞士汁——甜豉油所赐。

七、八、九、十、十一、十二
按图索骥，看你是否炒得出一碟极品干炒牛河，这里的特别嘉宾是豆角。

十三　一碟颜色醒目、香辣美味的星洲炒米，看来也是港式杂烩杰作。把虾仁、叉烧丝、火腿丝、洋葱丝、青椒丝、红椒丝和米粉凑拼大混杂，以少许咖喱粉提味做主调，与"星洲"挂钩。

那一抹黄

摄影艺术家 王禾璧

她嗜香爱辣，但又不至于那么疯狂地投入到那种魔鬼地狱火辣锅，吃得一头大汗、要猛喝冰水的那种。所以对于王禾璧来说，可以自在拿捏轻重的泰国菜很适合她，而那一碟其实在新加坡吃不到的星洲炒米，辛香微辣，也很对胃口。

一如扬州没有如此这般的香港人炒出来的扬州炒饭，星洲炒米，也只是借那一撮咖喱粉来染染色而已。她做了点小调查，咖喱粉里面的黄色素主要源自黄姜粉，对这明快亮丽的鲜黄色十分有好感的她特意去买了一些黄姜粉回来炒饭煮虾，除了好看，还有补肝的食疗作用。

由早期全力投身摄影创作与教学，及至近年专心致志地在艺术行政和推广的工作方面努力，王禾璧也是典型的把自家时间变成公共时间的一员闯将。眼看这些年间群策群力，也的确让香港的文化艺术气氛、内涵从量到质都在渐次进步，至少艺术家和作品比过去多了被看见、被关注的机会，所以她自己的摄影创作时序也得重新安排调配，并不是急着要完成点什么，反正就如有空就烧菜做饭宴请相熟朋友，也该视作十分家常、十分悠闲、十分放松的事。

可倒真的没有打算亲自下厨炒一碟至爱的星洲炒米，因为炒米粉这回事的确需要一点功夫，张罗这一切材料也需要好些时间。倒是希望大家帮帮忙能够找出城中哪有星洲热点；认定哪一盘星洲炒米真的好吃；吃完抹抹嘴角的那一抹黄，然后继续忙我们最值得专注、最发挥作用的好事。

一碟看来简单不过、几乎"无料"的豉油王炒面，
管你卖的是八块钱还是八十块钱，
都该有能力有条件炒出一碟可以叫你
的顾客愿意回来再吃然后感激盛赞的作品。

一 有别于坊间平庸货色，留家厨房的肉丝炒面把煎好的面饼与肉丝芡汁分碟上，吃时再蘸大红浙醋，如此吃来不慌不忙，更能吃出面香肉嫩，是日常炒面的升级吃法。

炒翻天

045

炒面见真章

因为大胆，什么都敢放进口一试，所以我吃过有如深棕色橡皮筋一样的豉油王炒面，尝过有如糯糊一样的有肉丝、芽菜做料而且是过咸的芡汁，也把那一堆叫作炒面其实是炸面的油热焦香物体放进口，几乎刺破唇、烫坏舌。

因为嘴馋，所以就得勇敢承受这一切，也慢慢学懂争取要求该吃到合格的以及有更高水准的。一碟看来简单不过、几乎"无料"的豉油王炒面，管你卖的是八块钱还是八十块钱，都该有能力有条件炒出一碟可以叫你的顾客愿意回来再吃然后感激盛赞的作品。当然如果顾客也没要求，你也没坚持执着，大家也就浑浑噩噩地过着混账日子。

幸好还是有身怀绝技、不肯低头的厨中好汉，也还有刁钻挑剔的专业觅食人，一碟又一碟像样的炒面才得以继续出现，技艺才有机会得到承传。

留家厨房

香港湾仔轩尼诗道 314 – 324 号 W Square 5 楼全层
电话：2571 0913
营业时间：12:00am – 3:00pm / 6:00pm – 11:00pm

积累了第一代私房菜馆的经营经验，留家厨房主脑人刘健威坚持承传粤菜系统中种种宝贵技术，简单如面前一碟肉丝炒面，也有根有据、继往开来。

二、三、四、五、六、七
师傅先将炒面用的熟面饼下锅，一抛一扭之间煎至
两面黄，跟省时间的猛油快炸不可同日而语。然后
将选用肉眼切好的新鲜肉丝下锅，连葱段和蒸熟了
的冬菇丝一并炒熟，埋芡上碟——

八　夜半翠华，无论是赶完工刚下班还是狂欢半途补充
能量，一碟凉瓜排骨炒面竟叫全人类全天候捧场。

二	五	
三	六	
四	七	
		八

一 要追寻港式豉油王炒面的源起，香港掌故名宿鲁金老师曾经在文章中提到，从前有一种食物店叫炒粉馆，店门处置一炉灶，上面放一只大锅，专卖炒粉、炒面和白粥，用上芽菜、葱段来干炒粉面，十分香口，临起锅时加进豉油王再兜炒一番，街头摆卖是豉油王炒面之始。

不要小觑这看似无料的豉油王炒面，讲究的师傅会要求用上蛋味特香的面条，炒面之前两三个小时要将面先过水煮熟，风干待凉尽去制面时的碱水味。炒面的时候也得先用滚油烧红锅，然后把油倒掉再注入生油，方能保证面不粘锅、不油腻。炒的时候师傅更是举重若轻，神乎其技地舞起沉沉的一个生铁锅，面条在锅里弹跳飞舞，最后下特制豉油的时候更得保证面条均匀亮泽、咸香扑鼻，叫人马上冲动举筷。

至于那随处可以吃到但肯定不是随处都做得好的肉丝炒面，为了不让芡汁浸软煎（而不是炸）得金黄的面条，老饕们会特意吩咐伙计把芡汁和面条分别上碟，吃时自行动手。如何挑好鲜猪肉，拣好芽菜、葱段，蒸冬菇切丝，如何勾出宽而不黏不稠的芡汁，都是一碟精彩的肉丝炒面成功的关键。

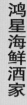

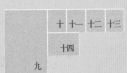

	十一	十二	十三
	十四		
九			

九　味浓身干够锅气，鸿星的师傅无论是处理像九转回肠一样复杂的经
　　典大菜，还是简单如面前的豉油王炒面，都是同样的专注细心。

十、十一、十二、十三
　　滚油烧红锅后将油倒掉，落少许油先爆香韭菜、香葱段、银芽，再
　　把已经拖水风干去掉碱味的面条落锅兜拨，再下调煮过的特制豉油，
　　炒至干身，格外美味。

十四　街头庶民小吃也有登上殿堂的一天，保证用白鸡皮纸做垫的一碟豉
　　　油王炒面，也是一种没有忘本的做法。

一酱功成

广播电台节目主持人、演员　葛民辉

　　葛民辉坦白招认，他吃豉油王炒面是为了那随心所欲、下得痛快的辣椒酱。

　　虽然他始终不明白为什么余均益辣椒酱这么低调，不像其他酱料品牌一样四面出击、急于进占市场，但这位视觉系的达人倒是清楚认得这种辣椒酱的瓶子大小高矮和老派俗艳包装。大抵他也没有打算强行运用他的专业知识和经验替这辣椒酱品牌重新包装，因为他太清楚很多经典老字号一包装一扩充就出事，还是原来的安分守己、埋头苦干更叫人尊敬，更留得住传统好滋味。

　　葛民辉对谍菜饭面的各自浓淡酱汁的重视来自童年，一家大小开台吃饭，他往往未举筷就发觉想吃的已经到了长辈的碗里去，他只好紧守最后一关——捞汁，岂知这也就是滋味精华所在，吃得他粗粗壮壮、肥肥白白。自言吃得很随便的他，烧味饭加豉油加色，即食公仔面连味精汤喝光又是一餐，猛火快炒起一碟锅气油香俱在的豉油王炒面当然正点，主角还是那叫炒面升华成极品的辣椒酱。

极之好粥面茶餐厅

香港九龙旺角通菜街 154 号地下
电话：2394 8414
营业时间：7:00am – 3:00am

以炒丁和车仔面擦亮招牌的旺角人气店，一锅现炒的豉油王炒面也是令食客注目的热卖焦点。

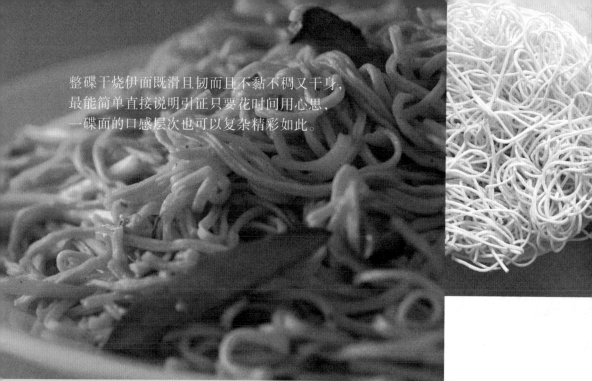

整碟干烧伊面既滑且韧而且不黏不稠又干身，
最能简单直接说明引证只要花时间用心思，
一碟面的口感层次也可以复杂精彩如此。

兼收并蓄

046

伊面的干湿韧滑

对一个人又爱又怕，结局常常是我抽身而退，一走了之。

对干烧伊面又爱又怕，解决方法是先吃了再算，而且是一个人独自吃完一碟。

爱是没话说：一碟烧得好的伊面，是把油炸过的面饼下水轻微一焯后拿出，再以老鸡、火腿及赤肉熬好的上汤以慢火煨至入味。火力强弱、时间长短在这个煨烧的过程中十分关键：火太大时间太短，上汤太易烧干，面条来不及吸收上汤精华未能入味；火太小时间太长，面条便会变得过软而失去伊面该有的嚼劲口感。所以在煨烧的过程中，师傅得全心全意，留意上汤分量与面条的软硬状况。而用上天然手工研磨的大地鱼粉调出鲜甜香味，上碟后再在面条上撒上炒香的虾子，整碟干烧伊面既滑且韧而且不黏不稠又干身，最能简

香港铜锣湾轩尼诗道 500 号希慎广场 12 楼 1204 - 1205 号铺
电话：2577 6060
营业时间：11:30am - 11:00pm

以云吞面和水饺等经典面食为主打的何洪记，干烧伊面和干炒牛河有极多忠心捧场客。

何洪记

			三	四
		二	五	六
一				

一　每回独个儿到何洪记都点干烧伊面，点了又担心自己吃不完一整碟，但一吃到那用老鸡、赤肉、火腿熬成的上汤把伊面煨得软硬适中，还有鲜香虾子遍撒面上，配一点上佳辣椒酱，一口接一口随即吃个精光。

二、三、四、五、六
看来简单的材料、简单的步骤，重点在于以上汤把面煨得干身，尽吸精华的伊面不必有太多配料也足够有滋味。

单直接说明引证只要花时间用心思，一碟面的口感层次也可以复杂精彩如此。

至于怕，皆因二○○四年年底全香港报章的头条新闻大肆报道，香港营养师协会以化学分析方法研究香港市民的快餐饮食习惯，把干烧伊面列为头号不健康食品。因为据分析所得，一碟干烧伊面的含油量竟然达到二三茶匙，吃伊面等于喝油。对此调查结果感到十分惊诧的我左思右想，恐怕是劣等厨师在午餐、晚餐高峰期为赶时间多生产，一味以油代汤地快炒快熟不让面条粘锅，致令有此叫人却步的含油量超标。唯一肯定的是，这一碟仓促的"油"面肯定不好吃。

一碟合格而且高分的干烧伊面，兼收并蓄的该是海洋、大地、日月精华而不是油油油，这实在也是入厨待客的原则态度与操守问题。

一　伊面之所以能够有与众不同的口感，全因经过油炸，（即食面不也正是"偷"来这公开的秘方吗？）所以传说伊面源起的故事就有此版本：一个鲁莽的仆人在送面途中摔了一跤，把要送到山东伊姓官员府上的一批面撒满一地、沾满泥土，心急的仆人想出一个不知是聪明还是愚蠢的方法——他把面下油锅一炸，企图瞒天过海。怎知主人吃过竟然拍掌称绝，此油炸面条也从此被称作"伊府面"。

一　另一个较正常的版本是说发生在嘉庆年间，惠州知府伊秉绶是美食家，经常下厨指点并广宴亲朋，席间一道以油炸面经上汤煨煮的面食很受欢迎，伊府面也从此得名。

一　如果记性好，应该还记得伊面是贺寿的送礼佳品，五彩纸礼盒肯定是博物馆收藏品。

九记牛腩

香港中环歌赋街 21 号
电话：2850 5967
营业时间：12:30pm – 10:30pm

九记清汤腩的主角关系表里有一咖喱分派，咖喱筋腩伊是当中一个厉害角色，咖喱汁另上又是另一种放肆。

七　饮宴之前总会心心念念来一碗夸张的蟹肉伊面。

八　不知从什么时候开始，到九记都只吃爽腩伊配咖喱汁，伊面的劲道口感在中式面条里格外出众。

九　每日处理无数嘴刁客人的或软或硬的要求。

十　在一大锅咖喱筋腩面前精选材料与伊面配搭成咖喱伊。

十一　层层叠起的是寿比南山，是永结同心，是添丁发财。

十二　传统寿面礼盒已经十分罕见，下回见面恐怕是在不知何时才会落成出现的香港设计博物馆里。

计数埋单

发型师 何世裕

坐在我对面的何世裕（Joe）捧着白色塑料饭盒，津津有味地吃着巧手快炒得一点也不油腻不湿软的干烧伊面，跟我这个数学很差的开始计数。

他在中环上班十三年，一星期六天，每天午后午饭人潮退去也不太愿意挤到餐厅，都是拨通电话叫外卖。每趟外卖有一个塑料饭盒、一个纸杯一起放在一个塑料袋里，十三年下来大概用了也丢掉了约四千个饭盒、四千个纸杯、四千个塑料袋。然后我忽然心思清明地跟这位与我都住在离岛区的邻居再算一下，每天他上班时候买了早餐在船上吃，也有另一个胶盒、纸杯和载着面包的塑料袋，十三年下来也是几千几千的数，谁来埋单？

Joe是城中资深发型男，平日挥剪之余，轻轻松松、说说笑笑、晒晒太阳、玩玩音响、喝喝啤酒，今天忽然这么严肃认真起来，而且有建设性地反问自己为什么不可以带一个空盒去买外卖，吃完洗净收好，下回再用——我跟他说其实是可以的，而且整个中环的人都可以，只是有没有达成这个共识，谁来呼吁、谁来带头而已。

Joe把这盒几乎全是全素的用上草菇、冬菇、芽菜做料的伊面眨眼间吃了一半，我才记起该推荐他加点不错的花椒辣油拌一下，格外好吃。吃罢看看盒底果然没有一滴油，却发现塑料表面热溶成凹凸状，叫他和我都不禁大吃一惊、直吐舌头。

喝着茶，Joe不经意告诉我，他在看了美国前副总统戈尔的《难以忽视的真相》纪录长片之后，毅然戒了烟，一段日子过去感觉良好。一个曾经以为回不了头的重度吸烟精竟然可以做出这样的决定，我跟Joe说："你看，凡事皆有可能。"

香港中环爱丁堡广场5－7号大会堂低座2楼
电话：2521 1303

营业时间：11:00am－3:00pm / 5:30pm－11:00pm（周一至周五）
9:00am－3:00pm / 5:30pm－11:30pm（周日／公众假期）

美心皇宫

经营有道才能撑得起一个无敌海景大场面，无论婚宴寿宴都有人先点一碗美味蟹肉伊面。

即食面，作为一种完全与当时香港社会"同步"快速前进的新类型食物，在二十世纪六十年代末一经推出，风靡港九新界，所向无敌。

一

一　分明在家里也可以自行制作的餐肉蛋公仔面，为什么都一定是在大排档、茶餐厅吃才过瘾满足？大家其实都懒得分析、懒求答案。

即食英雄榜

047

一日五餐

总觉得应该有不止一篇的硕士甚至博士论文是以公仔面和"出前一丁"做研究对象的。

无论从香港与日本的历史、社会关系的角度，从快餐食品营养学的角度，从包装设计、宣传推广的角度，又或者从品牌管控、公司收购、投资、合营等市场经济学的角度，不要小觑这三分钟就可以嗖嗖进口的即食面。

十八岁以前我家里厨房都由老管家瑞婆把关，袋装即食面在家里完全没有地位，总是被认为不健康，不及传统粉面正气。其时更有谣言满天飞，言之凿凿地说即食面含蜡，吃了会整辈子在肚里不消化、不断累积。虽然后来大家都知道即食面的"罪过"就在面条用油炸过，调味汤包含盐量高及饱和脂肪酸较多，容易致肥。但作为一种完全与当时香港社会"同步"快速前进的新类型食物，在二十世纪六十年代末一经推出，风靡港九新界，所向无敌。

兰芳园

香港中环结志街 2 号
电话：2544 3895
营业时间：7:00am – 6:00pm（周日／公众假期休息）

继几十年前的丝袜创意之后，又来一招捞丁接力，即使申请不了什么专利，但口碑公道自在为食人心。

二、三、四、五、六、七、八、九

二	三		
四	五		
六	七		九
	八		

兰芳园在十多年前已领先推出的捞丁系列，将本来平平无奇的炸鸡排、姜葱油、卤水汁跟"出前一丁"捞在一起，完全抓准吃即食面长大的一群年轻顾客的心理、生理需要。

- 一字曰快，背后暗藏一个饿字、一个累字、一个懒字，可能还有一个贪字。我们这一代是吃即食面长大的，所以爱起来理直气壮、义无反顾。大家对即食面的发展史、包装法、价目表、新产品登场、流行热卖趋势都耳熟能详、一清二楚，比对中国历史的了解认识肯定深厚得多。

- 日本日清食品株式会社的创办人安藤百福于一九五八年推出全球第一款即食面鸡汁拉面（Chicken Ramen），至今依然热卖。用热水泡三分钟即食，打一个鲜鸡蛋在面上使面更滑更有滋味。家喻户晓的"出前一丁"于一九六八年推出，合味道杯面于一九七一年推出。

- 即食面含蜡的说法早已不攻自破，煮面期间的白色泡沫只是用来把面条炸香的棕榈油。而对味精敏感的患高血压和肾病的朋友就该尽量避开那包调味粉，煮好的面用冷水再冲冲，也可去除部分油分及少量防腐剂。

既然我在家里不能光明正大地吃个够，十分期待的是周末旅行时在港外线渡轮下层的简陋茶水部里吃到那一碗热水冲泡再加一个毫无神采的早就煎好的鸡蛋和一片薄得可以漂起的午餐肉的即食面，那个面饼当然不是永南公仔面更不是日清"出前一丁"面，但这个无名无姓的大光面和那些味精汤也叫我心满意足。

之后上大学离家与同学共住，正式开始了与公仔和"出前一丁"和其他千百种即食面的关系。虽说即食，我这个念设计本科的还是好高骛远、不满现实，把单调的一碗即食面加工改良成或干拌或快炒或汤煨，面前精选配料堆叠得超出实物原大三四倍的浮夸版本。好不好吃自己知，但至少有实践精神，有无穷创意。直至现在我还是心痒痒打算有朝一日收集整理各路即食英雄一日五餐的即食面谱编辑出版，感情用事的即食一族定会各人手执一本，滋味十足地边吃边看。

香港中环美轮街 2 号排档（歌赋街 18 号侧）
电话：2544 8368
营业时间：8:00am – 5:00pm

胜香园

就是因为这一碗为顾客用心熬制的番茄浓汤，叫普通不过的即食面沾上了温暖体贴好滋味。

		十五	十六
十			
十一	十三	十四	十七
十二			十八

十、十一、十二、十三
胜香园的鲜茄牛肉面，艾琳（Irene）姐用上只只红润饱满的北京牛茄熬汤，浓厚鲜甜，加上每天腌制的牛肉，把"出前一丁"下锅煮开加入牛肉，再来一勺浓汤，每次一定吃得碗内汤汁不剩。

十四、十五、十六、十七、十八
老铺维记的猪膶牛肉公仔面简直一绝，一锅热水快速泡煮公仔面，另一锅熬滚出猪膶和牛肉的鲜美肉汁，叫区区一个即食面也营养丰富起来。

即食指南

时装设计师 陈仲辉

三更半夜跳完舞或者干完别的事回到这个寄宿的"家"，用最特务、最间谍的手法轻巧地开了门锁，还得用神速三秒跑完一条走廊回到自己的房间，否则房东太太预设的在她上床睡觉后就会自行启动的警报系统就会发疯狂响，以群众压力来警告这些深宵夜归人。但其实陈仲辉（Silvio）不一定第一时间冲入自己的房间，更多的是冲入厨房，因为这是他的午夜"出前一丁"时间。

当年在英国皇家艺术学院修读时装设计硕士课程的这位我最敬重的学长，跟他天南地北地说来什么都过瘾有趣。实在佩服Silvio对事物细节的挑剔、准确、有要求，每回创作的形体都传送出强烈的个人态度和社会意识。虽然Silvio很谦虚地说因为忙忙忙，对食物这回事没有多花心思，但听他娓娓道来如何煮出私家理想的"出前一丁"，也不得不佩服他的执着坚持。

嗜咸的他主张放很少水在锅中，水烧开了把面放入，面条煮开之际水也差不多干了，抓紧时间把整包调味粉放下去一拌，马上关火把面盛进碗中。刁钻味浓一点可以把一砖腐乳放进去再拌匀，然后加入令面条更香更滑的袋装附加麻油——

天啊，这完全不健康指南是Silvio自己说着说着也赶忙笑着说对不起的。对，年少轻狂的放肆日子也许该告一段落，配额也用得差不多。或许那些老土说法还是对的，百般滋味，原来都有时限，都只能永留心中。

维记咖啡粉面

香港九龙深水埗福荣街62号及66号地下
电话：2387 6515
营业时间：6:30am－8:30pm

总觉得像极回到爸妈家里才能喝到的那碗不顾卖相只求营养的猪膶水，尤其汤面那一层浮起的肉汁泡泡，特别有益、格外贴心。

认真制作、精益求精当然是应该的，
用心致力现叫现做好一颗虾饺的点心师傅也还不少，
但呼风唤雨、雷霆万钧地称之为皇就不必了。

我愿为皇？

当虾饺变成大哥

048

虾饺就是虾饺，不知何时变成了虾饺皇。

因此我们也有烧卖皇、叉烧包皇、糯米鸡皇、牛肉肠粉皇、千层糕皇、西米布丁皇等等等等。

当什么都称皇称霸，早晨起来简单的饮茶吃点心就变得有压力了，起码那些来不及自我抬举、自封第一的，就会显得垂头丧气，明明是新鲜出笼却用筷子怎么也挑夹不起。

最受群众欢迎爱戴的广东点心当中，虾饺肯定是佼佼者。一个人一口气连下两笼六至八只，绝不稀奇。用澄面做坯皮的虾饺晶莹通透，内藏若隐若现的粉红虾仁，加上肥肉加上笋粒，蒸的时间控制刚好，粒粒饱满的在蒸笼里冒着热气，看到已经

香港中环爱丁堡广场 5－7 号大会堂低座 2 楼
电话：2521 1303
营业时间：11:00am － 3:00pm / 5:30pm － 11:00pm（周一至周五）
9:00am － 3:00pm / 5:30pm － 11:30pm（周日／公众假期）

美心皇宫

尽管维港越变越小，大会堂美心始终以它的无敌海景和高质量点心稳住一众馋嘴而贪心的食客。

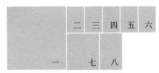

	二	三	四	五	六
一		七	八		

一　为什么一只虾饺可以如此漂亮、如此诱人？晶莹透亮、皮薄肉脆、鲜嫩多汁……有人客气地说太美了舍不得吃，我老实，一口气吃它两整笼第七八只，还不够。

二、三、四、五、六、七、八
　　全程目睹一只（一批！）虾饺的诞生，大会堂美心酒楼的一众点心师傅先将已洗去面筋的澄面，加上热开水以及少许盐和生粉（木薯粉），搓匀后把澄面搓成条，切小块，用刀背开始"拍皮"。只见师傅用手把面团压成橄榄形，再用刀背以阴力一按一旋一拖，就成圆形的半透明饺皮。为免返潮，拍好的饺皮要随即把混有鲜海虾、少许猪肉及笋丁的馅料放进，覆好后开始又捏又折地折出九至十三褶，称为"折皮"。讲究的食客会数数虾饺皮上究竟有多少褶。褶越多越见精细手工，越有层次有咬口。

想马上咬一口。夹起来数数饺皮的细褶纹，整整齐齐足有十二褶的为顶级。咬下去皮破馅露汁出，唔，其实我从来心急，一口一个真的没那么慢条斯理装优雅。

　　认真制作、精益求精当然是应该的，用心致力现叫现做好一颗虾饺的点心师傅也还不少，但呼风唤雨、雷霆万钧地称之为皇就不必了。想当年广州市郊河南五凤乡的茶居老板用当地水乡河道的鲜虾做馅，发明虾饺的时候，本意也不是打算要做大哥的。

　　家里老管家瑞婆忙这忙那之余也凑兴做虾饺，和好了馅料，开好了澄面，在"拍皮"之际，我总在碗中挖了一堆可塑性甚高的粉团来做怪兽。

　　瑞婆做的虾饺当然不及专业点心师傅，褶纹顶多是七八褶，皮也常常厚薄不匀，但作为她的第一号拥趸兼第一号助手，蒸好虾饺先尝一口，我当然说好吃。不在乎成王败寇的她不愿为皇，却是随心所欲、真正搞鬼的虾饺怪。

一　相传虾饺始创于二十世纪二十年代广州漱珠岗附近的五凤乡某茶楼，用上淡水河虾、猪肥膘肉以及笋丝做馅，澄面加水、猪油和盐烫热制皮，包进馅后折成梳形，所以当时有人称虾饺为"挽梳"。

一　大会堂美心的厨房里，集团点心总厨师傅教路，虾饺馅里的鲜虾要爽脆多汁，得先用糖和生粉腌上一个小时，然后置于水龙头下用冷水冲洗至虾身饱满、虾肉透明。调味时也得先下盐和胡椒粉让虾肉出水，再下生粉和糖吸走水分，最后下麻油放进冰柜冷藏让馅料起胶……

明阁
香港九龙旺角上海街 555 号香港康得思酒店 6 楼
电话：3552 3028
营业时间：11:00am － 2:30pm / 6:00pm － 10:30pm

熙熙攘攘的旺角难得有此高档餐馆精美点心。每季严选用料推出新款点心的同时，长驻候叫的当然是有大哥地位的即叫即蒸虾饺。

九、十
　　每回饮茶吃点心，都忍不住看看虾饺的卖相、尝尝水准——朗豪酒店明阁的虾饺先在卖相方面出了彩，除了四只主将以外，晶莹别致的额外小虾饺一出场就叫人心花怒放，而唉一只尽是鲜美汁多的虾蛟，馅内八分半虾一分半肥肉，几近完美。

十一　美心集团旗下的八月花是近年新派粤菜餐馆中备受好评的一家。媲美下午茶（high tea）格局的雀笼点心拼盘一上，我当然先尝一只白中透红、饱满肥美的虾饺。

好不好吃？

灯光策划师 林君煌

　　据说这家酒楼的点心很不错，不然的话不会在午间开市营业前已经在门外大街上排出了一列长龙。中外来宾一家大小说说笑笑、熙熙攘攘，看来前面那几个金发小朋友该比我更熟悉这里是虾饺好吃还是春卷好吃。既然自幼已经自行开启了对中国食物的一种好奇和认识，也应该继续吸引他们将来会有冲动到不再遥远的异乡去亲尝一下地道滋味吧。

　　定居伦敦的林君煌（Alan）说要把我带到这家在贝斯沃特（Bayswater）的酒楼吃虾饺，我说那里我已经去过，应该是对面的另一家吃豉椒龙虾炒面的店——所谓城市地标对很多人包括我来说，原来是一笼点心、一碟炒面。地标有天会消失，就正如掌厨师傅有天会过档、会退休，所以味道不会久留，味道就在当下，原来尝过尝真才最实在。

　　这里的虾饺有多好吃？其他点心的质量又如何？说来也真的不错，但我的、你的和Alan的标准都不一样。倒是谈笑间他一下子把我带到七十年代初的一家位处广州的茶居，和他的老爸一起去见祖父祖母和三数亲戚。

Alan第一次见识食在广州是怎么一回事，才那么几岁的他只觉得面前一桌点心无论虾饺、烧卖、叉烧包，种种都味道好好，点心太多而长辈们又一直在说话，一时间怎么吃也吃不完。直到他们一家人埋单离座，不知从哪里蜂拥出来的一群也是一家大小的乞丐就把桌面所剩下的点心在一秒钟内一扫而光。

　　毫无疑问，事出突然叫Alan大为震惊，这么多年过去他也忘了当年长辈如何跟他解释这件"小事"，但肯定这活生生的事例叫Alan自小知道任何社会都有贫富悬殊、都有矛盾冲突，所谓尊严是可以拿起和放下的，而觅食这回事，与好不好吃未必有关。

香港九龙九龙塘又一城商场地下 G25 号店
电话：2333 0222
营业时间：11:00am－4:30pm／5:30pm－11:00pm

八月花

举家大小齐齐饮茶吃点心固然肆意、轰动、热闹，但知己三两优雅精致地在八月花来个雀笼点心拼盘也是一个绝佳选择。

一　吃了虾饺，又怎少得了烧卖。有人坚持要吃那些一口吃得出粒粒厚切肉丁的旧式猪肉烧卖，加上蟹籽或者蟹黄装饰（更多只是红萝卜蓉）已是极限。但有人却喜欢把整只鲜虾放在猪肉馅上的新派版本。我倒无所谓，只要材料新鲜、配搭得宜，现叫现蒸，已经很好。

从来没仪态、没礼貌的我，一到聚会用餐时间，集中火力吃的当然是烧卖，即使有虾饺同时出现，对烧卖我还是情有独钟。

几大几大

烧卖绝对诱惑

049

不知该搬出哪位老师来说文解字，更不知从哪个年代开始在坊间流行有这么一句广东俚俗语——烧卖烧卖，几大几大……

从来没仪态、没礼貌的我，面前是德高望重、学贯中西的老教授也好，是有权有势的政坛闪亮巨星也罢，一到聚会用餐时间便顾不上他们，径自侧膊闪身往自助长餐台一靠，集中火力吃的当然是烧卖。即使有虾饺同时出现，对烧卖我还是情有独钟——不为什么，只因为在这种场合虾饺的品质往往没有什么保证，稍凉则饺皮太韧，又或者蒸久了夹起时皮薄掉馅，都尴尬，烧卖倒没那么容易出事。

至于在街头巷尾，那当然可以吃得更放肆。早些年还有铁皮手推车流动小食档的时候，烧卖、粉果、糯米卷甚至牛肉球都是放在圆形的竹制的大小蒸笼里，掀盖一阵白气扑面，十多二十年间价钱翻了十几番，但上了瘾的一众包括我，根本就不会也不能计较价钱，甚至不计较其真滋味——明知这不是茶楼里的人工手捏、真材实料，充其量只是用碎鱼肉剁混进粉团，热辣辣一串，添上豉油和辣椒油马上进口，几大就几大。

陆羽茶室

香港中环士丹利街 24 号
电话：2523 5464
营业时间：7:00am – 10:00pm

在最具传统气氛和食味的老茶居环境里，你会听到不同国籍的捧场客在边吃边问，作为东道主的你该介绍经典如猪膶烧卖给这群好奇的客人。

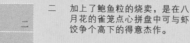

二　加上了鲍鱼粒的烧卖，是在八月花的雀笼点心拼盘中可与虾饺争个高下的得意杰作。

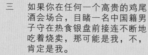

三　如果你在任何一个高贵的鸡尾酒会场合，目睹一名中国籍男子守在热食银盘前接连不断地吃着烧卖，那可能是我，不，肯定是我。

一　有说"烧卖"一词，演变自北方的"稍麦""烧麦"。这种用小麦面皮包进各式馅料呈开口状蒸熟吃的点心，演变成广式"烧卖"之后被发扬光大，款式多样，除了用面皮包裹猪肉、牛肉或鱼蓉干蒸的被称作烧卖，就连不用面皮的排骨、牛肉球猪膶连汁液盛碟中蒸好，也被唤作排骨烧卖、山竹牛肉烧卖，以及猪膶烧卖、冬菇烧卖、百花烧卖……

换个场面升格到茶楼，多了一点时间和空间去计较烧卖的优劣。最普及的莫如猪肉、虾仁或者加点香菇做馅，并以蟹籽甚至鲍鱼点缀的干蒸烧卖，也有摇身一变从黄面皮变身白面皮裹住碎牛肉加一粒青豆（为什么是青豆？）的牛肉烧卖，再有自抬身价成怀旧特式点心的猪膶或者猪肚烧卖，来来去去只要材料够新鲜够好，总不会被嫌弃、淘汰。

吃惯了广东烧卖，到了别省别处当然也急于找同类。学生时代上京做毕业论文，在前门附近全聚德旁边碰上了京城名店"都一处"，这家据说当年由康熙赐名的食店卖的是烧麦。烧麦也就是烧卖，馅料除了一点虾、一点肉以及一点腊肠，还包进大量糯米，很是饱肚。那还是个吃烧麦计斤计两的年代，乱点一通超斤两吃得撑着肚皮才能离开。

之后吃过山东的羊肉烧卖和台北鼎泰丰的虾仁烧卖。翻开前辈唐鲁孙先生的书还看到扬州有种用"嫩青菜剁碎研泥，加上熟猪油跟白糖搅拌"作为甜食的翡翠烧卖。至于明朝《金瓶梅词话》里提到的桃花烧卖，以及清朝著名食谱《调鼎集》提到的油糖烧卖，就只能用想象才晓得有几大几大了。

香港中环威灵顿街 160 - 164 号
电话：2544 4556
营业时间：6:00am - 11:00pm

莲香楼

八十年历史的老茶楼，该争取清晨六时来吃猪膶烧卖，中午十二时来吃鸭腿汤饭，晚上七时半来吃霸王鸭，然后才讨论什么叫老派，什么叫新潮。

四　老牌茶楼餐馆如陆羽茶室才会有猪
　　膶烧卖或者猪肚烧卖出售，大块猪
　　膶铺在以半肥瘦猪肉和鲜虾液做的馅
　　上，蒸起来猪膶汁液饱渗于馅料当
　　中，是重量级烧卖一哥。

五、六
　　迷上了到陆羽茶室饮早茶，也就
　　是说已经有了点年纪，单是那几十
　　年不变的点心纸就叫人神思恍惚。

七　鸡翼烧卖和冬菇烧卖是鸿星海鲜酒
　　家推出的怀旧美食，即使我们记性
　　已经记不太好，但还是对这个味道有
　　印象。

八、九
　　鹌鹑蛋烧卖也因为"健康"理由被
　　打入冷宫，偶尔在旧式街坊茶居才
　　会被发现跟同受冷落的干蒸牛肉烧
　　卖一起登场。

		七
五		
	八	九
四	六	

马上烧卖

摄影师 朱德华

认识朱德华并得知他是一个资深专业摄影师的朋友，未必知道他也是烧得一手好菜的厨中高手。吃过他的盐焗鲳鱼烧羊腿和自制草莓果酱的朋友，也不一定知道他每个星期都去跑马——不是入场投注博彩、喊得声嘶力竭的那种，而是真正地骑在马背上驰骋，当然也有摔下来断手伤脚的见怪不怪的小意外。

当他告诉我他一定要吃烧卖，我马上就想象这个中情结是不是当年他在日本留学时，有在那些中华料理店里打工，更下厨制作过那些吃起来跟我们可以理解的烧卖相差一千几百倍的一团粉与肉。但朱德华郑重澄清他跟那些烧卖并无任何瓜葛，也对离乡背井、变异失真的烧卖寄予同情慰问。

他谦虚地说因为好的烧卖很难自己在家里做，所以每次饮茶都会点一堆传统点心仔细品尝。他特别惦念曾几何时几乎只用猪肉做馅的烧卖，结实大粒有嚼劲，反而对现在混有太多虾肉做馅的兴趣稍缺，（要吃虾当然就该吃虾饺！）眼见他把面前端上来的热腾腾的一笼烧卖一眨眼就被吃光，我又想象他是否会捧着一叠蒸笼在马上边吃边晃边游荡……

鸿星海鲜酒家

香港湾仔港湾道6-8号瑞安中心1楼
电话：2628 0886
营业时间：10:00am-11:00pm

不要误以为大集团经营就一定是中央厨房预先做好所有点心。每日早上师傅还是起早摸黑地在厨房里现场现造点心，保证手工精细，用料新鲜。

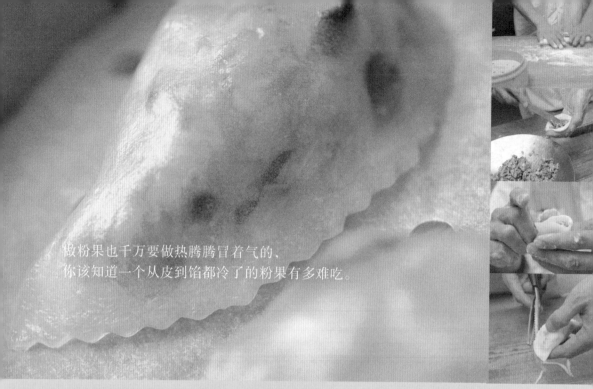

做粉果也千万要做热腾腾冒着气的，
你该知道一个从皮到馅都冷了的粉果有多难吃。

粉果女装版

排排坐

050

管它政治正不正确或者潜意识、潜台词是什么，我总觉得点心是有性别之分的。比方说叉烧包是男，叉烧餐包更是男，鸡包仔是女，豉汁凤爪是女，牛肉肠粉是男，鲜虾肠粉是女，虾饺是女，烧卖是男……至于粉果，娥姐粉果肯定是女，潮州粉果当然是男。

认识粉果，最初竟然不在外头的茶楼，还是从老家餐桌开始，想起来更是绝早参与了制作过程。我家瑞婆精力充沛，晚饭过后稍事收拾，就在小小的饭桌上面铺好抹干净的胶台布，准备做粉果。她先把一些澄粉在小锅中加水边煮边搅，再加未煮的澄粉揉成澄面团。她在台布上撒些粉，由我用玻璃瓶把小块小块澄面团压开成薄片，澄面团有弹性，压开之后又稍稍收缩回来，够我"玩"上半天。然后把馅料切得细细，当中有沙葛、猪肉、红萝卜丝、冬菇丝、木耳丝等，最重要的是放点极尽色香味能事的芫荽。用筷子挑起炒好的馅料放在揉好的粉皮上，对折收口，轻轻拿

香港北角渣华道 62 - 68 号
电话：2578 4898
营业时间：9:00am - 3:00pm / 6:00pm - 11:00pm

凤城酒家

以顺德家乡经典名菜拿手见称的凤城酒家，处理饮宴大菜固然谨慎细致，对待点心如一笼粉果也绝不马虎，吃罢蒸的版本，还可来一客煎粉果配上汤。

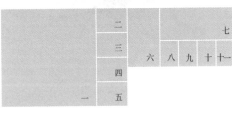

				七
二				
三	六	八 九 十 十一		
四				
一	五			

一　纤细精致，若隐若现，滑不溜手（口！），粉果堪称岭南饮食史上最具诱惑力的一种点心。

二、三、四、五、六　用上澄面、玉米粉、生粉以及盐，以热水开好粉团搓成条状，以刀背"拍皮"呈圆形澄粉皮后，将切得极细的虾肉、猪肉、笋丝、冬菇丝、叉烧丝及鲜蟹肉拌混好的馅料包进。凤城酒家的师傅捏巧手捏出半月形的一个个粉果后，还会用剪刀修边成波浪纹，才放入蒸笼，保证卖相更见精致。

七、八、九、十、十一　除了蒸制的版本，粉果还可以下油锅脆炸，再放进上汤中蘸食。只是粉皮就得加入吉士粉拌好才会炸出脆身。

捏，纤巧的女装版粉果马上出现在眼前。

　　一般来说，这些晚上做的粉果是留待第二天早餐时分才进蒸笼蒸熟吃的，但瑞婆见我一脸贪婪嘴馋的样子，往往就让我有三两个现做现吃的特别版做夜宵，所以我唯一的抱怨是自小被宠坏了，太清楚现做现吃的好，太介意是否新鲜出炉、热辣腾腾，也永远觉得这些一口就吃完的小点心怎样也吃不够，即使真的饱了还可以再吃再吃……

　　依稀还记得在"芝麻街"出现之前唱过瑞婆教我的粉果儿歌："排排坐，食粉果，猫儿担凳姑婆坐……"电视荧幕花斑斑闪呀闪的，还有千娇百媚的"万能旦后"邓碧云的经典粤语长片《好姐卖粉果》。

　　不及从来争先恐后做一哥的虾饺的讲究，更无意与鱼翅饺、新派鹅肝酱水晶饺、海胆饺或者墨鱼饺比拼，但我无法想象有一天没有了这些坚守二三线岗位的女版或者男版粉果。与其要像虾饺一样出风头，你可愿意做一个更平实的粉果？不过，做粉果也千万要做热腾腾冒着气的，你该知道一个从皮到馅都冷了的粉果有多难吃。

一　历史上肯定有过不止一位娥姐，这一群"娥姐"可能分别服务于不同的茶楼酒家，而说不定她们都有一手包制粉果的好本领——如此武断推论，所谓娥姐粉果实属集体创作之产物。而早在"娥姐"这个与民初广州"茶香室"有关的粉果传说出现之前，明末清初屈大均在《广东新语》中已写道："平常则作粉果，以白米浸至半月，入白粳饭其中，乃舂为粉，以猪脂润之，鲜明而薄以为外，茶蘼露、竹胎（笋）、肉粒、鹅膏满其中以为内，则兴茶素相杂而行者也，一名曰粉角。"可见粉果早就通透登场。

西苑酒家

香港铜锣湾希慎道 33 号利园一期 5 楼
电话：2882 2110
营业时间：11:00am – 11:30pm

西苑的点心纸上众多热卖选择，吃过了蚝皇叉烧包、雪影餐包，不妨试一下手工格外纤细的蒸粉果。

十二、十三、十四、十五、十六、十七、十八、十九
工多艺熟，按图所示再跟西苑酒家的师傅学习
一次包粉果，大伙就等着吃你包的粉果了。

师傅驾到

美食家 玛嘉烈

玛嘉烈能吃、爱吃而且厨艺高强，绝对是我认识的一众专业的"酒肉朋友"当中的一个强者。虽然未正式在其门下拜师学艺，但每次跟她出外饮食，我都乖乖地做个不敢轻举妄动、不敢乱开腔的小徒弟，因为师傅随时会现场考试提问，往往令我举筷后苦思冥想、哑口答不上，好尴尬，未敢把食物放进口的，然后一桌饭菜都凉了。

跟玛嘉烈去饮茶，她特意点了粉果。这样一来我就紧张了，因为她在我把面前的粉果放入口前一定会问我粉果该有什么馅料？包粉果时在粉皮与馅料间放上一小片芫荽是为了美观还是为了香气口感？我的回答都必须准确清晰，师傅才会满意。——我正准备应战，怎知她先下手为强，开口就问我传统的粉果皮该是用什么材料搓成的。幸好我也算八卦，依稀记得看过饮食界前辈在文章中提过这粉果皮既不是用黏米粉也不是用糯米粉开水糊成团，而是用蒸熟的米制成饭皮，有别于一般粉皮的口感，这个答案总算叫师傅满意。唯是我们一般在坊间吃到的粉果也没有这么刁钻地用上饭皮，要真正坚持传统，就要在家里才可以大显身手了。

粉果入口，玛嘉烈直接指出猪肉碎吃来觉得粗了、老了一点，调味可以淡一点，而且一向肆无忌惮的她也不怕其他食客侧目，继续和一桌人高声讨论粉果以及其他点心的前世今生，也管不了身边我这个后辈其实是害羞的。这么张扬的一餐，下回只敢在包厢而不是在大堂正中。

香港中环士丹利街 24 号
电话：2523 5464
营业时间：7:00am - 10:00pm

陆羽茶室

这恐怕是城中唯一还坚持真正传统古法的地方，不用澄面做粉果皮而坚持用煮熟米饭待凉研粉开皮的方法，不似寻常版本的通透弹牙，却别有一种实在的米香。

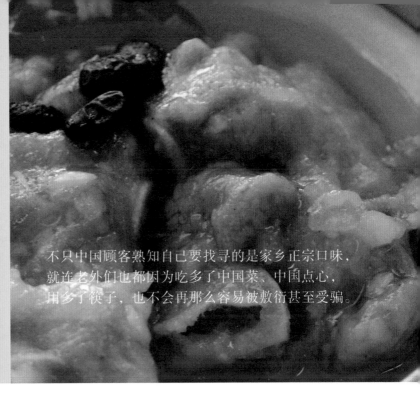

不只中国顾客熟知自己要找寻的是家乡正宗口味，
就连老外们也都因为吃多了中国菜、中国点心，
用多了筷子，也不会再那么容易被敷衍甚至受骗。

私通外国

凤爪排骨志异

051

中午时分，伦敦街头，忽然想饮茶——准确一点是忽然想吃凤爪和排骨。

在伦敦可以吃到地道港式点心的地方真不少，一般水准甚至还比香港要好，原因很简单，兑算起来点心价钱是香港的三至六倍，利润高也应该用真材实料。加上制作点心的第一代师傅都是从香港重金礼聘过来的，而且食材用料都不缺，当地空运的货源充足，而最重要的是顾客有要求、有判断，不只中国顾客熟知自己要找寻的是家乡正宗口味，就连老外们也都因为吃多了中国菜、中国点心，用多了筷子，也不会再那么容易被敷衍甚至受骗。

没有兜转走回唐人街那几家熟悉的茶楼酒家，倒是刻意地走到自由（Liberty）百货附近的"PingPong"——一家由外籍老板经营的装饰包装得有点格调的吃中式点心的餐厅。我乱找借口，美其名曰做做资料搜集对比研究，实际上也就是为了凤爪和排骨。

彩龙茶楼

香港九龙荃湾荃锦公路川龙村 2 号
电话：2415 5041
营业时间：6:00am – 3:00pm

偏远地带街里街坊的自助早茶，不求花哨，只求熟悉的味道、相宜的价钱。

二、三、四

一碟合格的排骨，至少要讲究刀功，把腩排切得大小比例均等，有肥有瘦、件件带骨，以蒜蓉、豆豉、片糖、绍酒、生粉等腌上至少三个小时，分入碟中再放辣椒丝提味。蒸好后肉嫩汁多美味，切忌吃到那些经松肉粉、苏打食粉腌过，蒸来苍白无色，口感软烂的版本。

— 嘴馋如你、懒惰如我可能从没想过要自己动手做一碟凤爪。如此美味所经的工序虽不是什么高难度却实在繁复。凤爪去皮去趾甲之后用麦芽糖、白糖及清水煮沸（亦有加姜加葱，先出水去雪藏味），捞起待冷后以滚油炸至金黄色，随即放进清水中浸泡，清洗后从中斩件，并以花椒、八角、桂皮、姜、葱、盐等调味料隔水炖约一个小时。将香料尽吸的凤爪以生粉拌匀，再加进蚝油炗、糖、盐、蒜头、辣椒丝、麻油、胡椒粉等混合，才置碟入笼蒸八分钟便成——还是乖乖地趁饮茶时候偶尔尝尝好了。

无论在香港还是其他地方，当身边一众老外朋友都从一见哗然地抗拒凤爪演变到衷心热爱、无爪不欢，我就知道这又煮又炸又浸泡又炖又蒸的脸软香滑、汁浓美味的点心，的确是阐扬中华（起码是广东）饮食文化的亲善大使。尽管我们已经把鸡脚修饰好称作凤爪，但始终改变不了一些人挑剔刻薄地指出这也就是脚罢了，但爱这回事是很难解释的，何况真的好吃。

所以也不必费唇舌解释豉汁蒸排骨碟中那乌黑咸香的东西不是什么虫卵而是豆豉，老外朋友早已连肉带汁地把面前一整碟排骨都吃光，连豆豉和椒丝也没有剩下，吐出的是干干净净的骨头，吃罢还煞有介事地告诉我这家的排骨没有用苏打粉腌过，还能保持肉的本来鲜味，而且用的是有瘦有肥有骨的腩排，这才算是真正的排骨。

香港九龙旺角上海街 555 号香港康得思酒店 6 楼
电话：3552 3028
营业时间：11:00am – 2:30pm / 6:00pm – 10:30pm

明阁

坚持传统点心的制作方法程序，又加上了与时并进的调节变化，所谓创新突破都有根有据。

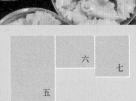

	六 七
五	

五　从下栏材料"爬"到今日的大姐地位，凤爪以其腍软、松化、汁多味浓吸引一众顾不了什么健康规矩的食客，街坊茶居彩龙的豉汁凤爪是叫人不停手不停口的重量版。

六　无论是排骨还是凤爪，铺在饭面蒸热以盅头饭形式出现，是一出笼转眼售罄的热卖。

七　用上南瓜做垫，朗豪酒店明阁的南瓜豉汁排骨提供多一点纤维、多一点健康平衡。

凤爪少年

王府大打杂 Michael Wong

如果你在茶楼里看见一个长得白白胖胖的小朋友，一口气吃了六七碟豉汁凤爪，你除了目瞪口呆还会走过去问个究竟甚至劝劝他吗？

答案是少安毋躁、不必惊讶，或许只需提醒他除了凤爪之外还有虾饺、烧卖、粉果、排骨、牛肉春卷、芋角、叉烧包、鸡包仔、糯米鸡、灌汤饺、鲜虾肠粉诸如此类，来日方长慢慢吃。吃，的确是好好进入一个新环境、了解一个不同文化的最直接方法。

少年 Michael 跟随父母从北京来香港，第一天第一次被亲戚带到港式茶楼吃点心，在众多选择中跟凤爪邂逅，电光火石间一见钟情，从此更是不离不弃。即使后来流行过一阵子盐水凤爪又或者沙姜凤爪，他还是死忠这一碟又炸又炆、汁酱浓重和味的豉汁凤爪。

坦言贪吃，否则 Michael 不会长成食得是福的体态，也不会跑到马恩岛（Isle of Man）去进修酒店管理，而近年协助父母开设一登场就口碑载道的北京饺子专门店，打从开始就是与食有缘。

问 Michael 为什么千挑万拣偏偏就是凤爪，他说这完全是少年时代的一种好奇、一种全新的口感味觉经验。其实也正正就是好奇尝新，无成见、无包袱，才能发展出一种探索钻研的为食觅食之道。

身为老饕又是饮食经营者，Michael 把他对食物感性的狂热尝试理性地化为监督与管理的规划与程序。当年的凤爪少年依然爱凤爪，但更懂得如何每天亲尝自家馆子里面条的粗细和水饺皮的厚薄，也懂得与顾客交流，听取意见好做参考改进。至于我，更期待跟他到珠海甚至他的老家北京去吃好吃的。

凤城酒家

香港北角渣华道 62 - 68 号
电话：2578 4898
营业时间：9:00am - 3:00pm / 6:00pm - 11:00pm

老店凤城坚持以从经典地道家乡菜式吸引为食一众，午市饮茶的传统点心一高贵如灌汤饺街坊如凤爪排骨，也都是上乘之作。

三更半夜退而求其次，
有时还真的忍不住打开家里冰箱，拆一包早有预
备的即食点心应应急。

球坛盛事

狂捧鲜竹牛肉

052

　　正如始终没法与别人"分享"一包即食面，我一定要连面带汤一个人完整吃喝掉一包才算完成这个仪式，分走一箸也不甘心、不满足、不完整。所以也万万不能跟人共吃一碟鲜竹牛肉——

　　在我的认知里，无论是用鲜竹还是用西洋菜垫底，那或用刀剁或用机绞烂或用手挞的牛肉混酱经过点心师傅巧手挤成球的好味道，一定好事成双在小碟中蒸好，一吃也就是要完整趁热吃完两颗才抹抹嘴。

　　亲朋戚友早就认定我这个人生来"大贪"，拿我没法就只好纵容。这个长得比潮州牛丸河粉里的牛丸要壮硕的家伙，不以超级弹牙取胜却以爽滑细腻多汁为上。除了牛肉鲜甜，还可以吃到剁得极碎的马蹄、芫荽、柠檬叶和陈皮的清爽留香，坚持传统制法的还会加进一些切粒肥猪肉，

香港筲箕湾东大街 59 - 99 号
电话：2569 4361
营业时间：5:30am - 12:00am

金东大小厨

约好了晚下班的一众友人来吃饭，菜式全交老板做主，只是同行的好吃客一听到这里的鲜竹牛肉一级棒，先来两笼，还频频想添吃——

一　突发奇想，一颗鲜竹牛肉最大可以有多大，最小能够有多小？——
大如拳头的可能在蒸的时候"塌方"变回牛肉饼，太小又怕里头的
马蹄与猪肉粒的比例分配不匀，还是现时的大小正好，张开大口两
啖吃完好满足。手剁的固然最好，但用机搅也得慢慢来以免机器热
力影响牛肉里的胶质。搅好的牛肉得混入切得极细的柠檬叶、湿陈
皮、芫荽末和姜汁酒、胡椒粉、糖盐、生抽酱油等调味料，放入冰
箱腌上至少三个小时。腌牛肉的过程中还要不断加入适量清水（也
有加入少许碱水的），边加边搅至起胶。从冰箱拿出腌好的牛肉，
最后下湿粉和生油拌匀，以手挤成圆球，才上碟，并垫以鲜竹或西
洋菜。入笼蒸好自然嫩滑多汁、球球饱满。

二、三
陆羽茶室还沿用"点心阿姐"托盘叫卖的传统规矩，滑嫩爽口、拿
捏得宜的牛肉球还垫以鲜草菇，亦是坊间少见的古法真味。

四、五、六、七、八
一抓一挤牛肉成球，传统点心就是讲究这种细致手工，而切好的
鲜竹炸过后铺入碟中，放上牛肉球蒸熟，尽吸鲜美汁液——相信也
有只吃鲜竹不吃牛肉的另类馋嘴食客吧！

好叫牛肉蒸熟后自有一种发自"内心"的油润，不然
干巴巴的真是半粒也咽不下。

　　一旦遇上饱满壮厚、色泽不过红又不变黑、表
皮呈荔枝皮状的鲜竹牛肉，我一定先吃一颗原汁原味
的，再来一颗蘸上俗称喼汁的辣酱油（Worcestershire
sauce），这种味道上的绝配，是当年英国伍斯特郡
（Worcestershire）药房那个误打乱撞成了发明家的李
派林（Lea & Perrin）的东主怎么也没有预料到的。

　　三更半夜退而求其次，有时还真的忍不住打开家
里冰箱，拆一包早有预备的即食点心应应急。经验所
及，凡是有动用面粉做皮的点心如虾饺如烧卖，无论
加热还是蒸熟都容易皮破馅露，但鲜竹牛肉蒸起来还
算湿润原味，而且一吃一盒整整八颗？！

明阁

香港九龙旺角上海街 555 号朗豪酒店 6 楼
电话：3552 3300
营业时间：11:00am – 10:30pm（中式点心至 2:30pm）

既有稳扎稳打的传统功架，也有千变万化的创意空间，放在翅骨
汤里的牛肉球肯定是个惊喜。作为食客的一众也要开放包容，积
极与大厨互动，有口福的还是大家。

九　叫人眼前一亮、会心微笑、欣然受落，明阁的点心主厨把蒸好的小粒牛肉球再放进翅骨汤中一并进食，脑筋一转有新意，佩服佩服！

山中牛肉

编剧、节目主持人、作家 林超荣

作为三女之父，林超荣（超人）当然有乐有苦。乐，不用向街坊炫耀了；苦，就是当他三个女儿都在家庭日外出用餐各自吃剩下二分之一、三分之一和四分之一个麦记汉堡的时候，他作为爸爸要以身作则示范不随便浪费，所以要十分勉强、二十分为难地吃完他觉得世界上最难吃的东西。是的，超人从来就不喜欢这劳什子汉堡，他钟情的是山竹牛肉。

好长的一段童年时间里，他都以为山竹牛肉是山中牛肉。很正常，山里面应该有牛，有牛就可以做又嫩滑又多汁的牛肉球。后来在小学五年级的时候知道不是山中而是山竹，也就直把那烟烟韧韧、吸满肉汁的腐竹皮叫作"山竹"。我多嘴告诉他，从一篇典故类文章里读到香港当年的腐竹厂都在荔枝角以及荃湾一带山边，晾起的一片片腐竹就被人叫作山竹，实在也不知是否属实，只算是

一个勉强自圆其说的解释。如果要再准确一点，山竹其实应该被叫作"鲜竹"，即鲜腐竹皮也，不过习非成是，也就无可厚非。

山竹牛肉的最佳状态，是在地跼茶居目睹点心师傅把一团模糊血肉左挞右挞，然后用手捏成一球一球。牛肉当然不是"纯"牛肉，必须与肥猪膘肉粒在一起才会香、才会滑，再加上切碎的马蹄粒，增添脆爽口感，也亏馋嘴前人想得到。超人小时候家里穷，一碟山竹牛肉二件，用筷子分八份，一家七人分，总是剩下最后四分之一你推我让，最终得益者往往是他。他把这一小份山竹点上那甜酸微辣、无可替代的噏汁，只知美味无穷——可是现在他的女儿都不爱吃中国点心，比较爱吃西餐，就连他自己也因为觉得牛肉燥，好长一段时间连那山中也好久没有进去。

山中方七日，世界变又变。我跟超人去了一家把蒸好的牛肉球放在翅骨汤里吃的店，他久别重逢，一味说好吃好吃。

香港中环士丹利街 24 号
电话：2523 5464
营业时间：7:00am – 10:00pm

陆羽茶室

九十年如一日沿用的点心纸上写的是"鲜牛肉烧竹卖"，也就是我们现在一般称为"鲜竹牛肉"或"山竹牛肉"的美味，传统古法自有精彩之处。

— 180 —

吃肠粉加不加豉油当然是个人喜好，都值得执着坚持，也值得偶然打破常规试试"出轨"。

一　口碑载道，身边的大小朋友连平日不怎么吃夜宵的，都刻意跑一趟堂记吃邹老板即叫即做的布拉肠粉，而且再三光临、一试再试。看来友人里有多人已经分次完整吃过这里所有肠粉种类，包括牛肉、烧鸭、叉烧、猪肝、鲜虾、鱼片、虾米以至腊肠等各自互拼的版本。最叫人有惊喜的是腊肠拼猪膶以及鲜虾拼虾米的版本。都是一脆一滑、一爽一韧的口感关系。

053

巧手布拉肠粉
即叫即蒸

坐下来，我们当然是点了这里最驰名的布拉肠粉。他特别走过去吩咐伙计阿姐不要在他叫的那碟牛肉肠粉上加豉油，不是特别为了什么健康原因，对，他是我认识的朋友中唯一一个吃这些馅料丰富的布拉肠粉却坚持不加豉油的。

相对我这个混酱混得不亦乐乎的家伙，这位老兄的选择果然出位、果然酷。他的解释是，即叫即蒸的热腾腾、滑溜溜、米香扑鼻的肠粉端上来，看来一弹即破的粉皮中已经有你心爱的或叉烧或牛肉或猪肝以至冬菇、烧鹅、腊肠、虾仁、鱼片等各式各样馅料，伸筷夹起一骨碌吞下去，已经好味真味满分，何需豉油。听他说来头头是道，显得常常要另补一小碗甜美豉油的我很不专业而且很贪心。

一是理所当然，一是意料之外，吃肠粉加不加豉油当然是个人喜好，都值得执着坚持，也值得偶然打破常规试试"出轨"。当我碰上那些用自家秘方调制过的咸甜得宜的豉油，或者坚持用广州草菇

彩龙茶楼

香港九龙荃湾荃锦公路川龙村 2 号
电话：2415 5041
营业时间：6:00am - 3:00pm

从前是即蒸布拉肠粉卖光了，我才会考虑吃粉卷，但吃过这郊野地道茶居的粉卷，就知道不可轻视——

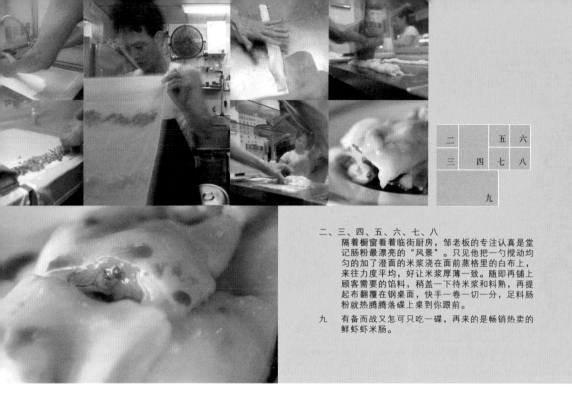

二		五	六
三	四	七	八
	九		

二、三、四、五、六、七、八
　　隔着橱窗看着临街厨房，邹老板的专注认真是堂记肠粉最漂亮的"风景"。只见他把一勺搅动均匀的加了澄面的米浆浇在面前蒸格里的白布上，来往力度平均，好让米浆厚薄一致。随即再铺上顾客需要的馅料，稍盖一下待米浆和料熟，再提起布翻覆在钢桌面，快手一卷一切一分，足料肠粉就热腾腾落碟上桌到你跟前。

九　有备而战又怎可只吃一碟，再来的是畅销热卖的鲜虾虾米肠。

致油的肠粉店，都会怂恿我这位老友破戒试一口，当然我也学会吩咐伙计豉油另上，从无到有，尝试两个世界的好滋味。

　　所以馅料无论是简单如葱花虾米、松脆如油条"炸两"，还是各种你想得出的组合，粉皮无论是传统的雪白晶莹还是加入红糙米变成淡红、加入凉瓜蓉变得嫩绿或加入紫椰菜变得粉紫，其实都不妨一试尝尝鲜。无论是在佐敦堂记还是如朝圣一般在广州银记，从清早到深宵，只要是水准以上就绝不抗拒——至于那久违了的手磨米浆加有蔗糖变成土黄颜色的甜肠粉，唔，要不要大胆加点豉油、辣椒酱来试试看，只要是即叫即蒸，有何不可？

十、十一、十二、十三、十四
简单如此的美味"炸两",是我对且软且硬、既脆又滑这些相对概念的启蒙导师。以即蒸肠粉包裹新鲜油条再加上自家调制的带甜酱油的吃法,相传也是因为鲁莽小伙计要处理炸得分散了的油条便用肠粉勉强卷起而误打误撞发明出来的,谁知一卷风行,成为一代肠粉经典。走向精致口感的虾卷肠粉,玉桃苑的点心师傅把炸香的鲜虾腐皮卷以薄薄肠粉包裹,层次品位更进一步。

十五 街坊版本的粉卷用上半肥瘦肉丝、冬菇丝、韭黄做馅,卷上较厚的粉皮,是肠粉中的粗壮充实版。

当下肠粉

康文署电影节目特约策划 罗维明

作为中上环街坊,总会有机会在上坡下坡的山路上碰见另一位街坊罗维明。每次微笑点头寒暄几句,然后道别各自继续上路,我都接着禁不住想,在这一段来来回回的路上,这位敏感细致地观察记录身边城市街道人情变迁的朋友,是用一种怎样的步伐走路,用一个什么角度去观看?——猛回头想揪住他的身影,却是人踪杳杳。

这回刻意找他坐好在一家布拉肠粉专门店前,准备听他的肠粉故事,他笑着缓缓地说,并没有什么惊天动地、感人肺腑的故事啦,都是十分符合个人口味、十分生活平常的。对了,制作也并不复杂的布拉肠粉长相本就平凡朴素,叫人期盼的只是内里换的不多不少的馅料而已。

先来一碟牛肉肠粉再来一碟"炸两",本来嘴刁的罗维明娓娓道来他对肠粉豉油甜度的要求:老抽与生抽比例的平衡,也包括馅料的滑嫩度与粉皮厚薄的关系,更说始终不明白为什么他常光顾的陆羽茶室只做粉卷却不现做肠粉,也不得不接受莲香楼的肠粉和其他点心都是一贯的"粗豪"。他认为布拉肠粉的好坏是判断一家茶楼是否用心费神服侍客人的标准,而一碟肠粉的精要就在那即做即食的当下现场感——

每次吃肠粉都必定要吃两碟的他,这回在我的怂恿下有要吃第三碟的冲动。不过,他还是优雅地放下了当下的筷子。

从叉烧包出发，
从来灵活的香港人更会骄傲地捧出叉烧餐包，
近年更上层楼再添酥皮，
我当然是以一啖一个来响应支持。

增值叉烧包

起承转合

054

饮杯茶，吃个包，于我这个肯定是叉烧包。但哪里可以吃到最好的叉烧包？一时又真的说不上来。反复想来想去，只能说叉烧包这么"普通"，制作这么没有难度的点心，应该是每间茶楼酒家都有条件、都应该做得好吃的，但我们还是会吃到那些包皮不够松软、不够细滑的，包皮不够甜或者太甜的，叉烧馅料太干太瘦又或者太肥太厚的。有些酱汁太浓、太咸而且太黑，有些却橙红得惊人。有经验的甚至还可以从包面有没有裂纹露馅判断它的包种发酵时间够不够，又或者从包皮带的轻微苦涩去判断它在中和包种酸味时下的小苏打是否过量，以及为了加速面团膨胀下的食用发酵粉是否太多……吃得多，有比较，即使在同一餐馆，不同日子时段也会吃到水准不一的叉烧包，而在精明食客"当道"的今时今日，有关人等可得努力加把劲以免被淘汰。

香港铜锣湾希慎道 33 号利园一期 5 楼
电话：2882 2110
营业时间：11:00am – 11:30pm

西苑酒家

每回到西苑饮茶都要跟这对兄弟打招呼——叉烧包和雪影餐包
何止情如手足。

一　被众声赞誉为全城最好的叉烧包，我绝对相信西苑的点心师傅在深感光荣之余并没有因此而嚣张气傲，因为叉烧包还是得每日努力做好：用上每日即制的大哥叉烧削成指甲一般的薄片铲汁做馅，蒸起来个个包底内孕"大肚收笃"，而包顶亦"爆肚"不露馅，吃时皮软质松，汁鲜酱浓——闲话少说，再来一个！

二、三、四、五、六、七　前一晚以老酵（面种）发好的包种再加上比例刚好的酵粉和面粉搓揉成条，画格出蹄后按平再擀成边薄内厚的皮，然后把已经用洋葱、干葱、豆豉、姜、柱侯酱、蚝油、生抽、老抽和生粉，加上叉烧薄片推成的馅酱，以皮馅比例三比七的标准包好，然后放进蒸笼蒸约十八分钟，包顶粉香酱香扑鼻，十足极品。

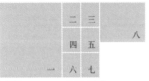

八　传统的叉烧包吃多了，总有人心痒痒求突破，明阁的版本在馅料当中加入了带甜的梅菜，口感与食味又提升至另一层次。

　　从叉烧包出发，从来灵活的香港人更会骄傲地捧出叉烧餐包，近年更上层楼再添酥皮，对于这些成功的融合变种，我当然是以一啖一个来响应支持。

　　餐包之所以称为餐包，本来就是最没有性格的称谓过程中勉强的一种尊重。因为要吃餐，所以附你一个包。西餐汤旁的那一小个、一小卷，是早就出炉备用的，冰冷无生气是应该，加热微暖已经是感激。餐包从来就是这么不起眼。但有天不知哪位师傅（资料查证中）忽然心血来潮，给餐包冠名加持，"塞"之以真材实馅，从此叉烧餐包便欣然独立成个体，而且在茶楼酒家午市时分就这么出一两轮，新鲜热辣，逾时不候。好几次我只能望着那由远而近但内容已被扫光的托盘轻叹，只得跟点心阿姐做鬼脸。

　　叉烧餐包再加上酥皮，无论是菠萝包酥皮还是墨西哥包酥皮，都是锦上添花的一绝。传统滋味如何起承转合又不至于画蛇添足，有我们这些刁钻挑剔的食客和被苦心培养的贪吃下一代以口投票，放心相信明天。

车氏粤菜轩

车氏粤菜轩
CHE'S
Cantonese
Restaurant

香港湾仔骆克道 54 – 62 号博汇大厦 4 楼
电话：2528 1123
营业时间：11:00am – 3:00pm / 4:00pm – 11:00pm

既有墨西哥包的酥脆外皮，亦有叉烧包的汁多、酱浓、馅足，即叫即焗的酥皮叉烧包端来咬得碎屑四散、油香一嘴。

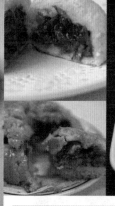

	十
十一	十二

九

九　福临门的点心走的是高档路线，用料优良、手工讲究不在话下，新鲜出炉的涂上蜜糖的叉烧餐包个个金黄松软，叫人不管烫手烫口也得先抢一个。

十　西苑的叉烧系列让人欲罢不能，同样以叉烧酱做馅，外层裹以酥皮的雪影餐包几乎是每台老饕必点。

十一　陆羽茶室名点叉烧甘露派，反映早期粤式点心已受西式糕点制法的影响，融合之调由来已久。

十二　八月花的雀笼点心拼盘中有叫我争先恐后的柠香叉烧酥，最特别的是松化的酥皮内藏有含蜜饯柠檬的叉烧酱，浓烈清香合一。

实验叉烧

进念二十面体艺术总监 荣念曾

如果进念的一众姐妹兄弟知道我带荣念曾（Danny）去吃全城最好吃的叉烧包，表面上他们是会骂我说一千个不应该让Danny吃这么肥腻的东西，心底里肯定会怨我为什么不多拨一个电话叫大家都出来痛快地吃个够。其实我还是有节制的，我只叫了一笼叉烧包、一碟有酥皮的叉烧餐包和一碟水青菜（好像还有一笼虾饺），两个人边谈边吃。谈到一半，Danny忽然想要叫一碟完整的半肥瘦兼有少少焦香的大哥叉烧打包带走，我暗暗低呼大事不好了，此事传了出去我的罪名岂不更大？！幸好领班"接旨"后转头走回来一脸歉意地说："午市的叉烧卖光了，要不要晚市的时候替你留一份？"我赶忙说谢谢谢谢，下次下次。我偷偷瞄了Danny一下，他脸上有一丝一闪即逝的失望，然后又马上绽开笑容，还好还好，还有期待。

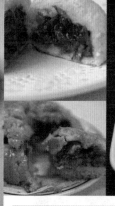

为了健康，我们有很多压抑、很多禁忌、很多规矩。即使如Danny这样身经百战，带着我们一众幼小走在前卫的、前面的，走在舞台边缘的、背后的，都得面对这一块丰腴肥美、蜜汁四溢、叫人垂涎欲滴的叉烧，都得在生死关头一再反问自己：吃还是不吃？吃了会对身体、对心情有什么正面的或负面的影响？又或者是什么都不想，吃！一味连续地吃遍全港十八区最美味、最昂贵高档、最便宜街坊版本的叉烧，还要带着创意书院的一群小朋友去吃，让他们得知叉烧真味，从而启发并创作出新一回合的叉烧、叉烧包和叉烧餐包，当中有老少记忆，有手工技术，有形神承传，有想象发挥——

话说回来，原来Danny当年在纽约自家厨房有做过叉烧给自己吃，可是叫作实验就不一定成功，吃罢那太干、太硬、太瘦的荣氏叉烧，还是光明正大跑到唐人街再来一碗肥美的叉烧饭。

香港湾仔庄士敦道 35 – 45 号利文楼地下
电话：2866 0663
营业时间：11:30am – 3:00pm / 6:00pm – 11:00pm

福临门

依然坚持老派点心精致化，只在星期天才供应叉烧餐包，更叫众多老饕梦萦魂牵。

港九新界仅有的几家还在供应大包的茶楼只在早市极早时候制作这种传统美点以应付一下上了年纪的老顾客，都是限量制作。

超早大包
包食饱

055

张爱玲姑奶奶早就向一众迷哥迷姐忠告说过："成名要趁早！"其实吃鸡球大包也要趁早。港九新界仅有的几家还在供应大包的茶楼只在早市极早时候制作这种传统美点以应付一下上了年纪的老顾客，而且每天都是限量制作，有的是做八十个，有的更只做四十个，卖完就没了，只能明早请早。而且说一句大吉利市，也不知这些老牌茶楼在商铺又疯狂加租的今天，还能撑多久？大包还能多蒸几笼？所以熟知大包食味的中老年和不知大包为何物的青少年，就该趁早去尝尝大包滋味了。

大包之所以要限量制作，原因不是它的制作过程和工序有多复杂困难，因为这个用传统包皮包裹着鸡肉、猪肉、冬菇、鲜虾、火腿以及半只（甚至一只！）熟鸡蛋做馅料的大包，对制作包点的熟手师傅来说，根本就全无难度。只是因为这个大包名副其实，比一般叉烧包起码大三倍，吃一个就已经饱肚，根本就无法吃下其他的精彩

莲香楼

香港中环威灵顿街 160 - 164 号
电话：2544 4556
营业时间：6:00am - 11:00pm

即使你怕吵、怕挤、怕早起、怕与陌生叔伯婶母同台，甚至不知如何用茶盅喝茶，为了这里每天只做八十个的大包，你得赶在早上八时之前来到这开位坐定——祝君早到。

二 大包在前，比较合理的现代版本一笼三个鸡包仔在后，时代变了，从形式到内容都不得不变了。

二

一 大包的前身同样体形庞大，馅料还是应有尽有的，除了鸡肉、冬菇、火腿、鲜虾甚至有鸡蛋、咸蛋和烧猪腩肉，但名字就大不同地被称作"鸡窝"，其外形不像现时的做成包子状，却是馅料外露的包身做垫，丰足安乐"窝"之名由此而来。

点心，对茶楼整体收益恐怕有影响，如此计算一下，限量生产才是生意之道。

至于那个像开放式三明治的叫作"鸡窝"的据说是大包的前身的物体，已经吃不到了。那只在秋冬时分才会供应的内藏油香腊肠一条的有若中式热狗的腊肠卷和工序的确繁复的芋头烧腩卷，不仅要趁早吃还得合时令，一般市面越来越少见。最奇怪的是长期被视作"二等公民"的有若大包的缩水减料版的鸡包仔，也不是处处茶楼酒家都会供应。如此这般，未免也会造成对叉烧包的一种压力——长年高居流行榜首做大哥，却没有二哥三姐、四妹五弟等一整个家族在后面支撑，净食叉烧包，任它如何无敌美味，也够寂寞、也够累。

香港九龙深水埗大埔道 140 号东卢大厦地下
电话：2777 6888
营业时间：6:00am - 11:00pm

中央饭店

如果不是深水埗街坊老伯约我喝早茶，我这个迁居多年的旧街坊早把这旧区老茶居给忘掉了。情寻旧味，还是得回"乡"一转。

三　用上净鸡肉、冬菇、葱白及少许腊肠做料，鸡包仔从来都扮演一个大配角，永远被叉烧包抢尽风头。但我还有锄强扶弱的心，总是会先点鸡包仔以支持弱小。可是现今的饮茶地方，鸡包仔也不是经常出现。

四、五、六、七、八、九
本该属于秋冬时分的季节性包点，但因为受食客欢迎，腊肠卷也成了某些茶楼的全年热卖。传统的腊肠卷把整条腊肠藏在包里，后来发展出外形有若花卷且把腊肠两头外露（像热狗？！），亦有茶楼专为腊肠卷定做较为短身的腊肠。最过瘾的莫过于一口咬下去肠衣嘭的一声破开，油香和酒香在口里芬芳四散，包子的松软香甜与腊肠的丰腴咸鲜是最佳配搭。

十　玉桃苑的点心师傅遵从古法把腊肠密密实实地包在雪白包里，叫人格外冀盼咬下去的是膶肠或者双肠齐上。

十一　几乎绝迹的糯米卷，完全是"大件夹抵食"的平民包点，薄薄的外皮包裹以简单调味料炒香过的糯米饭，冬日热辣辣首选。

八十大包

退休长者吴兆荣

有些时候会想，如果我可以活到八十岁，究竟还会否像现在一样嘴馋爱吃？又究竟能否清楚记得这许多年来吃过的所谓一见钟情、一试难忘的美食？还有没有力气清楚明白地跟年轻后生回忆、讲述这饮饮食食的起落变化？

所以这天跟年过八旬的吴老伯伯一起在中央饭店吃他喜爱的鸡球大包，听他断断续续地诉说在深水埗一带打滚的这五六十年里的世易时移。没有习惯煞有介事地做采访录音的我，一时间也不知该专心聆听还是挥笔记录，前尘往事翻滚再翻滚，一页又一页深水埗及周边社区的历史折叠交缠、移形换影，当中有众多早于我"出生"的地标性建筑，如南针织造厂、大陆鞋厂、北河戏院、深水埗戏院以至远一点的浴德池、荔园、南洋纱厂，有吴老伯伯先后赖以谋生的众多行业，如泥水搭棚、制鞋、缝纫、流动小贩、看更……当然也有他口中的茶楼酒馆大排档的街坊茶饭，以及那清早开工前的一个吃饱就顶起大半天的鸡球大包。

吴老伯伯肯定地说二十世纪五十年代中期一个鸡球大包售价港币四角，我跟他说我倒也清楚记得七十年代初，早晨上学途中就在中央饭店附近的另一茶楼的外卖处，一个鸡球大包卖一元二角，我几乎隔一天就买一个边走边吃。隔了几代人的我跟吴老伯伯就因为这长相几十年来没变的大包而引发了一场对话——其实老人家在旁，作为晚辈的我只有乖乖听的份儿。

当年受工伤连赔偿也没有的吴老伯伯，带着一身病痛和老伴苦乐参半地走到今天，退休后参与了好些争取社区老人权益的活动和义务工作，两口子日常饮食简单，只希望身体不致变得太差。回家前老伯伯语重心长地跟我说了一句：自己一生不太如意，只希望现在年轻的能够活得好一点。到我活到八十岁，不知还有没有鸡球大包？

彩龙茶楼

香港九龙荃湾荃锦公路川龙村 2 号
电话：2415 5041
营业时间：6:00am - 3:00pm

港九新界到处跑，新界老茶居代表保留大部分旧款点心，包括大包和鸡包仔……真的要找一个老茶客跟你细说当年。

大家还是觉得明天一定会自觉地多跑几公里
把流沙连同脂肪消耗掉，所以还是开怀大吃。

包中馅作怪

流沙之爱

056

是莲蓉、是豆沙、是奶黄做馅都可以，但发展到无"流沙"不欢就有点夸张了。

说发展其实也不准确，因为有人引经据典说流沙这种介于固体与液体之间的暧昧状态，其实是更正宗的古法。以流沙奶黄包为例，鸡蛋、吉士粉和奶粉加上咸蛋黄蓉制成的馅料里要格外加重糖和牛油的分量，蒸熟后糖和牛油都熔成一个像火山熔岩一样的状态，滚烫热辣入口，算是一种视觉和触觉上的冒险。

小时候看《泰山历险记》或者任何深入不毛的冒险剧情式纪录片，最紧张、最担心的就是主角或者最感到痛快的就是主角的死敌一脚陷进那浮沙地带，然后一点一点地连人带物往下沉，越挣扎就越被吸进去，到最后只剩下头戴的一顶帽子在跟世界告别。稍稍想象一下，若身陷浮沙的

香港中环威灵顿街 160 – 164 号地下
电话：2544 4556
营业时间：6:00am – 10:30pm

莲香楼

没有赶风潮的流沙一番，倒是实实在在馅多料正，有这样的经营宗旨、待客之道，传统老店叫人好安心。叫作莲香楼的老字号，自然要尝一尝它们的招牌蛋黄莲蓉包。

一　为了那流泻千里的效果，各家各派点心师傅出尽法宝，为求客人在掰开、撕开、咬开包子时会得到意外惊喜。从最传统的加入大量糖、猪油或者牛油做的半液体半固体"流沙"，到今天用烘过的咸蛋黄、吉士粉、奶粉、鱼胶粉以至鲜奶、牛油等材料混合而成的，都是求那色相、求那口感。

二　陆羽茶室的蛋黄麻蓉包是芸芸层出不穷的甜包点中的老大哥，早就不屑争奇斗艳，所以用的还是实净正经的做馅古法。

是自己，动弹不得甚至把一心打算救你的那位也连累拉进去，实在十分难受——此情此景其实也跟现在大家忽然义无反顾地大啖、嗜吃流沙奶黄包相似，明知吃多了是会一点一点地胖起来，胖起来就等于（？！）沉下去，但大家还是觉得明天一定会自觉地多跑几公里把流沙连同脂肪消耗掉，所以还是开怀大吃。

开心当然是好的，越开心就越有丰富的想象力，令生活不会刻板枯燥。比方说想象自己手执一笼四个流沙奶黄包在火山爆发现场近距离看着熔岩在不远处缓缓流过，高温环境里吃高脂高胆固醇美味也许会化解一些担心和恐惧，黑暗里面总得有闪亮发光的不知不觉移动中的希望，摧毁同时建立！

一　拿起莲蓉包，清香甜美，一口接一口，但可知从原粒莲子变成莲蓉，其工序烦琐复杂：用上粒粒已经挑走了莲心的湘莲，先把莲子用大滚水煮至莲子衣软身，再倾出在冻水里浸泡，以人手搓去莲子衣，光脱脱的莲肉随即放入铜锅中以热水煮熟变软，与水、糖和花生油混匀至稠状，放进搅拌机中打成浆，然后再下铜锅煮成稀稠适中的莲蓉——步骤层层推进，绝不马虎儿戏。

东方小祇园

香港轩尼诗道 241 号
电话：2519 9148
营业时间：11:00am - 10:30pm

先来静赏二十秒，再轻按十秒以感觉寿桃包包面的软韧，然后不用一秒掰开包子，用五秒先闻香，然后……

三　　凤城的蛋黄莲蓉包亦是老牌经典点心，清甜的莲蓉馅包藏着美味的咸蛋黄，咸甜同时入口，平衡绝妙。

四、五、六、七、八、九、十
全程直击荣兴小厨的点心师傅干净利落、又擀面又捏皮又包馅地完成一个蛋黄莲蓉包，不做花哨，简单就是好。

十一　好久没有吃过这样清新柔滑、自家推制的莲蓉馅，素食老店东方小祇园的莲蓉寿桃不只卖相可爱，掰开了吃进口，你就知道什么是醇正细滑，不是坊间甜腻涮喉的货色可以追上、可以比较的。

少年寿包

漫画家、插图家 何达鸿

顽皮的何达鸿（John）眨着机灵的眼，他把这个捏成蟠桃形状、撒上桃红色素的寿包拿在手里端详了一番，然后把它掰成两瓣，露出里头清香的莲蓉馅，然后他自己也忍不住笑了——小时候吃寿包时都把这当作小屁股，挤出来的馅当然就是——

叫人好失望。

这的确很像我一向认识的John，虽然他在这个晚上反复强调自己刚刚过了三十岁生日，但他的本人，他画笔下的动物、植物、街道、房子和行人，以及他对待喜欢的工作、面对一段（又一段）感情，都是难得罕见的天真无邪。作为他的朋友，我万分的幸运，因为真正可以无包装、无计算的相知相交，一头闯进幼儿园一般的童真世界，放肆好玩。

说起来，John还会埋怨为什么这些每逢家里有老人家摆寿宴才出现的寿桃，总是在饱餐一大顿之后才出现，大家都吃饱了，都没法趁热好好吃，都得"打包"回家明天才吃。而那些把小蟠桃包在大蟠桃里的款式，往往又只顾得上装潢却忽略了内涵，粗不粗、细不细的。

所以在这个专营素食的地方，给John吃到一个外皮雪白松软但质地细致密实的寿包，而且内里的莲蓉馅是自家手工推成，啖啖湘莲清香，让自诩是吃寿包长大的他赞不绝口。下回在他的漫画插图里，应该会出现一只手持寿包的兔子或者猫，开心地吃罢一个一个又一个。

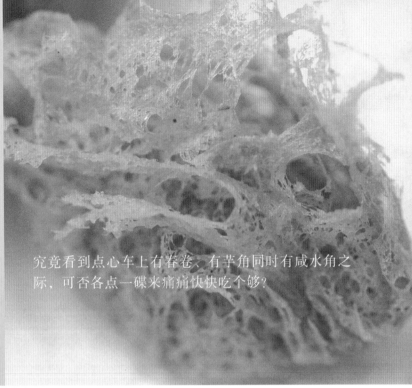

一

满满一台点心，众人起筷，你会先指向什么类别？有人先吃油炸的香口点类，有人先吃蒸的包点类，如果来一个心理测验不知如何解释两者究竟在性格上有何分别？我是那种先吃芋角再转吃虾饺再转吃春卷再转吃叉烧包再转吃咸水角的，简单来说就是趁热吃，不知又该如何分类？

究竟看到点心车上有春卷、有芋角同时有咸水角之际，可否各点一碟来痛痛快快吃个够？

多情炸物

春卷芋角咸水角

057

究竟一个正常男子一口气可以吃多少根炸春卷？

究竟看到点心车上有春卷、有芋角同时有咸水角之际，可否各点一碟来痛痛快快吃个够？

究竟可否把点心炸物的那些卡路里和脂肪含量读数暂且抛开，管我明天再跑多少公里，再做多久瑜伽。

爱是恒久忍耐（自己及身边人有一点点胖）。

爱是凡事包容，凡事相信，凡事盼望（好吃的就在面前）。

爱是永不止息——

爱春卷，无论是港式的韭黄肉丝炸春卷，旁及上海的、泰国的、越南的甚至印度的用上不

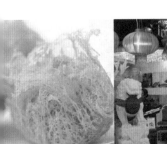

西苑酒家

香港铜锣湾希慎道 33 号利园一期 5 楼
电话：2882 2110
营业时间：11:00am – 11:30pm

不是经常出现在点心纸上的芋角可得特别请师傅专门做来一尝。当你吃过这里真正酥脆松化、芋香馅足的芋角，你就再看不起那些无"发"无天的油腻版本了。

二、三、四、五、六、七、八、九

从来不明白为什么芋角炸起来可以有此乱发飞舞的造型，传统上把它形容作蜂巢实在有点谦虚和误导，说它是"疯巢"还比较贴近。直至看罢西苑师傅的细心示范，我还是觉得这个应该跟澄面、干粉有关的"发型"着实太神奇——先将荔浦芋去皮切块蒸软，压成蓉后加入调味料，再下已经以热水拌熟的澄面一同搓匀成圆棒，分成小段捏开擀成皮，包进以猪油、鲜虾、冬菇、笋粒、葱白拌成的馅料，以手修捏成橄榄形状。完成后扑少许干澄面，放进特制的打了洞的钢盘油篱上，放入近两百摄氏度油温的锅中，马上转中火略炸又转武火至芋角浮起——简直就是一场永远流行的发型"秀"。

十、十一、十二、十三、十四

以虾米、韭黄、猪肉、笋粒等材料做馅，拌入五香粉、胡椒粉和糖盐等调味料，以糯米粉、澄面混拌搓皮，然后下锅油炸的咸水角，外皮微脆且布满珍珠泡，内皮软糯柔滑，其实口感、食味都不逊于芋角，只是为什么叫"咸水角"，就真的有待查证。

一 春卷说来的确是历史悠久的民间名食。相传在宋代已经有在立春这一天，制作以面粉为皮，包着以蔬菜为主的各式馅料的面食，叫"春玺"或"探春玺"，既是祈求农耕顺利、养蚕丰收之仪式，当然亦是亲戚乡里祭肚之实际动作。有说春卷包成蚕茧状，与当年民间的养蚕业发达有密切关系。

同素荤馅料、不同面种春卷皮、不同长度大小的春卷，炸或不炸皆可深深爱。印象最深刻的当然是妈妈福建家乡的颇有古风食俗的春饼—薄饼—春卷，无论用什么叫法，都是把红萝卜、高丽菜、豆角、豆芽、韭黄等众多蔬菜切细，再加入肉丝、虾仁、豆腐、干丝煮熟熬好成馅，用面粉烘的软薄饼皮把馅料包进，再加上海鲜酱、麻酱、芥末、大地鱼酱、海苔末等调料，匆匆卷好，迫不及待大啖一口——逢年过节家里全体总动员弄一次春饼大会，我总是又心急又贪心地把热腾腾的馅料大量地堆在薄饼皮上，根本就包不成、卷不起，吃得一手汤汁、一地馅。现包现吃的春饼一餐吃不完，剩下的材料就让我继续发挥表演煎春饼以至炸春卷的手艺。既要落锅油炸，倒懂得把春卷包得小巧得体，算是成功。

至于如何亲手打造外皮酥脆、内皮软滑的咸水角，如何令芋角炸出蜂巢一样的酥脆外皮，那是容易动情的我打算致力进攻的下一门手艺。

香港北角渣华道 62 - 68 号
电话：2578 4898
营业时间：9:00am - 3:00pm / 6:00pm - 11:00pm

午间茶市的凤城拥挤热闹，点心一轮一轮迅速扫光，赶得上吃即点即炸的春卷是你的口福。

凤城酒家

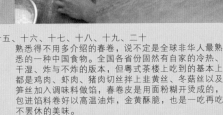

十六
十七
十五 十八 十九
二十

十五、十六、十七、十八、十九、二十
熟悉得不用多介绍的春卷，说不定是全球非华人最熟悉的一种中国食物。全国各省份固然有自家的冷热、干湿、炸与不炸的版本，但粤式茶楼上吃到的基本上都是鸡肉、虾肉、猪肉切丝拌上韭黄丝、冬菇丝以及笋丝加入调味料做馅，春卷皮是用面粉糊开烫成的，包进馅料卷好以高温油炸，金黄酥脆，也是一吃再吃不罢休的美味。

爆炸之后 广播电台节目主持人 余迪伟

我给迪伟画了一张应该可以让他看得清楚的制作步骤图，他才明白那一只又一只其实不像蜂巢却像松毛狮一样的芋角是如此诞生的。

又要切料做馅，又要研芋泥、搓粉，又要上粉转放于打洞钢盘然后再放进油锅，程序繁复却只能卖作小点价钱的芋角，难怪过半酒楼餐馆让芋角从点心纸上悄悄地消失了。

坦言自小就不太喜欢上茶楼饮茶的迪伟，怕的是那比街市还要嘈杂而且有大龙大凤热闹装潢的进食环境，吃的来来去去也就是那么十几二十款，没有太大惊喜新意。只有他的姐姐是个典型的"芋角人"，每次饮茶无芋角不欢，所以他就不知不觉地有了一个吃芋角而且要吃到好的芋角的习惯。

特别是他在纽约念书和在温哥华生活的前后十年间，在人家地头倒怀念起自家点心，特别是芋角。但早在十多二十年前，要在纽约吃到一个地道正宗的芋角并非易事，吃进口的还是失望的居多。近年回港以为重投芋角大本营，怎知亦发觉制作芋角的普遍水准也正在滑落，一如大家的英文听写和阅读能力。

他给我形容一个据说是即叫即炸的有爆炸头造型的芋角，筷子一夹下去"爆炸头"与芋身分离，而且碟底有一摊油，名副其实迫着掉、头、走——如此类推，他追问为什么灌汤饺会马马虎虎地掉在汤里？糯米鸡为什么变成了珍珠鸡？因为懒、因为怕麻烦、因为怕一下子吃饱了不再吃别的，种种不成理由的理由让我们的点心世界基因突变。我问他有朝一日稍有空闲时会不会考虑自己做一次芋角来尝尝看，他很爽快地说：不会，然后又一转念，会，这次很肯定。

翠园酒家

香港铜锣湾骆克道 463 – 483 号铜锣湾广场二期 3 楼
电话：2573 9339
营业时间：7:30am – 4:00pm / 6:00pm – 11:30pm

作为美心集团旗下中国菜的龙头大哥，点心出品当然是信心保证，最爱的春卷和虾饺，其实同时可称皇。

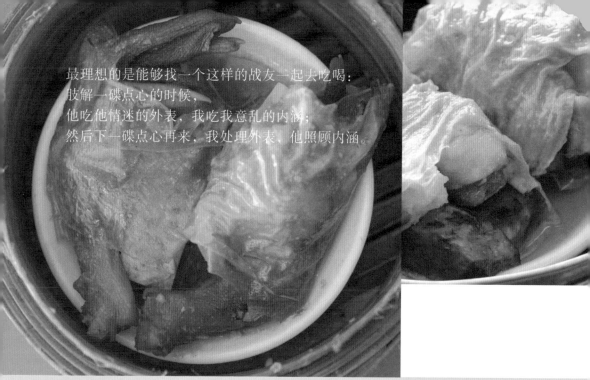

最理想的是能够找一个这样的战友一起去吃喝：
肢解一碟点心的时候，
他吃他情迷的外表，我吃我意乱的内涵；
然后下一碟点心再来，我处理外表，他照顾内涵。

内外乾坤

又包又扎真滋味

058

有谁可以告诉我究竟是外表重要还是内涵要紧？如果真的人人都要智慧与美貌并重，这么努力会不会很麻烦而且很累？

但连本地老牌饮食集团也与时并进地自我要求，以"将最好给最好"为经营待客、为人民服务的指导思想纲领，我们这些馋嘴的客人似乎也偷懒不得，吃喝之际也得专心认真，随时准备与笑脸迎人、主动走过来向你征询意见的餐厅主管对答交流，吃喝买卖也很需要互动。

所以那天在相熟的茶楼里，楼面经理走过来一眼看出桌上都是淮山鸡扎、鸭脚扎、棉花鸡和鲜竹卷、腐皮卷等又包又扎的点心，他就好奇地问我是否对这个类别特别感兴趣，也请我多提意见。我倒是头一回察觉自己有这个喜好倾向，身边友人

香港筲箕湾东大街 59 - 99 号地下五号铺
电话：2569 4361
营业时间：5:30am - 12:00am

金东大小厨

从清早到深宵，金东大临街的点心档还是热腾腾且有街坊排队等购外卖的。实地调查记录，二十分钟内有八名叔伯婶母买走鸭脚扎。

一　即使不像虾饺和粉果卖相那么晶莹可爱，亦不像叉烧包那般芬香松软，这些扎、包、卷一系，自有其汁多料鲜够内"馅"的一面。既然远亲豉汁凤爪可以如此风骚，鸭脚扎有腐皮、芋头、薄切腩肉助阵，也自有捧场客。

二　腐皮一张，包裹人间美味无数。鸭脚扎用得上它，鸡扎也异曲同工，但妙在包住鲜鸡件的同时还有"棉花"一件。所谓"棉花"，是晒干再浸泡后油炸过的鱼肚，它比腐皮更易饱吸鲜美肉汁，因此也引来众多"不法"之徒，只吃了"棉花"就逃之夭夭。

三　淮山鸡扎是棉花鸡扎的一个古调。陆羽茶室的版本当然遵从古法。软韧的淮山捆住鸡件、笋条和瘦肉，蒸得汁鲜肉嫩，一经解构，淮山当然马上成为馋嘴目标。

倒抢着跟经理说我一时注重外表一时注重内涵，直说我是既贪心又挑剔。

说来也是，为了淮山鸡扎那一块刨薄的包住鸡扎的入味的淮山，为了棉花鸡那一块吸满汁液的昵称作"棉花"的炸过又烩过的鱼肚，为了腐皮卷那一块炸脆了的外皮，为了鸭脚扎里那一只骨与皮一吮就分离然后软滑入口的鸭脚，我是会二话不说点这点那然后再决定放弃这个外表和那个内涵的。

不得不承认我有点浪费，当然最理想的是能够找一个这样的战友一起去吃喝：肢解一碟点心的时候，他吃他情迷的外表，我吃我意乱的内涵；然后下一碟点心再来，我处理外表，他照顾内涵——如果真能找到这样一个终极饮茶拍档，看来不只要请大家饮茶，恐怕要相互托付终身了！

陆羽茶室

香港中环士丹利街 24 号
电话：2523 5464
营业时间：7:00am – 10:00pm

用上鲜甜淮山切片来尽吸嫩鸡、瘦肉的汁液，老店坚持古法，还真的原汁原味，物有所值。

四　炸过的腐皮卷一向入笼蒸软再以蚝油芡汁淋面上碟，但在近年的健康风潮中，太油腻、太浓稠的款式都有再三瘦身改良的必要。以上汤代替芡汁的上汤腐皮卷，是够型够格的八月花点心精选中的受欢迎项目。

五、六、七、八、九、十、十一、十二
　　腐皮卷当然也有原装正版、不淋芡汁的香脆版本，可素可荤。用上鲜草菇、鲜冬菇、鲜蘑菇以及冬笋和肉丝，用腐皮将炒熟的馅料包进卷好收口，烧红油锅放入炸至微黄，外酥内软，也是热卖名点。

十三　老茶居仍然提倡又炸又淋芡的重量级版本，多跑两圈之后不妨一试。

五	六	七	八
四	九	十	十一 十二
			十三

还我鸡扎

剧场导演、文化评论人胡恩威

胡恩威是一个不折不扣的潮州人，一方面尽得潮州人嘴刁能吃的先天本领，另一方面秉承潮州人的凶，不好吃他会生气、会骂——

明明该是好吃的，为什么会变成不好吃？除了制作者没心没力之外还有种种致命的外围环境原因，诸如政府有关单位对食品卫生的监管力度，饮食经营牌照的发放，对传统饮食文化承传的重视程度……凡此种种，都在影响好不好吃这回事。

所以跟着这个耳听八方而且爱打抱不平的愤青阿威到处吃，毋庸置疑会吃到一桌好菜，但也可能吃出满肚牢骚。尤其是一些本来热闹蓬勃的老区大排档，转眼已经拆迁转型，即使还是原来档主在附近觅地继续经营，食物味道已经有明显出入，多少大家自小吃到大的老铺都已经灰飞烟灭，连最后一口也来不及吃。

阿威坚持要到有八十年历史的老茶楼的点心部做蒸汽浴，立此存照就是不甘心一切有保留价值的都即将被消灭。你说香港人精明，其实同时也很笨拙——从上到下唯利是图，只想匆匆忙忙挣快钱，连一盅两件叹茶的机会也不争取，几乎被视作老人退休后的玩意儿。那一碟两件阿威最爱的饱吸肉汁的鱼肚和嫩滑鲜鸡肉，用淮山捆成的鸡扎，何时会被机械流水作业倒模生产所取替？在这一天来临之前，由阿威率领好吃团队上街挥拳高呼"还我鸡扎"的动作看来势在必行。

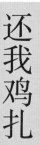

香港九龙九龙塘又一城商场地下 G25 号店
电话：2333 0222
营业时间：11:00am - 4:30pm / 5:30pm - 11:00pm

卖相小巧出众的上汤腐皮包，
是注重健康但依然嘴馋的一众的新好选择。

八月花

要吃得又缤纷热情又张扬飞舞兼有豪气霸气，
无愧的唯有特特大点锦卤云吞了。

059

亮丽嚣张

锦卤基因遗传

所谓点心，完全不可以为就是随随便便的"非主食"，即使现代酒楼茶肆为方便归类结账，把点心分作小点、中点、大点、特点，也不代表价钱略为便宜的小点就可以粗制滥造、掉以轻心。

真正可以吃到令你我心头有一点感动，上好的点心如虾饺、烧卖、叉烧包都居功至伟，但要吃得又缤纷热情又张扬飞舞兼有豪气霸气，当之无愧的唯有特特大点锦卤云吞了。

自小嘴馋，一般点心固然来者不拒，但山竹牛肉、凤爪排骨、棉花鸡一轮二轮上场，蒸笼与小碗小碟堆叠后，东张西望的我要等着吃的就是锦卤云吞。用上比一般放汤的云吞的皮更宽大而厚的云吞皮，包进少许虾仁和叉烧粒，以文、武火炸至金黄，蘸上以糖、醋煮汁做芡，材料有叉烧、虾仁、鲜鱿鱼、肫肝、鱼肚以及洋葱、青椒、尖红椒和菠萝一众簇拥的锦卤汁，每回上桌，都

美都餐室

香港九龙油麻地庙街 63 号
电话：2384 6402
营业时间：9:00am - 9:00pm

作为庶民饮食文化的一个桥头堡，早已是油麻地文化地标的美都餐室绝对值得在不同时段来访寻美味。锦卤云吞是属于午后和傍晚的"玩意儿"，经典二楼雅座一列大窗敞开，附送天色云影变化。

二、三、四、五

每趟在美都餐室和新朋旧友坐下来点锦卤云吞的时候，掌门人黄小姐一定笑眯眯问我与身边食伴吃不吃珍肝和猪什——因为这里的锦卤汁料头十足，除了有叉烧、鸡球、切鸡、鲜鱿、虾仁，还有珍肝和猪什，加上番茄、菠萝、青椒、红椒、洋葱和五柳条做的甜酸汁，满满一碗——当然还有下锅炸得酥脆金黄的云吞皮，咔嚓咔嚓不消十五分钟，碟里碗里可见的全扫光。

叫少年的我疲于奔命，与桌边团团围坐的上至外公外婆下至弟弟妹妹的一众争先恐后。印象中旧居楼下的金禧楼所售的锦卤云吞完全跳出"点心"的范围，云吞炸起满满一大碟八九个，锦卤汁盛在宴会用的大汤碗里，嚣张亮丽，直达高潮。当年的理想是终有一天可以一人独占一整份锦卤云吞，这愿望倒是从没实现。到现在当然可以花点小钱来如愿，但在种种现代健康规条指引的约束之下，却再无一口气吃光吃尽这一份的欲望了。

不知怎的一提起锦卤云吞，那种香香脆脆、酸酸甜甜的味觉反应都叫我马上想起我的美食启蒙老师——外公外婆。妈妈笑着回忆锦卤云吞原来是当年外公搓完麻将带回家的夜宵，无论输赢，嘴馋的外公都会大包小包地把半只烧鹅、鸭脚包、锦卤云吞等重量级美味带回家，以示一家大小放心吃喝，有赌未为输，当年十三四岁的母亲往往在睡梦中也被叫起来大快朵颐。单从外公这则锦卤逸事，我也很明白理解什么叫基因遗传。

香港中环德己立街 2 号业丰大厦 1 楼 101 室
电话：2522 7968
营业时间：12:00pm - 2:30pm / 6:00pm - 10:00pm

被我视为饭堂之一的港大校友会，不以菜式花哨亮丽、变化多端见称，却是一直保持一种传统实在的作风，叫人吃得安心惬意，偶尔跳出虾多士，确是眼前一亮。
（只招待会员）

香港大学校友会

<table>
<tr><td></td><td>十二</td><td>二</td></tr>
</table>

	十一	十二	二
七	十三	十四	
八	十五	十六	十七
九			
六	十		

六、七、八、九、十

何洪记的云吞面汤鲜面爽，云吞早已街知巷闻，变阵出招即叫即炸的云吞外脆内滑，也叫人不停手不停口。吃时蘸上特制酸甜汁更美味开胃，一客二十粒，叫我该跟你还是你吃？

十一、十二、十三、十四、十五、十六、十七

从锦卤云吞到炸云吞，从密实内涵到开放坦荡，同样是香口炸物，虾多士当然有它的江湖地位。一度是作为宴席名贵大菜的伴碟，一只当红炸仔鸡片皮上碟，四周团团围着一圈虾尾翘起的虾多士，龙飞凤舞很有派头，很讨客人欢心——现在不用大宴亲朋也可以作为席前小吃出现，港大校友会的主厨昌哥用上甜度较低、炸来不易变焦的白面包，挑来原只鲜虾，脱壳留尾蘸上薄薄蛋白，放在面包上稍待蛋白渗进粘稳，并伴以一小片火腿和一叶芫荽提味装饰，随即放进滚油里炸至金黄，趁热吃来酥香鲜甜，有了如此精彩前菜，主菜就更有期待了。

锦卤欲望

产品设计师 林纪桦

跟他在这家风格始终那么六十年代的餐室一起坐下来，纪桦坦言已经十几年没有吃过面前那一碟金黄酥脆、汁料丰足的锦卤云吞。外头的很多酒家餐馆的菜单中已经取消了这曾经红（橙！）极一时的美味，究竟特别开口问的话，大厨又会不会刻意为客人做？为免得到一张黑脸对待，他平日还是乖乖地收口，改吃别的。

我接下来的疑问是：究竟锦卤云吞是属于点心还是属于主食？正确的出场时间该是在早间、午间还是晚间？或许就是这样不大不小、尴尬暧昧的东西最得我们心。

"食物是一种欲望！"纪桦在把一整块云吞皮蘸满酸汁、连料咔嚓咔嚓咬开吃下之后，忽然抛出掷地有声的这一句。对，我们会放肆纵容地让欲望流窜，像体内荷尔蒙猛地分泌似的：一下子跑到老远老远指定老店吃它一碗膶肠肠饭；一掷千金买那么两三颗限量级巧克力；专程坐飞机到高雄再转车往台南吃路边摊；冒着山路崎岖、坠崖之险去距巴塞罗那两小时车程的阿布衣餐厅参加分子烹饪科技晚宴。这都是欲望的彰显而且还有欲望的压抑——比如忍了十多年没有吃锦卤云吞。

关于锦卤云吞，纪桦清楚记得他的第一次——那该是四五岁时候的一个大年初二，开年午饭后他和弟弟妹妹被哄着上床午睡，而懒觉睡醒之际发觉父亲带着姐姐已经外出，更震惊的是从母亲口中得知父姐两人是去了荔园游玩。对于一个左等右等、极渴望在过年时节去游乐场普天同庆的他，这无疑是一种欺骗。负责打圆场的母亲赶忙跟三个小家伙说不必生气不必哭，马上把他们带到西湾河家居附近的欢喜茶楼，在那儿纪桦吃了他平生第一碗锦卤云吞。

这是欲望那也是欲望，平日再忙也坚持在傍晚六点就下班的他会跟太太在家做面条、做月饼来送礼或自用，说不定下回我收到林先生送过来的就是锦卤云吞。

凤城酒家

香港北角渣华道 62－68 号
电话：2578 4898
营业时间：9:00am－3:00pm / 6:00pm－11:00pm

凤城名点锅贴大明虾，是虾多士的元祖。烧红锅后先放面包再下熟油，以半煎炸形式处理，才能使面包金黄大虾不卷曲，果然有功架、有排场。

若有一天
我真的可以依足古法制作马拉糕自用兼送礼，
看来也可以进阶试做那看来更复杂的古法千层糕。

古法伺候

马拉千层绝技

060

总有一天，常常对自己说总有一天，我会依书准备好一切作料和道具，提早一晚准备好面种，"下温水及面粉调匀，以毛巾盖好，置于不当风的地方，过夜，翌日检查面种是否成熟，若是，加入小苏打中和酸味……"

吃过一些有心有力的餐馆依足古法制作的马拉糕，尤其是毫不忌讳落足猪油（也有一派是用上鸡油），令糕身更香更滑的版本，我总有冲动有天能够亲自下厨做出毫不逊色的一份马拉糕。色，对于马拉糕来说也很重要，以黄砂糖、蜜糖和鸡蛋调匀是糕熟几近小麦色甚至古铜色的原因。可是也有以讹传讹地说"马拉糕"就是自马来西亚传入的糕点制法，其色与当地土人的肤色十分相似云云。其实马拉糕是地道广东小吃，与"马拉"扯不上关系，若偏要加点异国风情，就是更早的一个传

香港北角渣华道 62 - 68 号
电话：2578 4898
营业时间：9:00am - 3:00pm / 6:00pm - 11:00pm

凤城酒家

人人口里都说古法好，但真的能身体力行、肯花时间心力为大家提供依古法制作的大菜以至点心的着实不多，幸而还有凤城这样的老店。

礼敬！

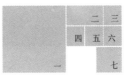

一　一来就要亮丽出众，雪白糕皮与金黄馅料相间，清清楚楚如七层大厦。贪心一大唛，满足心情与胃口，一下子蹦上千层——此谓千层糕。

二、三、四、五、六
　传统千层糕规定（！）糕身四层皮三层馅，糕皮用上天然发酵的面种加入面粉、糖，以及少许发粉和碱水，以添松化口感；馅料方面用上咸蛋黄、榄仁、椰蓉、核桃、芝麻、糖冬瓜甚至肥膆肉粒，加上面粉、白糖、吉士粉等，取其咸甜软硬之味道与口感。果然不欺场。只见师傅又搓又捏的才只是弄好馅料部分，可见遵从古法真的要用古代计时行事方法。

七　不要以为马拉糕看来像一团粉加蛋加油蒸好这么简单，原来遵从古法也得用上三天。用的是天然发酵的面种，加上鸡蛋、牛油及猪油，拌好面团后静待发酵，与坊间用化学膨松剂而不加面种的马拉糕，至令成品有欠细致，不可同日而语。古法的版本蒸起时颜色深沉有若古铜，铺面的榄仁入口甘香，一试难忘。

说——传说唐代有洋人来华经商，吃此糕吃得津津有味发声如马骝（猴子），马骝后来谐音转化成"马拉"。信不信由你，这倒叫我想起美猴王孙悟空拔一根毫毛变出一百几十个猴子猴孙的故事，如果入厨帮忙搬搬弄弄，倒是什么精巧点心也可以源源不绝。

　　若有一天我真的可以依足古法制作马拉糕自用兼送礼，看来也可以进阶试做那看来更复杂的古法千层糕。一想起那四层皮三层馅，馅里有咸蛋黄、芝麻、核桃、榄仁以及椰丝，蒸好后黄白相间、卖相极佳、滋味极好的千层糕，就肚饿得有点坐立不安了。

　　相对于那平实无奇的松糕和白糖糕，标榜古法的马拉糕和千层糕天生就讨人喜欢也爱出风头，大型饮宴场面中不乏其踪影，毕竟这原来还是一个有阶级甚至有歧视的饮食社会。

西苑酒家

香港铜锣湾希慎道 33 号利园一期 5 楼
电话：2882 2110
营业时间：11:00am – 11:30pm

层层叠起、黄白相间，不必解构，一口吃尽硬软咸甜千层滋味。

八、九、十、十一、十二
师傅接力下半场，示范如何层蒸
层叠完成千层糕。

十三、十四
既要节制又要放肆，咸点、甜点
交替出场，千万留肚给千层糕、
马拉糕……

八	九	十	十一	十二
十三				
				十四

马拉糕以外

退休长者 杨桂芳

桂芳婆婆很面熟，因为她像我认识交往里所有的老人家的集合——

能言会道，说到兴奋处时空反复交错，插进很多零碎生活片段，比任何一部前卫实验电影都要精彩，叫我们这些后辈企图追赶紧贴也有一点难度，习惯了就放松随她的思路一起如行空天马。她跟我如婆孙一样拉着手，她说要去吃马拉糕，要给我讲一个关于马拉糕的故事，但在中央饭店坐下来，黄澄澄、热腾腾的马拉糕只吃了一点点，她开始说的又是另一个故事。

曾经到过她和老伴共住几十年、共同拥有的一幢战后旧楼里的房子，典型的五六十年代板间房分租给好几户人家。住户都是别的老人家或者新移民，屋里整个环境氛围甚至饭桌上的吃喝风格还是停留在几十年前，很是挑战我们平日经常挂在口边的所谓进步、创新、发展——我们整个社会跌撞弹跳走到今天，又岂可把这一批在过去曾经用不同能力、不同程度付出过血汗劳力的社群抛开手掉？越是把他们称作弱势社群，就越讽刺其他人究竟强在哪里。终有一天我们这些所谓强的都会变成老弱，大鱼大肉的日子一旦过去，能否甘心、安心躲在一个角落慢慢地只吃一块马拉糕？

桂芳婆婆拉着我的手，告诉我她的老伴在几个月前走了，社工跟她一起安排处理老伴的后事，又帮她搬到另一幢比较方便、不用爬楼梯的房子。然后她又悄悄地跟我说，之前我见面碰过的另一位九十多岁的长者，因为与家人有争执误会，竟然上吊自杀了——桂芳婆婆所说的，是人家的故事、是自己的故事，也是叫我们热衷的开心兴奋的吃喝故事背后的真实。

香港湾仔轩尼诗道 338 号北海中心 1 楼
电话：2892 0333
营业时间：11:30am - 3:00pm / 6:00pm - 11:30pm

轻身清爽再出发，利苑的千层糕走的是新派创意改良的路线。

利苑酒家

一 打从童年开始的好长一段时间,热腾腾的莲蓉西米布丁都是我认知中甜品的终极至尊。黄澄澄且带焦糖纹样,香喷喷有蛋香、牛油香,宝物寻底还有预先张扬的莲蓉做馅。(有些时候一挖再挖竟然没有莲蓉就会好失望!)即使到现在已经尝过这里那里的各种甜品,一旦给我重遇莲蓉西米布丁,还是会吃到碟底朝天。

茶楼是个互动平台,
先甜后咸,先冷后热,
只要你喜欢,为什么不?

先甜后咸

抢闸登场西米布丁

061

曾经以为只有港式茶楼才是天下间最热闹、最嘈杂的地方。成百上千人一起饮茶吃点心,从早期托盘吆喝到后来推车叫卖点心,甚至现在用餐单对号自选再交给服务生把点心端上来,茶客都以提高八度的声调和同桌亲朋戚友笑谈家国八卦大事,你来我往、节奏紧张、声浪滔天,饮完一顿茶就像打完一场仗。如果不是为了那些依然好吃的冷热咸甜点心,我早就弃权,不再上茶楼——后来国外跑多了,得出凡是东西好吃的地方都一样嘈杂喧闹的结论,也就为港式茶楼做了一个小"平反"。

很多家庭会把饮茶当作一家大小唯一公开交流沟通的机会,吃喝之际就把平日不怎么方便说的都顾不了那么多地当面说了。也因为周遭声浪太大,听到了也大可装作听不到,也就算了。而且饮茶时分也可彰显一家上下还有点民主精神、自由倾向,爱吃什么就随便点什么,也没有什么先后顺序——比方说,我清楚记得我八岁至

凤城酒家

香港北角渣华道 62 – 68 号
电话: 2578 4898
营业时间: 9:00am – 3:00pm / 6:00pm – 11:00pm

本来只是熟客才懂得叫的属于宴席"单尾"的甜品,因为太受欢迎,也变成热卖主打,可按食客人数多少决定上大盘还是小碟——如果你是超级布丁迷,不排除一人吃六人份。

二、三
无论是凤城的六位用宴会装，还是陆羽茶室或者八月花的一人份精装，都得经过繁复制作工序——西米得先用牛油和水以慢火煮软煮透，其间还要不断仔细搅动。另外要用鲜奶和水调开吉士粉，把已煮好的西米趁高温猛力冲入吉士粉内，再调匀成稀稠合适的西米吉士浆。接着以莲蓉铺于碗底，把混调好的西米吉士浆放进碗中再放进焗炉。焗炉里还得不时把碗转一下，以保持一碗布丁前后左右都得透彻——香甜美食当前，怎能故作镇静？

— 既然肯花高价买来日系胡麻酱涂面包，饮茶点心盘中的芝麻卷、芝麻糕、甜品时间的芝麻糊、芝麻汤圆也该多眷顾。再度风行的黑色食物中，古称胡麻的黑芝麻含丰富的不饱和脂肪酸、蛋白质、矿物质和维生素E，《本草纲目》早有记载："服（黑芝麻）至百日，能除一切痼疾。一年身面光泽不饥，二年白发返黑，三年齿落更生。"

十二岁时期，在茶楼里等到位置一坐下来就会马上带走点心卡跑到那些停泊在天边的点心车旁，拿走那早就做好待在那里的芝麻卷和还是热腾腾的莲蓉西米布丁，至于白糖糕倒很少眷顾。

没有问身旁的摄影发烧友是否曾经都钟爱那昵称为"菲林"的芝麻卷，相信八成以上的小朋友在把芝麻卷吃进口前都会把人家点心师傅仔细卷好的滑溜而且弹牙的卷状物拆开摊平还原成粉皮一块，有如菲林"走光"。至于那内藏莲蓉馅、表面又烤得焦香的西米布丁，就叫我们从小就自然而然地接受这一种时空转移、中西拼凑混合的杂种饮食风格。茶楼是个互动平台，先甜后咸，先冷后热，只要你喜欢，为什么不？

香港中环士丹利街 24 – 26 号
电话：2523 5464
营业时间：7:00am – 10:00pm

陆羽茶室

老铺保留第一代中西饮食文化碰击的见证，西法布丁包容中式莲蓉内涵，真的要遥遥向发明制造出此极品的无名前辈老师傅致敬。

五
六
四

四　　好好一卷芝麻卷，贪玩小朋友一定会自行解构将其变回亮黑且柔韧的黑芝麻粉片。他们可知道这薄薄的黑芝麻粉片被前辈如我们称作"菲林"，进入数码时代的这些小朋友几乎连拍照的菲林胶卷也接触不到了。这些可以吃的"菲林"坚持用手制。把黑芝麻磨成浆加入马蹄粉均匀拌好，放入蒸盘蒸熟，然后一条一条地小心卷成七八圈，相对于有如塑料般光滑的机制产品，手工做的芝麻卷表面粗糙，但胜在芝麻味香浓，口感柔韧，甜度适中。

五、六
　　川龙的彩龙酒楼用的是自助取点心的方式，贪心的我每次都不知不觉地吃多了。

未完的甜

幻想家、动漫爱好者 林淑仪

　　忙得头昏脑涨连午饭也来不及吃之际，忽然又在面前翻开的一叠书里给我瞄到"一期一会"这四个让人惊心动魄的字。与人与事的交遇接触随时有可能成为唯一一次。就算是今天吃到的，明后天也可能再吃不到，想到这里，就赶快拨通电话约林淑仪（Connie）吃她要吃的莲蓉西米布丁了。

　　Connie太忙，与这位一转眼算来就认识了十几二十年的老朋友，真正能一起坐下来好好吃顿饭的机会着实也不多。就像前些时候一起筹划香港独立漫画家的一个大型联展，忙累中途大伙一起去过一次郊游野餐，已经算是十分奢侈。她嗜甜，无论心情高低好坏，莲蓉西米布丁是她的贴心温暖至爱。但几番希望约她去老牌酒家吃一次那边做得出色的布丁，都因各自事忙落空，结果还是要到甜品店买一小杯用锡箔纸装的其实也不错的迷你版本，带到某个开幕派对现场，半途在场外交给她，看她一边吃一边眯眯笑。一期一会，我们就只有这样偷时间来相互问好了。

　　Connie最记得小时候跟爸爸上茶楼饮茶，点来又虾饺又叉烧包的，吃得她很快就饱了，总等不到甜品的出现就已经要"埋单"撤退了。所以这未完的甜一直是个冀盼期待，多加几分情感投射就变成对二十世纪七十年代人事、气氛、环境的一种记忆——其实回想过去，总有这样那样未完成的，也许就正是因为这样才叫我们对未来有更多的决心、更大的动力，甜在心头原来是可延续发展的一件事。

八月花

香港九龙九龙塘又一城商场地下G25号店
电话：2333 0222
营业时间：11:00am - 4:30pm / 5:30pm - 11:00pm

新一代粤菜接班，依然做出尊重传统口味的版本，好让这美味可以传承。

一代高档名点灌汤饺已经掉进汤里，
饺皮浸得一塌糊涂，
夹起来也不知汤在馅中皮里还是早已破流满碗。

古法追踪

灌汤饺的江湖恩怨

062

如果翻起旧账要给发明创制出广式灌汤饺的早已不知到天边哪里云游的点心老师傅发一个金牌奖励、追封其殿堂地位，可能会引起江湖中一众师兄弟叔伯父老的一场排名论战。但如果再翻旧账要追寻究竟是从哪一个时期哪位精乖缩水的师傅发明那个"Z"形的专门盛托灌汤饺的小聪明？又是谁人一懒再懒把那本来皮薄馅多汤不漏的灌汤饺"陷害"进一汪汤水之中，上桌成了浸汤饺？却肯定是水静鹅飞、没有人肯红着脸出来承认与此有关。

上茶楼饮茶吃点心的时候经常会八卦邻座的茶客点什么吃什么，特别会留意十来岁的小朋友如果不是正在呆呆打电玩，究竟会对什么传统点心有兴趣？当然也会明白一众点心师傅花尽心思推陈出新地发明一代又一代的咸甜美点，希望能留住越见嘴刁的食客。用心良苦地推出卡通造型

香港北角渣华道 62 - 68 号
电话: 2578 4898
营业时间: 9:00am - 3:00pm / 6:00pm - 11:00pm

凤城酒家

单单为了这古法灌汤饺，就值得来这里一尝再尝，
同时学会什么叫坚持、什么叫常青。

	三	四	五		九	十
二		六	七	八		
一						

一　　小心翼翼、满怀冀盼，就等那轻轻咬破饺皮，用力一吸，鲜美汤汁满口的痛快感觉。

二、三、四、五、六、七、八

　　称得古法灌汤饺，当然有执著坚持。首先讲究的是饺皮既薄又韧，以高筋面粉加水加蛋液调开，用阴力揉搓，而且每搓好一次后要静待数小时再搓，让面团的筋性充分发挥，师傅也会按经验顺应不同天气状况决定面团发酵的时间。发好的面团切粒后压成厚薄均匀的饺皮，保证蒸饺的时候不易破穿。至于馅料部分，用上鱼翅、瑶柱、带子、鲜虾、冬菇等各种需要独立浸发处理的材料，费工费时。汤头以金华火腿、老鸡和瘦肉熬成，加入大菜方便成为固体。包馅时亦要预留较多的边位，方便捏出稳实的收位。完成后放于特制的"Z"形铁片上，放入蒸炉蒸约十分钟，便成万众期待的古法灌汤饺。手工如此繁复讲究，坊间只有少数老牌酒家如凤城才刻意保留古法。

九、十

　　新派的灌汤饺大都放碗中连汤上，虽然少了一点惊喜，还算是汤清料多馅足，走的是高档豪华路线。

的趣怪动物点心也的确能够吸引一下年幼小宝贝发展成新一代食客，不致只懂汉堡和炸鸡。但同时叫人担心惋惜的是，好些传统点心已经买少见少、不知所踪，即使留得下一个名字也是形神俱往。最明显的就是一代高档名点灌汤饺已经掉进汤里，饺皮浸得一塌糊涂，夹起来也不知汤在馅中皮里还是早已破流满碗。最难过的是不知就里的小朋友边尝这个价高的特点还边说好味好味。

　　如果不是嘴馋前辈指点，我还以为小时候吃过的点心笼中有一块金属片盛托住的颤悠悠的特大灌汤饺已经是正宗，怎知手工更精致厉害的古法灌汤饺其实根本就不用托片，饺皮又薄又韧，馅料又多，夹起来汤汁在饺里晃动，拎起不漏不破，这跟师傅搓面、发筋、压皮、调馅、包边的手法步骤有绝大关系。能够代代相传当然是福分，失传的原因又在哪儿？

一　　灌汤饺中最叫人惊喜的当然是那一口藏在饺里的汤。真真正正的古法见袁枚的《随园食单》："颠不棱即肉饺也，糊面推开，裹肉为馅蒸之。……中用肉皮煨膏为馅，故觉软美。"也就是说用上猪皮冻拌馅，遇热融化为汤汁。及至二十世纪三十年代广州的点心师傅改用大菜（琼脂），减去腻口感觉，加上用蛋液、面粉加入少量碱水做皮，面皮柔韧不易破。

明阁

香港九龙旺角上海街 555 号香港康得思酒店 6 楼
电话：3552 3028
营业时间：11:00am－2:30pm／6:00pm－10:30pm

虽然这里的灌汤饺是新派做法，但难得汤清料正，自有格调。

十一 既有前辈老师傅坚持古法，亦有新一代接班人走出创意新路。鸿星海鲜酒家的卡通造型点心除了造型有趣可爱，还是真材实料的滋味佳作。面前的南极企鹅饺就是以虾肉、鲍鱼和菜头做馅，料精工细，绝不马虎。

十二、十三、十四、十五、十六、十七、十八、十九、二十、廿一 能够在竞争激烈的餐饮界领导潮流，绝不是轻而易举的事，美心集团的一众点心师傅讲求团队精神，一人献计、众人改进，集体创作出好一批从卖相到食味都创新出位又受食客欢迎的新派点心。从鱼翅凤眼饺、大良拆鱼饺到香荽四喜饺，加上造型惟妙惟肖的水晶花枝饺，都是强调精细手工的特色热卖。

博士在吃

人文学课程主任、宗哲系教授 文洁华

和文洁华（Eva）相约在几乎是全城最高贵、最经典的五星级酒店的中餐厅，她要吃她最喜爱的鱼翅灌汤饺。

礼貌周全的服务生把灌汤饺端上来，一人一小碗，我才发觉这里用的是一个比较"现代"亦比较懒的方法：灌汤饺连皮带馅掉进汤里，并不依传统古法做好一个皮薄馅多、汤汁在饺子里摇摇晃晃的极品，更没有那一个特制的金属托方便食客把饺子小心翼翼地从小蒸笼移到自己碗里、放进口中。连最高级食府也退而求其次，我没话可说。

但思路清晰、反应灵敏的Eva依然可以解读面前这一个灌汤饺。传统的失落移位是一件事，该另行分析探究，但灌汤饺自身用饺皮把一堆丰富材料包藏起来，得咬破然后吮吸，更以醋的酸和姜的辣去刺激味蕾，使这个被包裹和压抑的欲望在被解放的过程中更痛快、更淋漓地释放。当这一切精致都渗进清汤里，固体与液体交流融合，主动与被动，征服与被征服……听得入神的我，忽然发觉面前的灌汤饺都快要凉了，得赶快吃。

在学院里循循善诱青春年少新生代，通过电台广播的电波传达对城市、对文化、对生活的种种反思探索，爱吃也会吃的Eva的确把吃当成一件认真的事。她从学术研究的角度去省视那自幼渴望期待可以吃到、但又因为兄弟姐妹众多而未能如愿的灌汤饺，当中还有从贫穷到富贵的阶级转换，庶民生活与精致文化的撞击衔接——我把那碗里的灌汤饺干掉，汤汁一滴不漏，然后跟随她再把研究焦点放到那看来也有点状况的芋角身上。

香港湾仔港湾道 6－8 号瑞安中心 1 楼
电话：2628 0886
营业时间：10:00am－11:00pm

鸿星海鲜酒家

本以为卡通点心只是吸引到一众小朋友，怎知身边一群童心未泯的大朋友也是忠实捧场客。

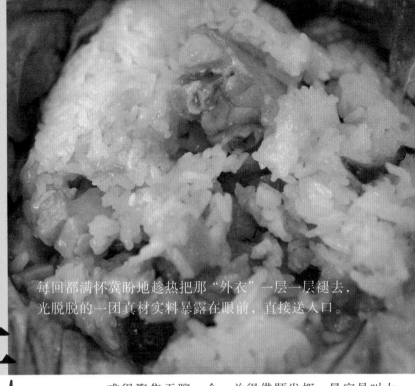

每回都满怀冀盼地趁热把那"外衣"一层一层褪去，
光脱脱的一团真材实料暴露在眼前，直接送入口。

一

不要和我争辩为什么叫作糯米鸡的这个家伙翻来覆去只有一小块鸡肉或者一段鸡中翅——也的确是有把带馅的糯米饭酿进整只鸡腔里再用油炸得酥脆金黄的厉害版本叫作糯米鸡——但作为点心的糯米鸡本来是广州夜市小贩将糯米和生馅以碗装蒸熟贩卖。但此法并不方便四处叫卖，便改以荷叶包裹，蒸来更添独特香气。

无敌重量级

冷热糯米鸡

063

难得聚集无聊一众，总得借题发挥。最容易叫大家开口而且马上投入的就是埋怨、埋怨和埋怨：埋怨上司的凶狠和愚蠢，埋怨春天太湿、夏天太热、秋天太燥、冬天不够冷，又或者埋怨现在吃的怎都不及从前的好——但我性格使然通常比较包容，左思右想然后跟大家说，我最爱吃的糯米鸡这么多年来还是这么好吃。

从来对内藏乾坤的"有料"食物有好感，范围之广涵括一切包、饺、卷、盒、酥、丸、角、团、饼、粽……精致如晶莹通透的小小一只虾饺，一口吃掉不用说，长短、软硬、国籍不一的春卷一件不留。就算是壮硕如荷叶饭、裹蒸粽以及糯米鸡这些用荷叶或竹叶"包扎"起来的重量级，我还是每回都满怀冀盼地趁热把那"外衣"一层一层褪去，光脱脱的一团真材实料暴露在眼前，直接送入口。就以糯米鸡来说，虽然都是那些熟悉不过的材料：糯米、鸡件、瘦肉、鲜虾肉、冬菇、腊肠，偶尔有咸蛋黄——但就是这样的无敌组合关系，已经叫人最安心、最满足。

话说回来，我的最好的吃糯米鸡经验，倒不是茶

荣兴小厨

香港湾仔轩尼诗道 314 – 324 号 W Square 1 楼全层
电话：2866 7299
营业时间：11:00am – 11:00pm

街坊小馆荣兴在乔迁新铺之后增设午间茶市点心，颇受来去匆匆的上班一族欢迎。眼见办公室美女们一件珍珠鸡、半笼点心就当午餐——不知她们下午茶可会狂吃蛋挞、菠萝油。

二	三
	四

二、三、四
糯米鸡的馅料一般包括鸡件、冬菇、腊肠、叉烧、虾肉、笋粒、瑶柱等。调味料炒熟，以热水泡过的干莲叶，晾干剪成合度，包进浸透的糯米和馅料成方体，进蒸笼大火蒸约二十分钟便成。

楼酒家点心阿婶捧过来的新鲜热辣，却是在荒山野岭吃到的一个冷版本。

还记得小时候老爸最爱和我们爬元朗南生围附近的一个叫"猪郎山"的小山坡，冬日里满山都是齐人高的半干"禾"草，很有一种山野风情。午后靠傍晚，斜阳里微风中站在山坡上远眺南生围水乡，大小鱼塘连成如鳞闪光的一片，眼前好风景固然叫人愉快，心里实在惦念的是行囊里的糯米鸡——要知道一番运动过后，等就等那一杯热茶和一口肥美饱满。不知怎的，老爸通常都会把带来的其中一两只糯米鸡分给同行的同事和朋友，常常要我和弟弟分吃一只。越是想独占而得不到就越不甘心，想起来当年十二岁的我最奢侈的要求就是要在这山野里草丛中独得一壶热茶和一只（最好是两只）糯米鸡，冷饭配热茶当然也是一种独特滋味。

糯米鸡—南生围—猪郎山……现在翻开香港地图，在南生围附近我怎样也找不到当年那个小山坡的名字，只有糯米鸡还在，味道还是差不多。这个年头，差不多已经很难得。

现在最常把热腾腾的糯米鸡一整只消灭，喝一口浓茶拍拍肚就走的时候，是在香港机场离港登机远行前。哪怕十多个小时后颠倒日夜到巴黎、到伦敦、到米兰，因为一只伟大的糯米鸡，我还是心满意足地自觉很温饱、很踏实。

香港北角渣华道 62 − 68 号
电话：2578 4898
营业时间：9:00am − 3:00pm / 6:00pm − 11:00pm

凤城酒家

用上特别有柔韧咬劲的泰国糯米，更将蒸至半熟的瑶柱混进糯米一起蒸，又香又糯的口感与众不同。

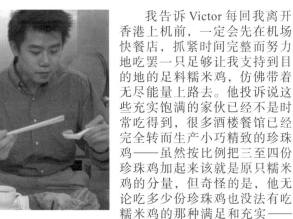

五　重量级糯米鸡一分为三四，成为独立包装珍珠鸡，也不要和我争辩为什么里面没有珍珠。

六、七、八、九、十、十一、十二、十三、十四
从糯米鸡到珍珠鸡，无疑是一个与时俱进、量体裁衣的折中妥协方法。顾客吃得轻巧又满足，点心茶市得以继续生意滔滔，皆大欢喜，何乐不为。最要感激的还是在幕后默默工作的点心师傅们，无论外面天变地变，厨房里依然高温、依然忙碌劳累，谨代表所有嘴馋同好，再三致谢！

宁弃珍珠

世界自由行 邹博闻

邹博闻（Victor）自问多心，加上面前的选择实在又很多，所以他的早午晚餐跟谁吃和吃什么都需要好好安排、仔细计算一下。

多心当然没有错，但要让经过的经验都成为某一种刻骨铭心就有点难度。Victor是个喜欢向难度挑战的人，做的工作、交的朋友、去的地方，都不是一般的规矩情况，都是某种边缘取向，只有说到吃这回事，他倒一反常态地变得十分保守、十分传统。饮茶时虾饺、烧卖、叉烧包是指定动作，除此之外他还会念念不忘糯米鸡。对，不是迷你版本珍珠鸡。

我告诉Victor每回我离开香港上机前，一定会先在机场快餐店，抓紧时间完整而努力地吃罢一只足够让我支持到目的地的足料糯米鸡，仿佛带着无尽能量上路去。他投诉说这些充实饱满的家伙已经不是时常吃得到，很多酒楼餐馆已经完全转而生产小巧精致的珍珠鸡——虽然按比例把三至四份珍珠鸡加起来该就是原只糯米鸡的分量，但奇怪的是，他无论吃多少份珍珠鸡也没法有吃糯米鸡的那种满足和充实——餐馆的原意是让顾客可以多吃一点别的，所以不再提供这吃了就饱肚的糯米鸡，鼓励多心、提倡消费，诱之以缤纷色香味，但看来这做法倒叫多心的他转而反思起长情专一的好。

明阁

香港九龙旺角上海街555号香港康得思酒店6楼
电话：3552 3028
营业时间：11:00am – 2:30pm / 6:00pm – 10:30pm

格调幽雅的餐饮环境会令我等嘴馋者稍稍矜持，改吃卖相精致的珍珠鸡就更加多一点优雅。

纯粹简单地只是喝，什么也不想也不做，
就连泡茶也劳烦别人替我泡好、我只动口，喝，就是了。

喝茶去

谁给我多一点时间？

064

说到喝茶，往下看的几百字该是泛一片白。说不定这才是喝茶过程中和喝茶后的一个平和闲适境界，我等心浮气躁、处事仓促的，真的不懂也真的没资格，再好再贵的茶喝来也恐怕糟蹋了。

但是茶还是要喝的，分别在于是积极主动地在喝前喝后做功课，还是纯粹简单地只是喝，什么也不想也不做，就连泡茶也劳烦别人替我泡好，我只动口，喝，就是了。

我记性差，所以潜意识认定自己怎样也不会成为一个博学的、优雅的茶人，也正因如此才可以肆无忌惮、了无牵挂地跟如活在古代世界一般的画家前辈一起在他的台北和上海家中喝极品龙井，又跑到杭州的山里跟茶农喝茶买茶。当然到了京都就得弯着腰走进茶室完整体验一次茶道仪

香港金钟香港公园罗桂祥茶艺馆地下
电话：2801 7177
营业时间：10:00am – 10:00pm

乐茶轩

喝茶还得认识有心人，在乐茶轩位于茶具文物馆旁的宽敞室内感受由茶引导的一种文化历史的沉淀、累积和提升。

一　一个手势一个动作，茶人一定有很多严格规矩，叫我这门外汉边喝边看都看傻了眼，但当这一切都自然如呼吸，奉茶人和喝茶者都闲适坦然起来。

二、三、四、五　迁入历史建筑物茶具文物馆的乐茶轩，主人叶荣枝先生跟一众员工都是爱茶爱文化的茶人，以他们的人文素养和喝茶、泡茶、奉茶经验，接待来自不同国家地区的茶艺同好，亦通过举办相关的古乐、诗词、太极欣赏和研习活动，令饮茶变成一个有机互动的文化载体。

六　茶点其实并非喝茶的重点，可我还是被这漂亮的糕点吸引过去。

七、八、九、十、十一、十二　何时可以真正有此闲心，不只是坐下来喝别人给我泡的茶，而可以学会如何泡一壶茶奉你？在都市烦嚣中忽然出现了一片净土，哪怕只是三两个小时的光景，但却十分享受、十分有启发。

	二	三	四	五
		七	八	九
		十	十一	十二
一		六		

式，人在台北更可以到王德传总店那优雅的店堂买茶，到紫藤芦喝茶，到阳明山上林语堂先生故居那里体会一下"只要有一只茶壶在手，中国人到哪儿都是快乐的"的说法——虽然那里经营的是一家带餐饮的咖啡店，不是一个正式喝茶的地方。

终日喝的是有机格雷伯爵茶（earl grey）、王德传桂花普洱、云南旧普洱、马鞭草花茶，甚至有中医自家配制的清肠消滞减肥茶。喝茶如喝水，说来真的没文化，但文化不该成为包袱，关于茶叶种类有不发酵、半发酵、生茶、熟茶、全发酵、后发酵，关于栽培方法、采茶时间、制造过程、贮存方式以及识茶辨茶种种窍门，喝茶前中后种种规矩方法，能够熟悉铭记固然是好，如我这般喝一次忘一次也无妨，反正坊间喝茶导读越出越多，只是谁给我多一点时间好细细读？

彩龙茶楼

香港新界荃湾荃锦公路川龙村 2 号
电话：2415 5041
营业时间：6:00am - 3:00pm

换一个庶民版本嘈杂氛围，乡郊地僻茶居来个自助泡茶，喝出生活的多元全方位选择。

十三、十四、十五、十六、十七

再一次被茶点饼食吸引过去，水泠泠茶馆对喝茶整体环境和旁枝细节的讲究叫人感动。清香澄透的桂花糕、甜度刚好的红豆糕，还有酥脆的杏仁酥和腰果酥，加上可口凉果——不能轻举妄动，还得等主角出场。主角？当然是今天要喝的陈年樟香普洱。

十八、十九、二十

位处半山、靠近大学的这家装饰典雅的茶馆叫水泠泠——名字由店主人陆小姐所取，出自诗人白居易《山泉煎茶有怀》。进门稍息调节，慢慢进入恬静境界，叫你开始察觉时间不该是你的主人。

廿一、廿二、廿三、廿四

有缘被邀参与一趟由光华新闻文化中心主办的"茶与乐的对话"，由台湾专程率众来香港的林谷芳教授制作和主讲，忘乐小集负责演奏，望月茶会茶人奉茶。

茶的教育

编剧、专栏作家 卓韵芝

和阿芝在水泠泠喝茶聊天之后一个星期左右的一个下午，我在电台节目里听到阿芝和拍档迪伟分享喝茶的心得。在电波中绘声绘色地描述茶香水烫，对于已经有十多年广播经验的她来说绝不困难，更难得的是对答中她准确仔细地向听众述说我们喝茶当天在茶馆里听到的女主人的赏茶经验，加上阿芝自家喝茶体会，叫我再一次佩服她勇于在一个年轻人频道刻意细谈这一个"成人"话题。对，因为她谈的不是珍珠奶茶，不是一般花草茶，她谈的是博大精深的中国茶。

阿芝自小喝茶，启蒙者是她的母亲。每天晚饭后母亲一定会泡茶，每人一定会喝到专用的一杯，虽然年纪小小的她并不知道那是什么茶，但都喝得很享受。厨房中储物架上不同玻璃樽里放着的茶叶看来都很珍贵，比方说马骝就给她一个奇异刁钻的想象空间。这也叫她每回在朋友家吃

完饭，发觉人人喝的竟然都是汽水，此举着实不能接受。而在她的回忆里有一个难忘画面，就是母亲经常在厨房里为自己特意泡一壶茶，而且就在厨房里喝！那是一个多么亲密的、私人的与茶与自己的交往。

茶喝多了，阿芝也开始有了自己买茶叶的习惯。国外的果茶、姜茶、梅茶、菇茶、抹茶粉她都买，也曾经跟认真喝茶、订茶叶以至"玩"茶具的好友林夕讨教。朋友知道她爱喝茶，也送她价值不菲的有锦盒、有证书的云南省文物总店所售陈年普洱，据说可以解酒、去倦，甚至减肥。

茶继续喝，阿芝越喝越觉天宽地广，最期盼的是可以慢慢喝、慢慢认识体会。她忽然问我究竟泡过的茶叶是不是可以吃，是不是应该吃的？我支吾以对。所以她的结论是：无论大人小孩，我们亟须茶的教育，而茶的教育最好是家庭教育、自我教育。

我们这些好事的，
疯起来也会把平日吃饭聚会忽然搞得像婚宴一般隆重，
新人、旧人、佳偶都对号入座，
写一张龙飞凤舞的餐单，预先通告着装要求，准备些小礼物。

饿婚宴

一生一次与一年一度

065

身边一众好友双双对对的还是不少，但无论以唯恐天下大乱、可免则免、一生一次与一年一度，还是以逍遥快活、贪欢躲懒为借口，竟然过半都没有结婚的打算，更遑论制造下一代。也就是说，要喝他们的正正式式筵开百席的喜酒就有点困难了。因此我们这些好事的，疯起来也会把平日吃饭聚会忽然搞得像婚宴一般隆重，把这些新人、旧人、佳偶都对号入座，提早找来酒楼经理写一张龙飞凤舞的菜单，预先通告着装要求（dressing code），手头宽松的时候还得准备些小礼物——看来我们是"饿"婚宴酒席饿得发慌了，企图把小时候隆而重之、全家出动的盛大场面再来一个更新加强版。

既然团团围坐，七嘴八舌就讨论起当年最爱。有人先声夺人说最爱的真的是那晚婚宴的女主角——他暗恋多年的表姐。（表

香港中环爱丁堡广场 5－7 号大会堂低座 2 楼
电话：2521 1303
营业时间：11:00am－3:00pm / 5:30pm－11:00pm（周一至周五）
9:00am－3:00pm / 5:30pm－11:00pm（周日 / 公众假期）

先是旁边的大会堂有婚姻注册署，再来是大会堂内庭公园方便亲友宾客与新人拍照留念，加上面向维港景观开阔，当然还有美心集团的菜式和服务信誉保证。

美心皇宫

— 218 —

一　宾客满堂，有的早已入座坐好等开席了，有的还在簇拥着一对新人拍照留念，热热闹闹、高高兴兴，也容得下些许匆忙混乱。筹办一婚宴不比举行一场小型演唱会简单。

二、三、四　新人向长辈敬茶，还得规规矩矩用上又得体又有好意头的专用茶具，饮宴厅房的布置亦与时俱进，不再一味是中式大龙凤、红双喜，百年不变的恐怕就是传统饮食用具。

五　一双新人穿着最华美礼服，以最佳状态、最漂亮心情携手进场接受亲朋好友祝福。

六　早已准备好的手拉小礼炮，增添现场欢乐热闹气氛。

七　捧着大红乳猪的侍应们候命出动。

姐大他十二岁！）有人最爱的是开席前狂搓麻将的叔伯婶母身边的那一碗肚饿了用来垫垫底的蟹肉伊面，有人最爱的是热荤中那些有如小拳头般炸得金黄的百花酿蟹钳，巴不得席间有人当晚喉咙痛弃权因此可以迅速多占一只，有人最爱的不是蟹钳却是蘸蟹钳的酸甜汁。

当然有人最爱平日在家里难得一吃的比超大象棋还要厚的瑶柱脯。我的最爱却是用来煨这些瑶柱脯的先走油后煮依然肥美饱满的蒜子，一吃吃它十来颗，不顾后果。至于那一小碗现在大家都十分政治正确地不吃的鸡丝生翅，我是很骄傲地坚持原汁原味（？）的，是不下染红半壁江山的浙醋的。有人最爱蒸鱼里的豉油和葱，举手叫白饭拌着吃完一碗又一碗，有人专攻炸仔鸡的红亮红亮的皮，有人等着吃那经过美术指导的摆成红白太极图样的鸳鸯炒饭，也终于有人承认归根到底最爱的是唤作"美点双辉"的超小核桃酥和笑口枣。

一　设宴款待亲戚朋友，得留意忌讳。喜庆宴席忌只上七道菜式，习俗上后人祭奠设宴才"食七"。婚宴忌用雀巢菜式，否则一桌起筷拆烂"爱巢"，大煞风景。寿宴和满月酒也不宜选冬瓜盅、水瓜烙之类，因为广东话"死"俗称"瓜"，而纪律部队宴餐，忌有"冬菇"菜式，炖冬菇就是降职之意。

一　根据郑宝鸿先生编著的《香江知味》收录资料，一九六二年间一席时值港币一百五十元的十二位用的筵席，菜单如下：

（一）大红芝麻皮乳猪全体

（二、三）两大热荤：龙穿凤翼、竹笙白鸽蛋

（四）红烧大鲍翅（二十四两）

（五）网油禾麻鲍（二十四头原只鲍鱼）

（六）清蒸大红斑（二十两）

（七）钵酒乳鸽或当红炸子鸡

（八）淮杞蚬鸭汤

单尾：鲜莲荷叶饭、上汤粉果

甜品：莲蓉梳乎厘布丁

美点双辉：黄金笑口枣、翡翠苹叶角

金御海鲜酒家

香港九龙佐敦弥敦道 216 – 228A 号恒丰中心 3 楼
电话：2723 2399
营业时间：7:00am – 12:00pm

针对规模不大的婚宴，提供细致贴心的服务，赢得年轻中产族群的口碑。

八　婚宴礼乐声中，男女侍应捧着大红乳猪全体列队出场，揭开了婚宴序幕。

九、十、十一
芝麻片皮乳猪、百花炸酿蟹钳、清蒸海上鲜……酒席菜式未必款款都是极品，但要做到席席水准平均，上菜时间拿捏准确无误，也得一定的厨房功力和楼面协调营理。

十二、十三、十四
一轮巡回敬酒、台上祝福，一对新人可能还未坐好在自己的位置吃一两道菜，眨眼已到席终甜品时间，这个美满的结局（happy ending）才是新人新生活的开始。

新新新郎

平面设计师 陈迪新

新仔是我的得力助手，也就是说，平日有什么设计制作、计算机技术上的问题，展场布置、要搬要抬的，以至讲课之前要编排整理的演示文稿，他都得替我在最后关头临门补一脚——那天他兴奋自豪、信心十足地跟我说要告几天假，告假的原因是他要结婚了。

后生可畏，在茫茫人海中能够找到可以互相托付照顾的终身伴侣，决定携手进入教堂，实在勇敢而且难得。作为他的日间工作监护人，我喜形于色，由衷祝福一对新人的同时尝试很专业地问他：“你打算怎样筹备你的婚礼？”

教堂行礼的部分有他和她的兄弟姐妹及教友帮忙张罗，不用担心。但如何找对一家酒楼定好宴席菜式、安排好整晚程序内容，倒真的像新秀歌手忽然要到红磡体育馆登场献唱。

果然是受过良好的设计训练：两口子首先沿着九龙弥敦道一直走，据统计两旁有很多可以摆酒席的酒家供选择，但是大集团经营的酒楼对顾客却容易爱理不理，反而小酒家细心体贴、有商有量。至于菜式方面，由于预算所限，不能随便跳到另一档次。

说到当晚程序，新仔坚持不要把一场婚宴搞成一场综艺表演或者公司周年晚宴。双方童年及相识至今的大事年表和图片，又不想随便交给制作公司剪得断断续续，还是省掉改由司仪说说故事好了。至于那拿新娘新郎来玩笑的环节也因为当晚亲朋好友争相与新人合照耽误了时间而欣然取消——出动了两个统筹、两位司仪、十二位兄弟姐妹加上摄影师和双方家人帮忙的这个婚宴终于如期如愿完成。问他如果有机会替别人统筹婚宴，他会有什么改进点子？“该把开席前大家乱点的蟹肉伊面正式变为开席的第一道菜。”这个饿着肚撑了整晚的新郎不假思索地说。

一一煲象征新生、代表健康、祈愿圆满的猪脚姜醋，似乎从来不会政治不正确地只供女性享用，稍做调查也证实身边一众男子也自幼和婆婆、妈妈、姐姐，当然还有叔叔、伯伯、爸爸、哥哥一起共用猪脚姜醋。当然兴趣各异，有人好猪手猪脚，有人净吃老姜，有人只吃外硬内嫩的鸡蛋，而我从小独爱呷醋。

每当闻到左邻右里焖煮猪脚姜时候飘来的甜醋味，
就条件反射般准备听到婴孩哭叫，
口里不期然又念又唱的，
是香港老牌酱园的添丁甜醋广告金曲。

新生事物

猪手猪脚姜

066

就像很多人分不清自己在开怀大吃的是烧鹅还是烧鸭，相信很多人也不知道自己正在十分有滋味地舞弄的是猪手还是猪脚。

猪有手有脚，一共四只。这是铁一般的事实，换个说法，也就是有前蹄和后蹄之分。我们这些自认是嘴馋爱吃的，一看到那细火足料、焖得香滑软糯的连皮带筋蹄状物，就不管它是手是脚，四蹄不分，先啖为快——其实仔细分辨，猪手一般包含较多的肉，猪脚就是皮和筋，除非这头猪有其独门修身健体方法，又当别论。

叫得出名字的猪手美食有南乳猪手、白云猪手以及有贺年意头的发财就手（发菜猪手），而猪脚菜式就独当一面地以猪脚姜顶起半边天。每当闻到左邻右里焖煮猪脚姜时候飘来的甜醋味，就条件反射般准备听到婴孩哭叫，口里不期然又念又唱的，是香港老牌酱园的添丁甜醋广告金曲："红鸡蛋、猪脚姜，八珍甜醋分外香……"

八珍酱园

香港九龙旺角花园街 136A 号
电话：2394 8777
营业时间：9:00am - 7:00pm

以添丁甜醋街知巷闻的八珍酱园，总叫人想起年节庆典的欢乐热闹——一切也当然围绕口福这回事。从添丁猪脚姜醋到端午粽到贺年糖果糕点，吃得元神出窍。

二、三、四、五、六、七

即使近年出生率偏低，不及当年婴儿潮的猪脚姜醋处处"闻"，但姜醋这个进补传统还是保存得好好的，而且新一代父母未必像从前那般有空在家自己煲姜醋，反而衍生了另一门代客煲姜醋送货上门以至生产小盒即食姜醋的生意。作为最负盛名的传统甜醋老字号八珍与时俱进，成功守住甜醋老大哥的江湖地位，并由经验老到的师傅严选材料，从猪手猪脚到老姜到鸡蛋以及药材、香料，当然用上的是王牌产品添丁甜醋和黑糯米醋——想起那煲得软滑入味、皮厚筋多、胶质丰富的猪脚，那甜酸且微辣、颜色稠黑的醋，再有那外韧内软的鸡蛋……只欠婴孩的哇哇哭声。

| 二 | 三 | 四 |
| 五 | 六 | 七 |

一 "广东三件宝，陈皮、老姜、禾秆草。"这句自小知晓的顺口溜，不知新一代小朋友又会有多少感觉。当然姜越老越辣，既是事实又是比喻，够辣的老姜益脾胃、散风寒，除了滋味好还真的好处多多。很难想象猪脚姜醋没有了姜会是怎样的一种遗憾。

一 至于猪手、猪脚，除了筋骨还有皮——猪皮原来比猪肉营养价值更高，蛋白质含量是猪肉的两倍半，但脂肪含量竟只是猪肉的一半，且猪皮含丰富胶质以及铁、磷、钙等矿物质，养血滋阴。广东传统以猪脚姜醋为产妇生产后补身，就是因为醋能将猪骨头内的钙溶化，以补充产妇流失的钙质，再加上猪皮的营养，对产后调养及催乳都很有帮助。

作为有弟有妹的家中老大，童年时代至少有两次参与家里总动员熬煮大量猪脚姜分派亲戚朋友的"大型活动"。当年究竟动用了多少有皮有筋的猪脚和带肉的猪手？花了多少时间替这些手脚拔毛、替姜刮皮、替鸡蛋剥壳？又动用了多少斤甜醋？这些都早已无从分晓。但可以肯定的是我因此十分期待每一个新生命的来临，尢论是自家弟弟妹妹还是别家宝贝，因为有皮筋既滑且脆的猪脚，有甜辣、浓稠如胶的黑醋，有皮韧心软的鸡蛋，就连那平日不怎么碰的姜，也放入口鼓起勇气嚼出一口甜辣，特别是近年更懂得这让一手一口粘连的就是闻名不如见面的骨胶原——

时局混乱、大势所趋，新一代夫妇左思右想、常有后顾之忧，使得越来越少婴儿诞生。但愿这健脾补气、散瘀催乳的产后补身良方妙品，能不分男女老幼、猪手猪脚的，继续风流——

大冷节白醋.

冠和酒庄 纯米醋（on bottles）

<table>
<tr><td></td><td></td><td>九</td></tr>
<tr><td>十</td><td>十一</td><td>十二</td></tr>
<tr><td></td><td></td><td>八</td></tr>
</table>

八、九
走进八珍工厂一角"黄房"，虽然改革后已开始用上大型玻璃纤维缸来酿制豉油和醋，但传统的瓦缸还是留后占一位置。

十、十一、十二
换个场景走进另一家老牌酒庄酱园，老式的店堂里仍然沿用几十年前的装潢陈设，甚至打酒打醋的售卖工具和程序也从未变化——自携瓶子装醋，其实是环保先锋一号。

咸蛋添丁

陶艺家、艺术学院导师 黄丽贞

如果添丁甜醋真的只能在亲朋好友或者自己添丁的时候才能呷上一口，那未免是太太可惜了。

幸好黄丽贞（Fiona）家里自小就没有墨守这个规矩，猪脚姜醋是她们餐桌上经常出现的美味，一室醋香常叫邻居误会又多了一个小生命。

虽说工多艺熟，但熬煮好一煲猪脚姜醋也真得花上很大力气。由Fiona祖母和母亲合力熬制的姜醋一端上桌，全家马上就展开搏斗。Fiona的主攻目标是鸡蛋，尤其是那些腌煮得蛋白坚硬如石，破开来蛋黄仍然鲜嫩的版本，接着要吃的就是猪脚的瘦肉部分，再来才是已经上色入味的姜。至于那后来才知道原来充满骨胶原的黏滑猪皮，那一口浓烈又温醇的甜醋，以及冷冻时形成的肉冻，Fiona倒是在很后期才接受且真正爱上。

Fiona清楚记得当年捧着大玻璃樽从深水埗住处跑到旺角买八珍添丁甜醋的日子，其实樽还是属于八珍的，按樽费还得十块钱。虽然八珍也有做好的水准以上的成品出售，某些酒楼饮茶时段也可吃到，但猪脚姜醋这回事，还是按自家口味反复熬煮、稠到一个状态才合胃口。累积这么多年的猪脚姜醋经验，Fiona有回在陶瓷工作室里吃到一位荣升祖母的朋友亲手做的姜醋，当中用上咸蛋代替部分鸡蛋，只见蛋白部分比较松散，蛋黄入口食味咸香一绝，实在是一大发现。Fiona也把这个惊喜延伸到年前她的一个陶瓷餐具的展览开幕装饰里，叫到来的一众口福不浅。

从自家熬制猪脚姜醋，说到祖母最拿手的家乡鸡屎藤茶果……作为一个陶艺家，在巧手拿捏出有自家性格的碗碗碟碟的同时，Fiona自觉今时今日该有更多的闲情才有资格添丁，才可能对传统美食有心有力承传。

23

冠和酒庄

香港九龙九龙城侯王道93号
电话：2382 3993
营业时间：8:00am－6:00pm

老酒庄老酱园低调经营，没有刻意赶上时代列车，却保留了昔日日常生活的细节点滴。

		三	四	五	
	二	六	七	八	九
一					

当年包裹起来放到汨罗江里喂鱼的粽子，
一定不及今天的品种那么千奇百怪、引人入胜。
自问口味开放的我，
站在这一年一度的创意产业货架面前，
真的不知如何是好。

清香一口粽

回归基本

067

每年到了端午前后，总是阴雨断续，转个身又忽然放晴，水汽蒸发上升，闷热难耐得叫人直觉就像在锅里烩着的那一堆粽。

再没有人引经据典、长篇大论地向小朋友述说屈原与楚怀王的纠缠哀怨、屈原投江以及端午节源起于此的故事了，反正当年包裹起来放到汨罗江里喂鱼的粽子，一定不及今天的品种那么千奇百怪、引人入胜。

自问口味开放的我，站在这一年一度的创意产业货架面前，真的不知如何是好。是否该勇敢地尝一尝有浓厚尼泊尔咖喱香辣味的以咖喱牛腩为馅的粽，又或者用日式烧汁蒸煮的鳗鱼加上糯米成粽？烟韧透明的冰皮粽有芝麻、红豆以及杧果三种口味，这跟和果子又有什么分别？至于那些

香港中环士丹利街 24 号
电话：2523 5464
营业时间：7:00am － 10:00pm

陆羽茶室

陆羽茶室的莲蓉碱水粽应该是粽界经典示范作品，与包粽的师傅悭
一面的会想象：究竟是他是她？是老是少？

一　端午时节当然全城忽地处处粽香，珠玉纷呈、花多眼乱反而吃不出个所以然。一年四季街头巷尾要吃到粽子也并不难，但要吃到好的粽子却真的要到处打听。其中一个极高水准的选择是老牌粥面专家利苑，一向低调也不必宣传的老店一直有忠心顾客，钟情其粥面之余，更对其软糯松化，米香、豆香、肉香诱人的裹蒸粽赞不绝口。

二、三、四、五、六、七、八　利苑的老板坦言他家的裹蒸粽简单得可以，说实话也真的毫不浮夸。十分简约地只放咸蛋黄、五花腩肉、鸡件、绿豆和糯米，其他的什么冬菇、火腿、栗子、莲子、烧鸭火腩等一律欠奉。但能够如此简单也就是信心所在——只见老板亲手熟练裹包，一不留神粽子已经包好，下锅的水盖过粽子，猛火蒸至少四个小时，拆时已经粽香扑鼻。我的偏好是先不下豉油吃它半个原味，然后再下豉油重味才尝另一半。

九　煮好的粽子高高挂，眨眼就卖光，再包再煮再登场。

分别加进 XO 酱、肉松、鲍鱼、烧鸭的版本，已经渐次成为顾客接受的主流，而标榜健康内容的以玉米、黄耳、云耳、蘑菇、草菇和素火腿制成的上素粽，以及用了红腰豆、鸡心豆、红豆、绿豆和扁豆来做料，配合糙米和糯米制成的五豆粽，更是瘦身健体的潮流首选。当然永远不减魅力的还是最具传统口味的有大块肥瘦腩肉，有咸蛋黄、有绿豆、有栗子做馅的广东咸肉粽，有豆沙或者莲蓉做馅的碱水粽，以及一样肥美丰腻的上海鲜肉蛋黄粽……

又贪食又懒的我上一个回合在家里帮忙包粽，恐怕已经是二十年前的事，又或者当年其实只是负责洗洗粽叶、剥剥咸蛋而已。说起自家包粽，印象最深的还是一位居港多年的台湾作家好友自家用不同粽叶包的精致小巧的一口粽，只混合不同香米而没有任何馅料的粽，蒸好后解开来阵阵清香扑鼻，倒叫人真的吃出粽叶与米的既微妙又平实的关系，回归基本，该以此为最高境界。

一　包粽当然要有粽叶。中国北方惯用芦苇叶，卷成漏斗状置入食材。南方就多用竹叶，其中安徽的伏箬被视为一级好粽叶，叶块大片，容易操作，亦带有一种特殊香气。至于正宗裹蒸粽用的是一种竹芋科植物叫柊叶，粗大大片使用时得剪裁。由于叶片大多是预先采摘，已成干货，所以包粽前得用沸水浸软清洗，或提前一天晚上用冷水浸泡至用时才清理，更能保存叶子本身香气。

靠得住

香港湾仔克街 7 号地下
电话：2882 3268
营业时间：11:00am – 10:45pm
后起之秀靠得住一甜一咸碱水粽咸肉粽，同样从平实中见精彩，味道就在细味之中。

十一、十二、十三、十四

十　曾几何时我可以包出一个像样的粽子，但之后没有年年勤加练习，现在恐怕连合格也算不上，只得在端午节前后勤加留意（并伸手触摸）人家的示范作品。

十一、十二、十三、十四　以粥品为主打的"靠得住"，有一甜一咸两款粽子吸引嘴刁食客，碱水粽金黄半透、软滑可口，咸肉粽结实端正、豆香米香四溢。

粽有启发

『蛇王芬』负责人吴翠宝

每天早上准时推开这里的大门，说是沉重，又好像太严重，毕竟是如此的熟悉，这是吴翠宝（Gigi）这好些年来每天都做的一个动作，从普通日常变成庄严仪式又变回日常普通。

城里像这里这种装潢格局氛围的茶室恐怕也真的是硕果仅存了。Gigi从小跟着同样是经营老字号餐馆的父母到这里来喝早茶、吃晚饭，她家的"蛇王芬"就在附近，一家人跟这里的掌柜伙计以至茶客都十分熟稔，各有位置、早有默契，进来的似乎都守住这样一个原则，达致一个不言而喻的共识：要把这里的一切声音、味道、颜色都保留住，留住一些没法延续

到另一个场地盖建重演的质地——就如她今天早上点的面前这一只莲蓉碱水粽，本来平凡不过的东西，就是没有人像这里的师傅做得那么香、甜、软、糯、滑，准确地掌握着碱水的分量比例平衡，那就是仅余的一点执着坚持，也需要一种清醒头脑，让事情还可以日以继夜在进行当中，并没有随便画上句号。

所以我忽然好像很明白Gigi现在的角色：如何运用自己的专业管理学养，接手经营家里过百年历史的餐馆老字号，每日要面对的不只是营运上的琐碎，还有如何清晰而坚定地认定同时调校整盘生意的方向目标。从她钟爱的细尝的一只莲蓉粽，也该领受到当中的微妙启示。

现世时空伸延同时压缩，
一切经验回忆都在可以一口吃掉的时间囊里，
精装迷你，随时奉陪——

一

一　实不相瞒，我不是月饼迷，尤其是在铺天盖地的花式月饼广告浪潮中，有点被吓怕、有点倒胃口，直到在卓越饼家看到东主岑先生、岑太太和侄儿专心一致的人工手造金华火腿月饼——这个从前我一听到名字都几乎要跳开的品种，竟是惊为天人的好味道、有嚼劲，远远超越一直以来月饼给我的甜腻印象。

中秋的粽

或者端午的月饼

068

中秋佳节当前，不知怎的时空错乱起来，竟然想吃粽。

也许是新派月饼中千变万化的馅料作怪，什么蛋黄螺旋藻、无糖桂花莲蓉以及蓝莓、红莓、有机葡萄干、高纤瓜子仁、南瓜子、葵花子、亚麻子，还有冰皮月饼中的夏威夷果仁、绿茶白豆蓉、杧果、榴梿、山芋、甘栗、金薯甚至血燕与人参——作为不怎样随便消费的消费者，即使未至惊吓倒地，也看得目瞪口呆，同时想起三数月前端阳佳节，大同小异的种种馅料不也就出现在粽子里吗？

紫米珍珠西米和鲜芦荟，干鲜玉米蓉和烟熏鸭胸肉和柑橘酒果酱，桔梗和紫苏，雪糕和杧果（扮咸蛋黄），无花果（扮咸蛋黄）和荔芋，草菇和舞茸，黄耳和竹芋……因粽之名，总是有无穷变化、无穷创意。即使是发了毒誓效忠传统口味的身边一众，也不得不趁神不知鬼不觉之际去尝尝鲜，喜不喜欢是一回事，一个真正爱吃、好吃、懂吃的，应该有破旧立新的胆识和勇气。问题是很多时候只为创新

卓越饼家

香港西营盘皇后大道西 183 号地下
电话：2540 0858
营业时间：8:00am - 7:00pm

并没有连锁分店，亦没有大事宣传，靠的是稳扎稳打、真材实料、有口皆碑，在集团经营成行成市的今天，我们更该珍惜、更该支持这些街坊老铺。

二、三、四、五、六、七、八、九

用上西山榄仁、广西瓜子、天津杏仁、杭州核桃仁、上海芝麻组成五仁大军。
芝麻还得先炒香，核桃仁还得用水浸泡一夜再去衣烘干，加上切去肥肉再煮
熟拆丝的金华火腿，以及那一小块用砂糖腌好的甘香不腻的冰肉，以糯米磨
成的糕粉黏合，加入糖、水、麻油以及玫瑰露酒，拌匀成馅后以搓好的饼皮
包裹，再压入饼模中，就那么用力一敲，原个月饼就可以涂上蛋液放入焗炉
烘约半个小时即可。

十　卓越饼家的新一代接班人俊杰哥，默默传承唐饼这门手艺，好让传统得以留住。

而创新，忙忙乱乱而且善忘，太多的选择之下倒忘了老祖
宗原来滋味（更不要说三闾大夫屈原饿着肚投江或者朱元
璋一党用月饼做媒介号召起义的典故了）。当事情发展到
月饼跟粽切拆开来的口味也差不多的时候，大家对今年贺
岁的盆菜会有什么新突破、新口味、新包装就心里有数了。

粽当然不只在端午前后才可以吃、才吃得到，正如
冰皮月饼根本就是四季皆宜的一种（三十八种口味）甜
点。现世时空延伸同时压缩，一切经验回忆都在可以一口
吃掉的时间囊里，精装迷你，随时奉陪——请不要忘记父
母、叔伯、婶母曾经提点：不时不食，少吃多滋味。

十一、十二、十三、十四、十五、十六、十七、十八、十九、二十
欲罢不能，继续出场的示范作是经典的双黄莲蓉月饼，即使是手法熟练，还得准确地把莲蓉量重，把咸蛋黄捏进莲蓉后也得随即包上饼皮放进饼模，敲出后涂上蛋浆进焗炉烘出金黄——

廿一、廿二、廿三、廿四、廿五
阳桃灯笼、阳桃、柚子、柿子、菱角、芋头，这一切都构成幼儿园教科书一家人月团圆的幸福插图，其实年年圆月，都该放缓脚步高高兴兴地以最传统方法与亲友一道共庆佳节。

廿六 近年忽然流行起来的冰皮月饼，其实不是什么创新发明，几十年前早已有此做法，只不过当年冷藏技术欠佳，难以流行。

月缘之夜

茶人石桂婵

我确信石桂婵（Elsa）在一年内中秋前后的两个月里吃的月饼要比我前半生吃过的月饼总和还要多，无论是数量还是质量，她都遥遥领先。

如果把这跟月饼的纠缠叫作缘分，我倒觉得这甚至是命中注定。Elsa跟月饼的关系，又兜转又直接。当年她的祖母是个医生，是个专医小儿疳积的街坊医生。祖母行医不收钱，治好不少皮黄骨瘦却挺着大肚子的小孩。而每当过年过节，家里就会收到病人父母送过来用作答谢的"厚礼"：粽子呀，年糕油角呀，月饼呀，来自五湖四海，每次都叠起齐腰高，三四五幢等闲事。所以每到中秋前夕，一家人在饭后就会坐下来，切三四个月饼哚哚兼评比。

当年还未流行白莲蓉，吃的是五仁、金华火腿、豆沙等传统口味，祖母更喜欢鸡油豆蓉。因为吃多了，就懂得点评哪个牌子哪一款饼皮厚薄，哪种馅料油水够不够——评比经验多了，甚至也自己动手试做自家月饼。然而Elsa的祖母在她小学六年级的时候过世了，因而每年送来的年节礼品逐渐减少，叫已经养成品评月饼习惯的一家人不得不开始"供"月饼会，而且还是这家供半份那家供半份，如果可以的话，甚至这里买一盒那里买一块的。明察暗访走遍港九新界（尤其是新界，尤其是元朗），至今每年都会试不下十几家的月饼。

目睹Elsa吃月饼的认真仔细，我才知道这个世上除了品茶、品酒、品醋、品橄榄油之外，其实每一样食物都需要吃出一个严格标准。面前的月饼从整体卖相到切开来观色闻香尝味——饼皮未必一定要薄，因为要与馅料平衡；咸蛋黄要出油而不咸，腌得够时间才不会腥；莲蓉要不稠不黏不腻口……Elsa还记起从前没有冰柜，保持月饼不变质的方法就是用砂糖把饼整个盖住……

明年买月饼之前我一定会在Elsa那边收收风，还得听这位茶人专业指点吃哪种月饼该配哪种茶。

东方小祇园

香港湾仔轩尼诗道 261 号
电话：2519 9148
营业时间：11:00am － 10:30pm

接近九十年历史的素食老铺东方小祇园，从来是素食者选购月饼的理想地。继传统的蛋黄莲蓉、五仁、椰丝、南枣月饼，近年还推出健康的天然果干月饼，用上蓝莓、小红莓、山楂、香杞等材料，吸引年轻新一代。

如果说香港是一个卧虎藏龙地，那同时也该是一个缤纷花果山。

| | 二 | 三 | 四 |
| 一 | | | 五 |

树上熟

四季水果登场

069

如果要叫我从家里书柜里、书架上、饭桌旁、走廊边层层堆叠的成千上万本书中挑出一本最爱的，那的确有点难度，但千挑万拣肯定入围的有这一本《香港地图王》。

闲来翻开当中任何一页，都可以是一趟时空想象之旅，单单看着那些既熟悉又陌生的地名：恐龙坑、凤岗麒麟围、乌蛟腾、老虎岩、牛寮、马鞍岗、鹿湖以及蚺蛇尖、狐狸叫、鹧鸪山、鸡公山、乌龟咀、燕岗、蝴蝶地、螺地墩，你就会想，究竟当年有多少飞禽走兽在这海陆空间作息出没？这该是一个何等精彩刺激的自然生态！同样当我看到荔枝角、蕉径、梨木树、红枣田村、羌山、米埔、槟榔湾以及西洋菜街、油麻地、梅窝、莲花山、果州、石榴埔、桃园围，我又不禁自行构建那曾几何时漫山遍野枝叶茂密、四季有序花开千树的壮观伟大场面。如果说香港是一个卧

香港九龙油麻地窝打老道渡船街至新镇地街一带
电话：2507 4839
营业时间：8:45am － 10:00pm

值得在凌晨甚至三更半夜去探一下"险"，
见识这个灯火通明水果大观园。

油麻地果栏

一 如我等在都市里长大的，自小看到的水果都是在生果档或者超市货架上陈列的，偶尔有机会跑到新界乡郊，就连看到硕果累累的一树香蕉、大蕉、牛奶蕉、香牙蕉，也得大惊小怪乐上半天。

二 仅有的采摘记忆里，阳桃叫我第一次懂得什么叫收获。

三 跟大伙谈起来，发觉很多人的番石榴经验原来都是便利店里面的纸包装番石榴汁，没有吃过、没有看过树上熟的番石榴的原来大有人在。在不管是什么都拿起来就放进口的年代，尝过半熟的番石榴那种强烈的咸涩，也因为吃多了番石榴而排便困难，印象最深的是喝过客家人用番石榴叶蒸晒成的香留齿颊的家乡茶。

四 "龙眼安志强魂，通神明。"靠《本草纲目》中这简单而又厉害的两句，我们这些经常心神恍惚、气虚血弱的安化大啖龙眼。

五 家居附近人家的花园里有好些木瓜树，每回经过见到还未成熟的青木瓜，都会想起青木瓜沙拉，但印象中奇怪的是总未见过木瓜在这几棵树上成熟到变成可以炖木瓜雪耳糖水的颜色，可能是预设了防盗的自行采摘器，提防木瓜贼吧！

虎藏龙地，那同时也该是一个缤纷花果山。

　　生来不及一些家居就在乡郊村落的小朋友幸福，他们的童年早就充满花鸟虫鱼还有四时蔬果。正因如此，父母每逢周日就把我这个自小就困在高楼大厦里的家伙和弟弟妹妹一道，带到市郊荒山野岭吸吸新鲜空气、见见花草树木，算是一种补偿。生来就有嘴馋贪食基因的我当然特别留意这山水间有什么可以采来摘来放进口。

　　印象最深的一次是到沙田新市镇附近山里的一个忘了叫什么名字的村，探访住在那里的七姨妈、八姨妈。小小的村屋前有几棵阳桃树，我们可以手执一个杆头附有自制开口布袋的"采摘器"，爬上木梯抱着树干，借力再把杆伸上树杈去靠近熟得差不多的阳桃，然后那么一扭，阳桃就乖乖地掉到袋里。一边啖着那清甜的新鲜阳桃，姨妈们又再塞过来在邻近园子里果树上摘的番石榴和黄皮。我好像多明白了一点什么叫成熟、什么叫收获。

全记鲜果

香港上环文咸东街与沙街交界

一个水果档也是一个联合国，缤纷陈列的果品来自五湖四海，有关地理、天气、经济、政治……

六、七、八
曾经在众多港产电影中出现过的油麻地果栏，建筑本身已经是折中中西、多元风格交杂的"异地"。途人经过，总是诧异里头的晨昏颠倒，只见叔伯们在大宝号金漆招牌下守住柜面，工人们在午夜时分开始搬运着各地来的新鲜水果，进进出出……每日清晨，这里的正常活动已经接近尾声。

九
老区街角还是有三数铁皮搭建的水果档，耀东街的这一家从午后三时营业至凌晨三时，然后档主就直接往油麻地果栏取货，以自家规矩存活运作——

当龙眼成干

传媒人 廖燕容

月历卡上那几乎看不见的小字告诉大家原来已经立了冬，但还是有如夏天一样可以单穿一件 T 恤，路经街角水果摊发现还摆卖着一堆本地龙眼，几乎想问老板还有没有盛暑登场的黄皮或者枇杷。

心血来潮买了半斤龙眼，坐在连锁咖啡店的露天角落和廖燕容（Dilys）坐下来聊天。这位认识多年的标致女子，从来情深谊长跟我有若兄妹，清秀眉宇间偶尔流露的忧伤失落，没有隐瞒她有过一段并不愉快的童年经历。但叫我佩服的是她柔韧的自我疗伤的能力，相对好些动不动就要生要死的，她实在坚强——她手剥着那其实已经有点过造的龙眼，微笑着说这可能是因为吃龙眼很少但吃晒干了的桂圆肉够多吧。

听她娓娓道来得知她小时候身体不好，每逢夏天皮肤就会出满红疹，疼痒不堪。父亲在无计可施的情况下只能磨了生蒜一个劲儿往 Dilys 身上擦，叫她疼得大哭大叫。祖母认为这是胎毒所致，矛头多少针对 Dilys 的母亲。也因如此，荔枝、龙眼等被认为有热毒的水果属于禁制配给，反之枇杷、黄皮等则大受鼓励，父亲亲手去皮去核也要把果肉果汁喂给这个小家伙。

Dilys 清楚记得每年只在农历七月中元节拜神（鬼！）之后，才分得四五粒荔枝和二十粒龙眼。她小心翼翼地把荔枝剥去外壳，露出白衣，然后又在白衣上撕出细痕掀成花，尽兴后才真正把荔枝肉珍而重之地吃掉。龙眼也是小心吃完后把核放回果壳，只觉很漂亮——没有父母经常在身边的这位小朋友就是这样和水果玩上大半天，而这龙眼和荔枝的禁制也要等到自家独立居住后才放宽，但还是不敢吃得放肆。

Dilys 始终不解这些寒热禁忌为何衍生出对事对人的偏见，但晒干了的龙眼变成桂圆，加盐做粥又的确很好吃，感觉就很正气、很温暖。

如果要为这个小小水果档口拍一部剧情长片，就把摄影机放在对街，就这样开动拍着拍着，从午到晚人来人往、买买卖卖，是够精彩。

香港中环卑利街路口

卑利街果档

一、二、三、四、五、六、七

过年过节的其中一个现实意义，就是教导我们这些贪心贪食的，活在今时今日最后应珍惜的是有很多选择。但最该小心警惕的也是因为有很多（太多）选择。单就瓜子一项，你就可以挑传统红瓜子、甘草甜酱黑瓜子、奶油瓜子、玫瑰瓜子……

既然不可贪财，贪吃总是可以的吧！
过年也基本上是个集体放纵的好日子。

070

恭喜恭喜

年年欢乐年年吃

不晓得是什么基因错种，我从来不习惯也不太愿意在拜年的时候拱着拳跟亲戚朋友说恭喜发财，顶多是恭喜恭喜——新年进步也好，新春快乐也好，那么直接地发财总是有点不劳而获的意味。也许是从小看太多警世训人的童话故事、成语新解，不义之财绝不可贪。

既然不可贪财，贪吃总是可以的吧！过年也基本上是个集体放纵的好日子，排山倒海、如意吉祥的重量级贺年菜，永远吃不厌也吃不完的糕点油炸食品，还有那一年一度现身的贺年糖果，那各色各式俱备的叫人一经启动就忘却时空人世的瓜子……能够勉勉强强代代承传这些过年过节的饮食传统，彰显的是这个爱吃的民族实在的一面。当一切什么祭天奉祖的仪式都省略遗忘得七七八八，厨房里餐桌上还是日夜堆叠着可以放进口放肆大吃的。

沾满糖粉、溶起来黏得一手都是的糖莲藕、糖冬瓜、糖莲子、糖柑橘、糖甘笋，自小就是半块起

陈意斋

香港中环皇后大道中 176 号地下室
电话：2543 8414
营业时间：10:00am－7:30pm

作为传统特色零食小吃总汇，用陈意斋的产品"建构"一个高档贺年全盒，肯定有看头、受欢迎。

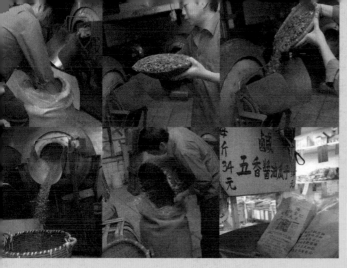

八	九	十
十一	十二	十三

八、九、十、十一、十二、十三

堪称瓜子大王，每年过年时节都排满长龙买瓜子、购年货的上海陆金记，第二代负责人亲自示范如何炒制瓜子——先将生瓜子洗净，混入所需调味料以沸水煮约两个小时让其入味，然后放进滚筒形金属锅中将湿瓜子炒至干身，瓜子才会松脆。炒好的瓜子要用风扇吹干，才能入袋备用，其中黑瓜子需要用植物油将瓜子"抛光"，令表面光亮、吃得香口。

半块止，怎么也吃不下完整的一块。倒是那够有嚼劲的糖椰角，放进口可以研磨半天，自然减少了进食其他高风险甜食的机会，十分配合这些贺年糖果其实也是取个意头，意思意思。

　　至于瓜子，自问手脚笨拙也不够牙尖嘴利，以那种人家吃掉十粒我才咬开一粒的速度，一点也不清脆利落。认识的一些女子简直就是吃瓜子的机器，气定神闲甚至大方优雅，面不改色地把一两斤各式瓜子解决掉，时间花得起不是问题。然而我总是有点"性别歧视"地受不了男子跟瓜子在一起，也弄不清究竟是男子不配瓜子，还是瓜子不衬男子，说起来倒愿意看到一众男子粗声大气互相恭喜恭喜，发财发财。

— 234 —

十四、十五、十六、十七、十八、十九、二十、廿一、廿二、廿三
年近岁末一定挤满抢购年货人潮的八珍酱园，几十年来都为顾客用心制作传统贺年糕点
如蔗糖年糕、萝卜糕、芋头糕，当然也少不了煎堆、油角、笑口枣等香口油炸应节食物。
至于全盒里满满的糖莲子、糖莲藕、瓜子、糖果等，也都一应俱全，一站式方便，一路
高兴。

难得无聊

杂志总编辑 梁咏铨

当我们无法解释自己的某些喜恶，也企图找借口让自己继续理所当然地沉溺下去，我们最好就搬出星座呀生肖呀来让一切合理化——

所以当梁咏铨（Joel）笑着说他认为他如此地喜爱吃瓜子是因为他属鼠，而且还言之凿凿地搬出他还爱吃花生、吃骨头、吃一切要牙尖嘴利咬呀咬的来做旁证，我这边早已笑翻了天，手里的那一纸袋红瓜子几乎脱手掉了一地。

因爱成恨的例子我们看得不少了，但目睹像他对瓜子这样爱得义无反顾的，也真的应该感动。给他一斤半斤瓜子，半个晚上在电视机面前（如果他可以在百忙中抽空的话）一定吃得精光。他指定要吃的是红瓜子，因为其他黑的白的他都觉得咬来容易把瓜仁咬碎，不像红瓜子那么清脆利落地可以壳是壳仁是仁地分开，相对比

起来成功满足感大一点。而且黑的白的瓜子都经调味，吃多了其实是在吃调味粉，唇舌都麻了。反之红瓜子比较醇正，就是原原本本炒香白兰瓜子的味道，而且他还特别提到，他喜欢红瓜子的红色。

红色、过年、利是（红包）……这些联系早在我们的潜意识中，牢固必然。Joel还清楚记得小学三四年级之前的"幼齿"岁月，每逢过年都与一大群表兄弟妹聚在外公外婆家的客厅里，一边聊天一边把视线范围内的瓜子吃个精光。自小就明白吃瓜子原来是会吃饱的。我倒是很有兴趣一群小孩一边吃瓜子一边会聊些什么？Joel想了想很坦白地说也只是电视节目、上课下课、同学师友、是非八卦之类，推及开来也很难想象一群政要在嗑瓜子的噼噼啪啪声音中，决定了国家的命运、地球的前途，他们"杀"掉的，顶多该是自己的时间。

到最后Joel还再三强调吃瓜子不是为了吃瓜子（仁），而是享受那拿起来咬下去，瓜子壳裂开瓜仁用牙提拉出来的整个过程，所以那些自作聪明的剥瓜子器是注定永远没市场的。

秋风起，食腊味，
准备好一个健康的体态、美好的心情，以吃喝忘
忧，以吃喝回顾前瞻。

秋风起

合时腊味总动员

071

尽管天变地变气候也变，但终于在清晨时分运动之际，迎面有本年度第一回送爽秋风，醒一醒，好时节毕竟需要冀盼。

真感激有这样的顺口溜提醒大家："秋风起，三蛇肥，秋风起，食腊味。"秋风起，准备好一个健康的体态、美好的心情，以吃喝忘忧，以吃喝回顾前瞻。

当我在那奉行分子烹调法的像实验室一样的餐厅里，把那一小口做成冰淇淋一般的切碎广东腊肠制成的用作前菜的物体放入口，奶香加上腊肠的油香，味浓而且有嚼劲，在舌尖留下一趟惊喜回味。原来只要愿意多走一步，就可以更新我们习以为常的视觉、触觉、味觉经验。

另一个小发现是在一个越入夜越热闹的布拉肠粉路边小店中，尝到师傅用切得

香港上环皇后大道中 368 号
电话：2544 0008
营业时间：9:00am – 6:00pm

和兴腊味家

老字号和兴腊味家，是秋冬时分的"大观园"。走进去认识林林总总的切肉风肠、短小的东莞后街肠、鹅肝肠、鸭膶肠，以至切成雷公凿模样的猪膶酿入肥肉的金银膶……脑海中只有"家肥屋润"四个大字。

一　老一辈几乎都懂得自己在家里腌制的腊鸭，现在只会高高悬挂在店堂里待价而沽，资深的老饕都在慨叹现今的腊鸭即使还是叫作江西南安腊鸭，也是食味已不大如前。原因之一是摒弃了传统方法改为批量生产，无法细心静候北风凛冽与温度低时才以较少盐来腌鸭，过早腌便需多加盐，以致腊鸭都偏咸。另外，运输期缩短反而少了时间让鸭身软化，以致现今的腊鸭都比较硬。所以要挑得上好的南安腊鸭，就得到相熟可靠的腊味铺才能买到肥而不腻、咸而不浊、骨脆肉嫩的腊鸭。

二、三
　　自设工场烘制的腊肠挂满一铺，其实一年四季都供应不绝的腊肠还是在秋冬季节进食最美味合时。

四、五、六、七、八、九、十、十一、十二
　　工场里全程目睹腊肠诞生，叹为观止：先将瘦肉和肥膘肉用机切粒按比例配好，用盐、糖、酒、头抽调味后将肉灌入肠衣。灌成肠后要用针轻刺肠衣挤走多余空气，再用水草把肠扎分成所需长度，以麻绳把肠捆好吊起，整批肠会移挂到发热线旁烘焙，定时定刻上下翻转让烘焙透彻，便可运往店铺批发零售。

极薄的广东腊肠慢火煎香待凉，自选配搭或鲜虾或牛肉或烧鹅肉，取其一软一硬的口感、浓淡相宜的食味，又是腊肠的一个小聪明成功实验。

　　至于那简单不过的把一条原味切肉腊肠、一条鲜膶肠在饭面蒸好，加上几条青菜，也不必下什么酱油，一碗双肠饭就可以平复整日奔波劳累带来的愤懑。然后那一出场就油香四溢、鸭肉既淡口又美味的腊鸭髀，精制的带甜味的腊鸭饼，那个煲粥或煲汤后仍然有魅力的腊鸭头，实在无愧被称作腊味之王。

　　当然还有的是叫一天到晚嚷着减肥瘦身的一众心神恍惚、欲拒还迎的腊肉和金银膶，大家手执这一把肥美丰腻的腊味好像随时都可以走回古代美好日子。只是那年那月那日的秋风当中，该没有那么多构成污染的游荡在大气中的悬浮粒子。

一　每回吃腊肠膶肠都特别留意那裹住肉馅的薄薄一层肠衣，因为既吃过入口香脆的，也试过韧如塑料的。后来看到"蛇王芬"的新一代掌门人Gigi在食谱中描述，才知道肠衣原来是用上猪粉肠，盐腌一个月后反转撕走内层，留用外层，先用机器吹干再放太阳下晒干。肠衣平日要在通风的大房储存，除了要撒上胡椒粉防虫，也要在潮湿天气时拿出用机器晒烘防潮。制腊肠的肠衣要放上一年才应用，而膶肠肠衣更要储存两年才应用。

一　从前的腊肠膶肠制成后都放在太阳下生晒至干身再存藏，近年因为天气反常，异常潮湿，导致腊肠难以自然干透，所以几乎全数都要在工场内烘焙制。

蛇王芬

香港中环阁麟街 30 号地铺
电话：2543 1032
营业时间：11:00am － 10:30pm

特聘师傅以自家配方制作的切肉腊肠和鲜鸭肠，沿用古法严挑肠衣，所以每趟都期待咬开肠时那噗的一声，然后酒香油香满嘴……

	十四	十六
十三	十五	十七	十八

十三 每入秋冬，跟蛇羹同步的自家制切肉腊肠加鲜鸭肠再加上腊鸭腿煲仔饭是我到"蛇王芬"用餐的首选。

十四、十五、十六、十七、十八
以金牌烧鹅闻名的镛记也推出各式腊味应时应节，尤其是驰名的鹅肝肠。往往在排队购买时等不及，先在店堂里来一碟甘香腴美的鹅肝肠配白饭解解馋。

腊味传承

教师、作家 汤祯兆

阿汤一边在吃面前那一碟饻肠腊鸭腿饭，我一边在想象他小时候据说因有点胖而且被叫作饭桶或者饭猪的长相，这跟我认识了这么多年的他，作为文坛罕见运动健将的形象有点出入。

在谈腊味之前，阿汤强调他其实最爱吃的是米饭。小时候下午上课前那一餐，通常没有什么隔夜罐菜，就是两砖腐乳或者一罐罐头茄汁焗豆已觉很好，冬天时分一条腊肠已经是五星级享受。但说起来负责煮饭的阿汤也同时负责喂家里前后养了十几年的几只猫，图方便懒起来就在同一饭煲里蒸鱼，所以经他手煮出来的饭多少有点鱼腥，没事，也就因此练成不怕腥的本事。阿汤运用他擅长的文化研究分析方法，轻轻触及人与宠物共存共生、平起平坐、同病相怜

的实况，没有悲哀也无自怜，只是事实如此而已。

又再说回腊味，阿汤小时候不喜欢吃肠，直觉那是老人家喜爱的一种口感。（吃了会变老？！）他喜爱的是原条腊肠夹起咬下去，噗一声然后油花在嘴里弹跳渗透，然后什么肉香什么嚼劲都是后话。至于腊鸭为什么被称作腊味之王，腊肉为什么依然有江湖地位，阿汤和我都有此共识，认为当年我们这些中下层家庭的小孩都没机会吃到真正极品，所以无法理解接受加诸腊鸭、腊肉身上的这些美誉。当然这么多年过去，开始吃起肠吃起腊鸭，阿汤每趟跟学生一起吃饭都会不自觉（自觉？）地向小朋友推介猪脑、猪横脷、猪膶等老牌"功能"食物，可就是暗地里某种口味的传承？

香港中环威灵顿街 32－40 号
电话：2522 1624
营业时间：11:00am－11:00pm

镛记酒家

成为香港饮食地标、只此一家的镛记，每到秋冬时分店里就有两条人龙：一是等着烧鹅和烧味外卖，一是选购腊味送礼自奉。

大小餐馆趁风头火势推出鲍参翅肚盆菜金贵版，全鱼全海鲜版，以至全素的变种版，就真的离经叛道、相见不必相识了。

如今人所共知共尝的盆菜宴，实是源自新界围村习俗"打盆"。本来只在乡族的重要事件诸如嫁娶、添丁、满月以至打醮、春秋二祭等日子才出现，主人家动员人力亲手弄制盆菜宴请宗族乡亲，过年过节反而不用打盆，跟现在非围村的其他香港人专挑时节吃盆菜，许是有点商业上的误会了。幸而我近年吃的盆菜都是出于元朗屏山联哥、联嫂之手，原汁、原味有根有据，一起筷也顾不了从左到右、从上到下，面前是即将翻江倒海的鱼丸、土鱿、猪皮、枝竹、海虾、猪肉、冬菇、炸门鳝、神仙鸡……

盆盆盆盆菜

层叠传统

072

自问记性好，一辈子只吃过三次盆菜，而且都是现场实景。一回在村口大榕树下，另外两回在同一邓氏家祠，绝对围村传统口味，真材实料。

可是想来想去又觉自己记性差，究竟生平第一次吃盆菜是因为什么，是在新界哪一个村，而同台又有哪一些亲朋还是师友，竟都无法记起。唯一肯定的是并非在南宋时期，不是文天祥与麾下士兵被元兵追杀过零丁洋至新安县滩头那一趟。当时部队有米粮无配菜，由当地渔民拿出平日食材如门鳝、干鱿鱼、干枝竹、萝卜与猪肉等，放入一个木盆中送予士兵，在滩头幕天席地围盆而食，此为传说中盆菜之始。我生得比较近代，赶不上当年盛会。

倒是其余两次盆菜经验都有相片为证，当然还把主人家代表——元朗原住民老友邓达智酒后更见精灵的样子都拍下，十年前后一样青春一样醉。而镜头下的真正主角——那一盆层层叠叠把烧米鸭、干煎海虾、油鸡和鲮鱼球四种浓味食物放表层，冬菇、门鳝干、猪肉居中，然后是白萝卜、猪皮、枝

屏山传统盆菜

香港元朗屏山塘坊村 36 号（文物径路口）
电话：2617 8000（必须预订）
营业时间：11:00am － 9:00pm

父子相传，联哥接手父亲的"打盆"技术，坚持在宗族重要节日用柴灶恒温炆出至软至滑南乳猪肉，更统领大军"打"出几十盆好菜。还有那处难得一尝到的客家鸡饭，本来只是盆菜旁边的配角，人气急升快要当主食了。

| 三 | 四 |
| 二 | 五 | 六 |

二、三、四、五、六
坐下就只顾吃的我们，很难想象动辄几十桌的盆菜宴需要多少精力来完成安排组织。从前一天晚上浸发鱿鱼、冬菇和猪皮开始，到把鲜鸡、鲜猪肉洗净腌好，然后以上汤炆萝卜，用南乳汁炆枝竹、鱿鱼和猪皮，再用大锅铲兜煮猪肉至入味，全程用的都是传统柴灶生火烧柴，更用上特大订造生铁锅、大锅铲……

竹和排鱿等食物放在底层尽吸汁液精华的经典盆菜，却没有因为时日变迁而更改样貌结构，热腾腾、沉甸甸地在欢呼赞叹声中出场，风采依然。

并没有因为要破什么吉尼斯世界纪录而去凑万人盆菜宴的热闹，也不觉得这个其实平凡朴实的围村饮宴传统需要一下子从"家宴"变成"国宴"，大惊小怪而且负荷超重地成为多么厉害、多么香港化的一个标签。更甚的是大小餐馆趁风头火势推出鲍参翅肚盆菜金贵版，全鱼全海鲜版，以至全素的变种版，就真的离经叛道、相见不必相识了。

面对盆盆盆菜，我还是本着一期一会的平常心，等着起筷夹吃那最精彩的盆底的白萝卜。

七、八、九、十、十一、十二、十三
"打盆"前各项分别煮好的材料一目了然，用玫瑰露、洋葱和糖腌过的神仙鸡刚蒸好斩件，门鳝也刚炸脆炸好。开始"打盆"的时候，底层先放萝卜、猪皮、枝竹，中层放土鱿、猪肉，表层放冬菇、鱼丸、海虾和神仙鸡，最后才放酥脆的炸门鳝。

十四、十五
同样翻箱倒柜找来的一九九一年的几张旧照，邓氏宗祠重修开光当日，也就是"打盆"广宴宗族亲朋之时。

		十一	十二	十三
		七		十四
八	九	十	十五	

基层萝卜

运动时装零售商 林祖辉

祖辉是个长情的人。长情的另一个说法就是有这样那样的牵挂，而且需要额外的储物空间。就像在他婚宴的那个晚上在投射荧幕中看到他的自拍录像：他把他跟"前女友"（也就是现在的太太）参观景点，一起去看电影、听音乐会的门票存根、场刊以至出门旅行的机票、车票，还有双方书信留言字条都一一悉心整理保留。不用推算他也肯定有把从前在大学宿舍里的种种"犯罪"活动记录，在电台、电视台多年来的职员证、工作证小心储存好——如果他的储物室还有多一点空间，说不定他会把饭宴聚会中精彩难忘菜式、用过的道具都留下做纪念，碗碟羹筷不在话下，应该还有吃盆菜的那个盆。

祖辉因公因私吃过不少盆菜，第一次吃盆菜就已经吃到老友邓达智老

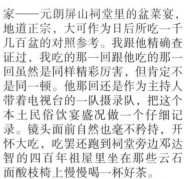

家——元朗屏山祠堂里的盆菜宴，地道正宗，大可作为日后所吃一千几百盆的对照参考。我跟他精确查证过，我吃的那一回跟他吃的那一回虽然是同样精彩厉害，但肯定不是同一顿。他那回还是作为主持人带着电视台的一队摄录队，把这个本土民俗饮宴盛况做一个仔细记录。镜头面前自然也毫不矜持，开怀大吃，吃罢还跑到祠堂旁边邓达智的四百年祖屋里坐在那些云石面酸枝椅上慢慢喝一杯好茶。

因为众多媒体探访报道，盆菜这种民间食俗在这几年间大红大热，忽然受到关注重视，变成"人大代表"，跳出了所属新界地域，全香港通吃，对此祖辉和我就更庆幸曾经吃到的是围村原汁原味。对于盆里种种美味如何制作，包括猪肉如何腌、如何焖鸡、如何蒸门鳝、如何炸，作为一个嘴馋而又懒入厨自煮的他，大抵并没有认真探究，但他对这层层叠叠建构起来的学问倒是十分佩服。而他跟我达致共识，我们都甘愿做那基层的白萝卜。

后记

吃，力

每当我看到厨房里、作坊中、流理台后那一批大厨、师傅或公公婆婆、爸爸妈妈，在认真仔细地，或气定神闲或满头大汗地为你我的食事而忙碌操劳，我无话可说，只心存感激。

从他们专注的眼神，时紧张时放松的面容，我感受到一种生产制作过程中的胆色、自信、疑惑、尝试——当中肯定也有各人分别对过去的种种眷恋，对现状的不满以及对未来的不确定。他们做的，我们吃的，也是一种情绪。

面对眼前这源远流长、变化多端的众多香港地道特色大菜、街头小吃，固然由你放肆狂啖，但更应该谦虚礼貌地聆听每种食物、每道菜背后丰富多彩的故事。你会发觉，吃，原来不只是为了饱。

完成了这一个有点庞大、有点吃力的项目的第一个阶段，究竟体重是增了还是减了还来不及去计算，但先要感谢的是负责遣兵调将、统筹整个项目的M，如果没有这位一直站在身边的既是前锋又是后卫亦兼任守门员的伙伴，我就只会吃个不停而已。还要感谢的是被我折腾得够厉害的摄影师W，希望他休息过后可以恢复好胃口。还有是负责版面设计的我的助手S，很高兴他在这场"马拉松"中快速长大、越跑越勇，至于由J和A领军的设计团队，见义勇为、担当坚强后盾，我答应大家继续去吃好的。

感谢身边一群厉害朋友答应接受我的邀请，同台吃喝并和大家分享他们对食物、对味道、对香港的看法，成为书中最有趣生动的章节，下一回该到我家来吃饭。

当然还要深深感谢一直放手让我肆意发挥、给予出版机会和发行宣传支援的大块文化和三联书店的编辑和市场推广团队，更包括所有为这个系列的拍摄工作和资料内容提供菜式、场地以及宝贵专业建议的茶楼酒家和相关单位。站在最前线的饮食经营者从业员是令香港味道得以承先启后、继往开来的最大动能，他们的灵活进取、承传创新，是香港的骄傲——香港在吃，即使比从前吃力，也得吃，好好地吃，才有力。

谨以此一套两册献给《香港味道》的第一个读者，也是成书付印前最后把关的一位资深校对：比我嘴馋十倍的我的母亲。

应霁
二〇〇七年四月

Home is where the heart is.

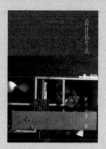

01 设计私生活
定价：49.00 元
上天下地万国博览，人时地物花花世界，
书写与设计师及其设计的惊喜邂逅和轰烈爱恨。

02 回家真好
定价：49.00 元
登堂入室走访海峡两岸暨香港的一流创作人，
披露家居旖旎风光，畅谈各自心路历程。

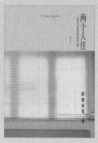

03 两个人住
一切从家徒四壁开始
定价：64.00 元
解读家居物质元素的精神内涵，
崇尚杰出设计大师的简约风格。

04 半饱
生活高潮之所在
定价：59.00 元
四海浪游回归厨房，色相诱人美味 DIY，
节欲因为贪心，半饱又何尝不是一种人生态度？

05 放大意大利
设计私生活之二
定价：59.00 元
意大利的声色光影与形体味道，
一切从意大利开始，一切到意大利结束。

06 寻常放荡
我的回忆在旅行
定价：49.00 元
独特的旅行发现与另类的影像记忆，
旅行原是一种回忆，或者回忆正在旅行。

Home 系列（修订版）1-12 ◎ 欧阳应霁 著

生活·讀書·新知 三联书店刊行

07 梦·想家
回家真好之二
定价：49.00 元
采录海峡两岸暨香港十八位创作人的家居风景，
展示华人的精彩生活与艺术世界。

10 香港味道 2
街头巷尾民间滋味
定价：64.00 元
升斗小民的日常滋味与历史积淀，
香港美食攻略地图。

08 天生是饭人
定价：64.00 元
在自己家里烧菜，到或远或近不同朋友家做饭，
甚至找片郊野找个公园席地野餐，
都是自然不过的乐事。

11 快煮慢食
十八分钟味觉小宇宙
定价：49.00 元
开心入厨攻略，七色八彩无国界放肆料理，
十八分钟味觉通识小宇宙，好滋味说明一切。

09 香港味道 1
酒楼茶室精华极品
定价：64.00 元
饮食人生的声色繁华与文化记忆，
香港美食攻略地图。

12 天真本色
十八分钟入厨通识实践
定价：49.00 元
十八分钟就搞定的菜，以色以香以味诱人，
吸引大家走进厨房，发挥你我本就潜在的天真本色。